中央财经大学"十四五"本科规划教材

面向新工科普通高等教育系列教材

Python 程序设计

——从编程基础到专业应用

第 2 版

章 宁 李海峰 主 编

王 坚 李 燕 副主编

机械工业出版社

本书在内容设计和组织上深入浅出，充分发挥 Python 语言易上手和擅长数据分析的特点，分为 Python 编程基础和 Python 专业应用两个部分。第 1 部分共 7 章，通过 Python 易上手的特点帮助读者构建良好的编程思维，能够完成初步的数据分析和可视化；第 2 部分共 3 章，通过 Python 擅长数据分析的特点帮助读者形成自主学习并应用 Python 的能力，能够结合自己的专业灵活运用 Python 工具。本书采用任务驱动的教学理念，每章第一节均给出了本章要完成的任务（案例），所有知识点均围绕该案例实现。本书通过二维码向读者提供所有编程实例的讲解视频等扩展内容，同时为教师提供了电子课件、习题答案、源代码等辅助教学资源。

作为入门编程课程教材，本书既可作为高等院校非计算机类专业的公共课教材，也可作为计算机类专业的学习参考书。

本书配有授课电子课件，需要的教师可登录 www.cmpedu.com 免费注册，审核通过后下载，或联系编辑索取（微信：13146070618；电话：010-88379739）。

图书在版编目（CIP）数据

Python 程序设计：从编程基础到专业应用 / 章宁，李海峰主编. —2 版. —北京：机械工业出版社，2024.4（2024.11 重印）
面向新工科普通高等教育系列教材
ISBN 978-7-111-75307-0

Ⅰ. ①P… Ⅱ. ①章… ②李… Ⅲ. ①软件工具-程序设计-高等学校-教材
Ⅳ. ①TP311.561

中国国家版本馆 CIP 数据核字（2024）第 052542 号

机械工业出版社（北京市百万庄大街 22 号　邮政编码 100037）
策划编辑：郝建伟　　　　　责任编辑：郝建伟　张翠翠
责任校对：王小童　李小宝　责任印制：郜　敏
中煤（北京）印务有限公司印刷
2024 年 11 月第 2 版第 2 次印刷
184mm×260mm・14 印张・355 千字
标准书号：ISBN 978-7-111-75307-0
定价：59.00 元

电话服务　　　　　　　　　　网络服务
客服电话：010-88361066　　　机 工 官 网：www.cmpbook.com
　　　　　010-88379833　　　机 工 官 博：weibo.com/cmp1952
　　　　　010-68326294　　　金 书 网：www.golden-book.com
封底无防伪标均为盗版　　机工教育服务网：www.cmpedu.com

前言

Python 是非常灵活、接近自然语言的通用编程语言，它功能强大，适合解决各类计算问题。Python 轻语法、重应用的特性使得它非常容易上手，有助于初学者形成良好的编程习惯和思维。对于非计算机类专业的学生来说，Python 无疑是程序设计语言课程的首选。同时，Python 拥有功能强大的第三方库，提供了完整的数据分析框架，深受数据分析人员的青睐。全世界的编程人员都在不断为 Python 的第三方库贡献力量，使得 Python 能够通过短短几行代码就可以解决一个非常复杂的问题。

2019 年，《Python 程序设计：从编程基础到专业应用》出版，当时国内的 Python 教材很少，近几年随着 Python 语言的流行，相关书籍如雨后春笋般涌现。此次改版，主要特色和创新体现在三个方面：一是采用任务驱动的教学理念，每章第一节均给出了本章要完成的任务（案例），所有知识点均围绕该案例实现；二是突出 Python 在数据分析方面的强大功能，从第 2 章开始使用 Python 的标准库和第三方库；三是面向财经应用，具有鲜明的专业应用特色。与第 1 版相比，第 2 版更具前沿性和专业性，主要改动包括三个方面：一是将应用实例聚焦到财经应用上，以解决专业应用中的实际问题；二是重新设计和组织 Python 编程基础部分的内容，使其更适合初学者学习、记忆、理解和运用；三是丰富数据分析与可视化的内容，包括 NumPy、Pandas、Matplotlib 和 Scikit-learn 类库。

本书适用于 32～48 学时（2～3 学分）的弹性教学，第 1 部分的教学需要 32 学时，第 2 部分的教学需要 16 学时，共计 48 学时。若开设课程为 32 学时（2 学分），则可只讲第 1 部分，即前 7 章。

作为中央财经大学"十四五"本科规划教材，本书的出版要感谢学校领导、教务处和信息学院 Python 课程组老师给予的大力支持和帮助。章宁负责全书整体策划，以及第 1～7 章的编写和统稿工作；李海峰负责编写第 10 章，并进行第 8～10 章的统稿工作；王坚负责编写第 8 章，李燕负责编写第 9 章。此外，王悦和刘灿涛参与了第 5～7 章部分章节的编写。

作为入门编程课程教材，本书内含大量编程实例，每章最后都有习题。本书通过二维码向读者提供所有编程实例的讲解视频等扩展内容，同时为教师提供了电子课件、习题答案、源代码等辅助教学资源。

由于时间仓促，书中难免存在不妥之处，请读者批评指正，并提出宝贵意见。

编　者

目录

第 2 部分 Python 专业应用

第 1 部分　Python 编程基础

第 1 章
Python 起步

本章将学习如何安装 Python 开发环境，如何运行 Python 程序，并了解什么是程序设计语言以及 Python 的特性，掌握编写程序的基本要素，包括数据类型、变量、运算符、函数、语句、控制结构等。在 1.1 节案例的指引下，本章将介绍如何创建你的第一个具有完整功能的 Python 程序文件并运行。

1.1　案例：计算终值

假设你刚开设了一个新的储蓄账户，每年的利率是 2%，赚得的利息在年底支付，然后加到储蓄账户的余额中。编写一个程序，首先从用户那里读取存入账户的金额，然后计算并显示储蓄账户在 1 年、2 年和 3 年后的金额，使其四舍五入到小数点后两位。编写程序文件并命名为 ch01.py，程序运行结果如图 1-1 所示。

```
Python 3.11.1 (tags/v3.11.1:a7a450f, Dec  6 2022, 19:58:39) [MSC v.1934 64 bit (AMD64)] on win32
Type "help", "copyright", "credits" or "license()" for more information.
================================ RESTART: C:\Python311\ch01.py ================================
The initial principal is : 1000
The annual interest rate is (default is 2%):
year 1: 1020.00
year 2: 1040.40
year 3: 1061.21
>>>
```

图 1-1　案例：计算终值

首先程序提示输入初始存入账户的金额，即本金，这里输入 1000；然后程序提示输入年利率，不输入的话默认为 2%，这里采用默认值。输入完毕后，程序根据输入值进行运算，并输出终值计算结果，即储蓄账户在 1 年、2 年和 3 年后的金额。

1.2　Python 的安装和运行

本节将首先介绍如何搭建 Python 编程环境，然后创建一个 Python 程序文件并运行。

1.2.1　搭建编程环境

学习一种编程语言，首先要找一款合适的集成开发工具。IDLE 是 Python 软件包自带的一个集成开发环境，初学者可以利用它方便地创建、运行、测试和调试 Python 程序。初学者使用 IDLE 编辑器编写代码，能够专注于 Python 本身，而不是如何使用工具。手动运行代码，可以更加直观地了解程序脚本的解释执行过程。下面介绍如何下载和安装 Python 软件包并使用其中的 IDLE。

1. 下载和安装

打开 Python 官方主页"https://www.python.org/"，可以访问所有相关资源。在主页上单击"downloads"，进入"https://www.python.org/downloads/"页面，可以看到当前最新版本。单击 "Download Python 3.11.1"按钮，直接下载 Windows 操作系统的 Python 解释器。如果要下载其他操作系统的 Python 解释器，单击相应的操作系统链接即可，比如 Linux/UNIX、mac OS。

双击下载的可执行文件"python-3.11.1-amd64.exe"，安装 Python 解释器，出现图 1-2 所示的安装界面，勾选最下方的"Add python.exe to PATH"复选框，选择"Install Now"将 Python 安装在默认路径下，如果要自行指定安装路径（如 C:\Python311），那么可以选择"Customize installation"。等待安装过程结束，直至出现安装成功的界面。

图 1-2　安装 Python 最新版本

安装完成后，在"程序"里就可以找到图 1-3 所示的 Python 程序。其中，IDLE 是 Python 集成开发环境（Integrated Development Environment），也是最常使用的 Python 编程环境；Python 3.11 是 Python 命令行，也是常用的 Python 编程环境。

图 1-3　安装好的 Python 应用程序

2. 启动 Python 交互式解释器

通过 IDLE 方式启动 Python 交互式解释器如图 1-4 所示，通过命令行方式启动 Python 交互式解释器如图 1-5 所示。两种界面都以三个大于号"">>>"作为提示符，可以在提示符后输入要执行的语句，按〈Enter〉键执行。

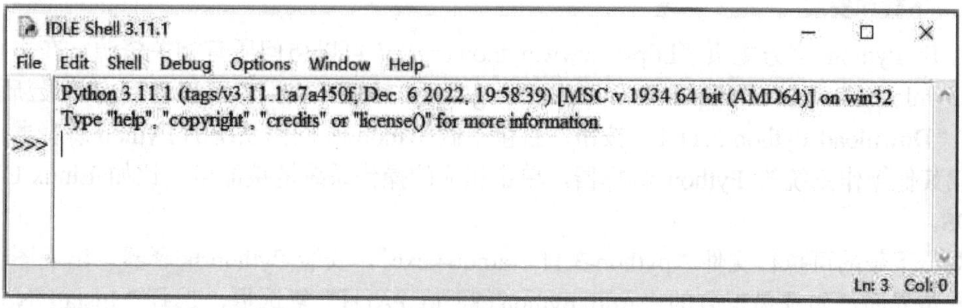

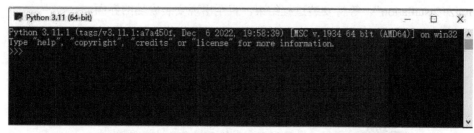

图 1-4　通过 IDLE 方式启动 Python 交互式解释器

图 1-5　通过命令行方式启动 Python 交互式解释器

1.2.2　创建并运行程序

运行 Python 程序有两种方式：交互式和文件式。本书中凡是出现"">>>"时，表示代码在交互式下运行，不带该提示符的代码则表示以文件式的方式运行。

1. 交互式

交互式是指 Python 解释器即时响应用户输入的每条代码，给出输出结果。比如，在 IDLE 中输入 print("Hello World")语句，按〈Enter〉键后，就可以看到语句的运行结果是在屏幕上输出"Hello World"，如图 1-6 所示。交互式一般用于调试少量代码。在提示符"">>>"后输入 exit( )或者 quit( )，可以退出 Python 运行环境。

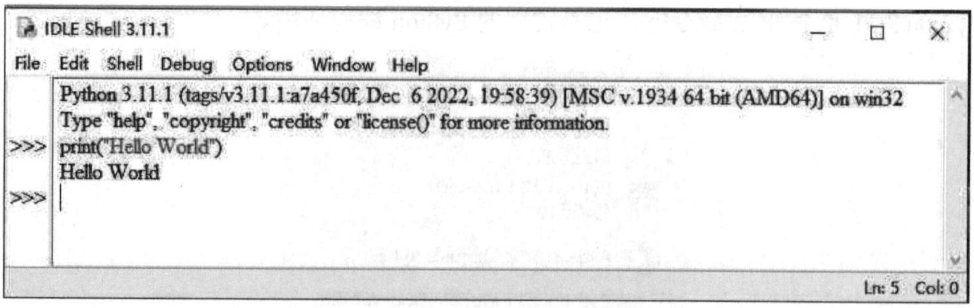

图 1-6　在 IDLE 中执行程序

2．文件式

　　文件式是最常用的编程方式，也称为批量式，是指用户将 Python 程序写在一个或多个文件中，然后启动 Python 解释器批量执行文件中的代码。在 IDLE 中，选择 File→New File 菜单选项，或者按快捷键〈Ctrl+N〉可打开一个新窗口，在其中输入 Python 代码，并保存为 Python 程序文件（扩展名为.py）。比如，在新窗口中输入 print("Hello World")语句，选择 File→Save As 菜单选项，将文件保存为 "hello.py"（见图 1-7），选择想要保存文件的路径（如 C:\Python311），单击 "保存" 按钮保存。

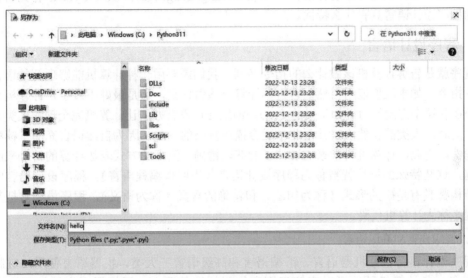

图 1-7　保存 Python 程序文件

　　程序文件也被称为模块（Module）。按快捷键〈F5〉运行程序，或者选择 Run→Run Module 菜单选项，运行结果显示在 Python 交互界面中，如图 1-8 所示。

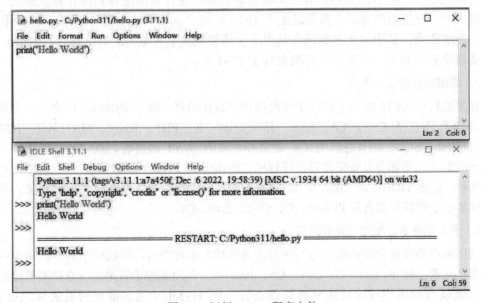

图 1-8　运行 Python 程序文件

Python 程序文件被保存并关闭后，可以通过在 IDLE 中选择 File→Open 菜单选项或者按快捷键〈Ctrl+O〉重新打开它，也可以在文件资源管理器中找到这个程序文件，单击鼠标右键，选择"Edit with IDLE"命令重新打开它。注意：不要通过双击的方式打开一个 Python 程序文件，因为双击时默认会通过命令行方式执行这个程序。

1.3　Python 语言简介

本节将介绍什么是程序设计语言（Programming Language），以及 Python 作为目前最为流行的程序设计语言具有什么特性。

1.3.1　程序设计语言

程序就是告诉计算机该做什么的指令序列，我们需要用一种计算机能够理解的语言来表达这些指令。如果我们能用自然语言告诉计算机该做什么，那是最好不过了，计算机科学家们也正在朝这个方向努力（如苹果的 Siri），但现在还没有办法让计算机完全理解人类的自然语言。同时，人类的自然语言并不非常适合描述复杂的算法，因为自然语言充满了模糊性和不精确性。为此，计算机科学家们设计了能够以精确、清晰的方式表达计算的符号来解决这个问题，这些特殊的符号就被称为程序设计语言（也叫作编程语言）。程序设计语言中的每一种结构都具有精确的形式（称为句法）和精确的含义（称为语义），程序员经常把其写出来的程序称为计算机代码。

1. 低级语言和高级语言

程序设计语言包括机器语言、汇编语言和高级语言三大类。机器语言使用二进制代码表达指令，是计算机硬件可以直接识别和执行的编程语言，用机器语言编写程序十分繁冗，程序也难以阅读和修改。汇编语言使用助记符与机器语言中的指令进行一一对应，在计算机发展早期能够帮助程序员提高编程效率。汇编语言和机器语言统称为低级语言。高级语言是接近自然语言的编程语言，可以更容易地描述计算问题并利用计算机解决计算问题。第一个广泛应用的高级语言是诞生于 1972 年的 C 语言，之后的 50 多年里先后诞生了几千种高级语言，其中的大多数语言都由于应用领域狭窄而退出了历史舞台。Python 作为一种高级语言，其第一个公开发行版发行于 1991 年。

2. 常用的程序设计语言

计算机科学家们开发出了好几千种高级程序设计语言。除了 Python、C 之外，常用的程序设计语言还包括 C++、C#、Java、JavaScript、R、PHP、Ruby、MATLAB、HTML、Perl、Fortran、SQL，还有谷歌的 Go 语言和苹果的 Swift 语言等。从 2014 年开始，IEEE Spectrum 杂志每年都会发布编程语言排行榜，Python 在 2017 年跃居榜首，至 2022 年已蝉联 6 年冠军。根据 TIOBE 在 2022 年 12 月发布的编程语言指数，Python 首次超越 C，位居榜首，排名前 5 的编程语言是 Python、C、C++、Java、C#。

3. 通用编程语言和专用编程语言

通用编程语言是指能够用于编写多种用途程序的编程语言，语法中没有专门用于特定应用的程序元素，如 Python、C、C++、C#、Java 等。专用编程语言是指包含针对特定应用的程序元素或者应用领域比较狭窄的编程语言，如 HTML（用来描述网页的标记语言）、

JavaScript（适用于 Web 客户端开发的脚本语言）、PHP（适用于 Web 服务器端开发的脚本语言）、MATLAB（科学计算语言）、SQL（数据库操作语言）等。Python 是目前最为灵活、最接近自然语言的通用编程语言，功能强大，适合解决各类计算问题，是数据科学（Data Science）、数据分析、人工智能（Artificial Intelligence）、区块链（Blockchain）等领域的首选语言。

4. 静态语言和动态语言

高级语言按照计算机执行方式的不同可以分成两类：采用解释执行的动态语言和采用编译执行的静态语言。编译是将源代码（高级语言代码）转换成目标代码（机器语言代码）的过程，执行编译的计算机程序称为编译器。解释是将源代码逐条转换成目标代码的同时逐条运行目标代码的过程，执行解释的计算机程序称为解释器。解释和编译的区别在于：编译是一次性地翻译，一旦程序被编译，就不再需要编译器或者源代码；解释则在每次程序运行时都需要解释器和源代码。两者的区别类似于外语资料的翻译和实时的同声传译。C、C++、Java 等语言是采用编译执行的静态语言，而 JavaScript、PHP 等语言则是采用解释执行的动态语言。

> Python 是采用解释执行方式的现代动态语言，但其解释器保留了编译器的部分功能，随着程序运行，解释器也会生成完整的目标代码，从而提升了计算机性能。

1.3.2　Python 的起源和特性

Python 的始创者是荷兰人吉多（Guido von Rossum）。1982 年，吉多在阿姆斯特丹大学获得了数学和计算机硕士学位。1989 年圣诞节期间，他为了打发圣诞节的无趣，决心开发一个新的脚本解释程序。Python 这一名称来自英国肥皂剧 Monty Python's Flying Circus，吉多之所以选中 Python 作为语言的名字，是因为他太喜欢这部肥皂剧了。Python 的第一个公开发行版发行于 1991 年。2000 年，Python 2.0 正式发布，开启了其广泛应用的新时代。2008 年，Python 3.0 正式发布，3.0 版本无法向下兼容 2.0 版本的既有语法。2010 年，Python 2.x 系列发布了最后一版，即 2.7 版，从此终结了 2.x 系列版本的发展。

1. 语法特性

1）简洁易学：Python 语言关键字少、结构简单、语法清晰，实现相同功能的代码行数仅相当于其他语言的 1/10～1/5，初学者可以在短时间内轻松上手。

2）强制可读：Python 语言通过强制缩进（类似文章段落的首行空格）来体现语句间的逻辑关系，显著提高了程序的可读性。

3）支持中文：Python 3.0 解释器采用 UTF-8 编码表达所有字符，可以表达英文、中文、韩文、法文等各类语言。

2. 开源语言

开源指的是开放源代码，即源代码公开，任何人都可以访问、学习、修改，甚至是发布。Python 语言是开源项目的优秀代表，其解释器的全部代码都是开放的，任何计算机高手都可以为不断推动 Python 语言的发展做出贡献。Python 软件基金会（Python Software Foundation）作为一个非营利组织，拥有 Python 2.1 版本之后所有版本的版权，该组织致力于更好地推进并保护 Python 语言的开放性。世界各地的程序员通过开源社区贡献了十几万个第三方函数库，几乎覆盖了计算机技术的各个领域。

3．功能强大

Python 标准库和第三方库众多，功能强大，既可以用来开发小工具，也可以用来开发企业级应用。Python 提供了完整的数据分析框架（将在本书第 8～10 章介绍）。其中，NumPy 是一个用于多维数组和矩阵运算的数学库；Pandas 是一个基于 NumPy 的专门处理分析表格型数据的库；Matplotlib 是 Python 中使用最多的 2D 图像绘制工具包，可以非常简单地将数据可视化；Scikit-learn 是用 Python 开发的机器学习库，包括大量的机器学习算法和数据集，是一个简单高效的数据挖掘工具。

1.4　程序的基本要素

本节介绍编写程序的一些基本要素，包括数据类型、变量、运算符、函数、语句、控制结构等，理解了这些基本要素，才能开始编写程序。

1.4.1　数据类型

一种数据类型（Type）是一系列值以及为这些值定义的一系列操作方法的集合。Python 的基本数据类型包括数字和字符串，还有像列表、元组、字典、集合这样的组合数据类型。表 1-1 列出了 Python 的数据类型、类别及其示例。本书第 2 章将介绍数值计算，第 3 章将介绍序列，包括字符串、列表和元组，第 4 章将介绍非序列组合，包括字典和集合。这里先简要介绍基本数据类型。

表 1-1　Python 的数据类型

数据类型	类（型）名	类别	示例
整型	int	数字	10
浮点型	float		10.0
布尔型	bool		True
字符串	str	序列	"Hello World"
列表	list		[1,2,3,4,5]
元组	tuple		(1,2,3,4,5)
字典	dict	非序列组合	{"principal":100,"future value":110}
集合	set		{1,2,3,4,5}

1．字符串

字符串类型是 Python 最常见的数据类型，字符串就是字符的序列。在 Python 里，字符串可以用单引号、双引号或三引号括起来，但必须配对，其中三引号既可以是 3 个单引号，也可以是 3 个双引号。单引号和双引号的作用相同，而用三引号括起来的字符串支持换行。比如，"Hello World"就是一个字符串，也可以用'Hello World'或"""Hello World"""表示。注意：编写程序过程中所使用的符号必须是英文符号。

📖 空串即空字符串，是一个不包含任何内容的字符串，可以表示为''、""、""""。需要注意的是，空串并不是包含空格的字符串（表示为''、" "、""" """），空格也是一个字符。

2. 整型

整型一般以十进制（Decimal）表示，但 Python 也支持八进制、十六进制或二进制来表示整型。八进制（Octal）整数以"0o"或"0O"开始，十六进制（Hexadecimal）整数则以"0x"或"0X"开始，二进制（Binary）整数以"0b"或"0B"开始，如图 1-9 所示。

int() 是整型的转换函数，可以将其他数据类型转换为整型，其最为常见的用法是将包含整数的字符串转换为整型，如 int('1000')，其结果为整数 1000。注意：'1000'是包含整数的字符串，如果想对它进行数值运算，那么必须先转换为整型。如果想将整型转换为字符串类型，则可以使用字符串转换函数 str()，如 str(1000)的结果为'1000'.

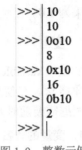

图 1-9　整数示例

📖 整型转换函数的完整形式为 int(x,base=10)。参数 base 表示是几进制，默认是十进制，即不指定 base 参数时，默认转换为十进制整数。

3. 浮点型

浮点数也称为小数，可以用直接的十进制或科学计数法表示。浮点数通常都有一个小数点和一个可选的后缀 e（大写或小写，表示科学计数法），在 e 和指数之间可以用"+"或"−"表示正负，正数可以省略，表 1-2 给出了一些浮点数示例。注意：浮点数在运算过程中会出现误差，通常，浮点型的精度为 15～17 位有效数字。

表 1-2　浮点数示例

十进制表示法	科学计数法	float()
0.0	4.3e25	float(10)
3.1415	9.384e-23	float(True)
−777.	4.2E-10	float('10.0')
−5.555567119	6.022E16	float(0x10)

float() 是浮点型的转换函数，可以将其他数据类型转换为浮点型，其最为常见的用法是将包含小数的字符串转换为浮点型，如 float('0.02')，其结果为小数 0.02。同样，'0.02'是包含小数的字符串，如果想对它进行数值运算，那么必须先转换为浮点型。如果想将浮点型转换为字符串类型，也可以使用字符串转换函数 str()，如 str(0.02)的结果为'0.02'.若要将整型转换为浮点型，在后面加个".0"即可。也可以使用 int()函数将浮点型转换为整型，直接舍去小数部分，截取整数部分。

📖 使用 int()或 float()将字符串转换为数字类型时，该字符串必须包含数字，否则程序会报错，错误类型为"ValueError"（值错误）。

4. 布尔型

布尔型只有两个值：True 或 False。对于值为零的数字或空集（空串、空列表、空元组、空字典），Python 中的布尔值都是 False，而对于值不为零的任何数字或非空集（非空串、非空列表、非空元组、非空字典），其布尔值均为 True。bool()是布尔型的转换函数，可以将其他数据类型转换为布尔型，示例如图 1-10 所示。在数学运算中，True 和 False 分别对应 1 和 0，表 1-2 中的 float(True) 的结果为 1.0。

```
>>> bool(0.02)
True
>>> bool(0)
False
>>> bool('')
False
>>> bool('0.02')
True
>>>
```

图 1-10　布尔型转换函数示例

1.4.2　变量

变量（Variable）是编程语言中能存储计算结果或能表示值的抽象概念。在使用变量前，需要对其进行命名和赋值，之后可以根据需要随时对变量重新赋值。

1．变量的命名

变量的名字也称为标识符（Identifier），与其他大多数高级语言一样，Python 中变量的命名规则如下：

- 以字母或下画线（_）开头。
- 其他的字符可以是数字、字母或下画线。
- 不能将 Python 关键字（见表 1-3）作为变量名。

表 1-3　Python 的 35 个关键字

False	None	True	and	as
assert	async	await	break	class
continue	def	del	elif	else
except	finally	for	from	global
if	import	in	is	lambda
nonlocal	not	or	pass	raise
return	try	while	with	yield

我们已经了解了 True 和 False 这两个关键字，本章后续还会学习 if、else、for、in 等关键字。

除了以上必须遵守的命名规则以外，本书还给出如下命名建议：

- 应既简短又具有描述性，如 *name* 比 *n* 好，*student_name* 比 *s_n* 好。
- 慎用小写字母 *l* 和大写字母 *O*，因为它们可能被人错看成数字 1 和 0。
- 避免用下画线开头，在 Python 语言里，下画线开头的变量有特殊含义。

在本章案例中，我们使用了如下 4 个变量：

- *principal*：用来存储初始存入账户的金额，也就是本金。
- *future_value*：用来存储计算出来的终值。
- *interest_rate*：用来表示年利率。
- *year*：用来表示年份。

2．变量的赋值

变量赋值通过等号（=）来执行。Python 是一种动态语言，因此不需要预先声明变量的类型,变量的类型和值在赋值那一刻被初始化;同时,变量的类型也是可以随时变化的,也就是说,可以先将某个变量赋值为一个字符串,然后又将其赋值为一个数字。

假设在本章案例中,初始存入账户的金额为 1000 元,年利率为 2%,那么可以给变量 *principal* 赋值为 1000,给变量 *interest_rate* 赋值为 0.02,如图 1-11 所示。

```
>>> principal = 1000
>>> interest_rate = 0.02
>>> principal
1000
>>> interest_rate
0.02
>>>
```

图 1-11 变量赋值示例

📖 在交互式解释器中,可以用变量名查看该变量的原始值。注意与 print()函数输出结果的不同。在交互式解释器中直接用变量名查看,字符串带引号,而用 print()函数输出时不带引号。

1.4.3 运算符

运算符(Operator)也称为操作符,在程序中用于计算。Python 支持单目运算符和双目运算符。单目运算符带一个操作数,操作数在运算符的右边;双目运算符带两个操作数,操作数在运算符的两边。操作数(Operand)可以是变量、常量、函数调用的返回值等。表达式(Expression)是运算符和操作数的有效组合,通常有一个计算结果。运算符的种类很多,这里介绍用于数字的算术运算符和用于字符串的格式化运算符。

1. 算术运算符

Python 的算术运算符如表 1-4 所示。其中,整除运算符"//"返回比真正的商小的最接近的整数,比如 2//3 的结果为 0,而-2//3 的结果为-1。

表 1-4 算术运算符(优先级从高到低)

运算符	功能
expr1 ** *expr2*	求幂
+ *expr*	*expr* 的结果符号不变
- *expr*	对 *expr* 的结果符号取负
expr1 * *expr2*	乘法
expr1 / *expr2*	除法
expr1 // *expr2*	整除
expr1 % *expr2*	取余
expr1 + *expr2*	加法
expr1 - *expr2*	减法

本章案例中计算终值的表达式需要用到加法(+)、乘法(*)和求幂(**)3 种算术运

算符: *principal**(1+*interest_rate*)**year。注意,求幂的优先级最高,其次是乘法,最后是加法。如果先进行加法运算,需要加括号。当 *principal* 为 1000、*interest_rate* 为 0.02、*year* 为 2 时,终值计算结果为 1040.4。

2. 格式化运算符

格式化运算符用于指定字符串的格式,用"%"表示。左边的操作数是格式化字符串,其中包含格式符,这些格式符为真实值预留位置,并说明真实值应该呈现的格式;右边的操作数是一个元组,可将多个值传递给格式化字符串,每个值对应一个格式符。表 1-5 列出了一些常用的格式符,表 1-6 列出了格式符中一些常用的辅助符号。

表 1-5　常用的格式符

格式符	格式	格式符	格式
%c	单个字符	%s	字符串
%d 或%i	十进制整型	%f 或%F	浮点型
%e 或%E	浮点型的科学计数法	%%	输出一个单一的%

表 1-6　格式符中常用的辅助符号

辅助符号	作用
m.n	*m* 是显示的最小总宽度,*n* 是小数点后的位数(如果有的话)
0	位数显示不够 *m* 时,前面用 0 填充,而不是默认的空格

本章案例中,在计算出终值后,要将结果显示在屏幕上。格式化输出的字符串包括年份和终值,其中,年份用十进制整型的格式符"%d",终值用浮点型的格式符"%f",同时对于终值保留两位小数,最小总宽度为 7(包括小数点),加入辅助符号后的格式符为"%7.2f",表达式如下:

```
"year %d: %7.2f" % (year, future_value)
```

格式化运算符"%"右边的元组中,第一个元素 *year* 对应第一个格式符"%d",第二个元素 *future_value* 对应第二个格式符"%7.2f"。当 *year* 为 2、*future_value* 为 1040.4 时,格式化字符串为"year 2: 1040.40"。注意:格式化字符串中,格式符之外的字符都原样输出。

1.4.4　函数

函数(Function)就像小型程序一样,可以用来实现特定的功能。Python 有很多函数可供调用,程序员也可以自己定义函数。调用函数时,应使用它的名称,后跟圆括号。许多函数在调用时需要值,这些值称为参数,在调用函数时放在括号内。当一个函数调用有多个参数时,参数之间用逗号分隔。内置函数(Built-in Function)是 Python 自带的函数,可供程序员直接使用,如 str()、int()、float()、bool()等类型转换函数。本小节主要介绍 Python 内置的输入/输出函数。

1. print()函数

print()函数可以用来输出字符串,比如 print("Hello World");也可以以字符串的形式输出变量的值。如果要输出多个变量的值，则用逗号分隔，比如 print(*year*, *future_value*)，虽然 *year* 和 *future_value* 都不是字符串类型，但在输出的时候，print()函数会自动将它们转换为字符串输出。用逗号分隔的多个变量，在输出时默认的分隔符是空格，可以通过指定 sep 参数来改变。本章案例中，可以用 print()函数输出格式化后的字符串，即 print("year %d: %7. 2f " % (*year*, *future_value*))。

📖 print()函数的完整形式为 print(*args, sep=' ', end='\n', file=None, flush=False)。参数 *args 表示要输出的内容，可以包括多项；参数 sep 指定输出多项内容时如何分隔，默认是空格；参数 end 指定输出以什么结尾，默认是换行符；参数 file 指定输出到哪个文件，默认输出到系统的标准输出（屏幕）；参数 flush 指定是否刷新输出流，默认为否。

2. input()函数

从用户那里得到数据输入的最简单的方法是使用 input()函数，它读取系统的标准输入（键盘输入），并将读取到的数据赋值给指定的变量。无论用户输入什么内容，input()函数都以字符串类型返回结果。在获得用户输入之前，可以给用户一些提示性文字，放在字符串内，作为 input()函数的参数。

在本章案例中，初始存入账户的金额和年利率都由用户输入，而不是直接由程序员进行赋值，这就需要用到 input()函数。以输入本金为例，我们调用如下函数：

```
input("The initial principal is: ")
```

如果用户输入 1000，则返回的结果是字符串"1000"。由于需要对本金进行数值运算，因此必须将其转换为数字类型。假设本金都是整数，则可以用 int()函数进行转换，即

```
int(input("The initial principal is : "))
```

1.4.5　语句

语句（Statement）就是告诉计算机做某件事情的一条代码。如下一行代码就是一条告诉计算机要输出终值计算结果的语句：

```
print("year %d: %7.2f" % (year, future_value))
```

本小节主要介绍赋值语句和注释语句。

1. 赋值语句

前面提到，赋值是创建变量的一种方法。Python 语言中，"="表示赋值，即将等号右侧的结果赋给左侧变量。包含等号的语句称为赋值语句。赋值语句的右侧可以是任何复杂的表达式，如下语句可计算终值并将结果赋值给变量 *future_value*。

```
future_value = principal*(1+interest_rate)**year
```

与输出语句不同，输入语句通过调用 input()函数接收用户输入，返回的结果需要赋值给指定的变量，这就需要用到赋值语句。仍然以输入初始存入账户的金额为例，用户通过键盘

输入的数据需要赋值给变量 *principal*，即

```
principal = int(input("The initial principal is : "))
```

📖 当程序调用 input()函数时会停下来，等待用户输入，当用户按下〈Enter〉（回车）键时，表示输入完毕，程序将用户输入的内容作为字符串返回，继续执行赋值语句。

此外，还有一种同步赋值语句，可以同时给多个变量赋值。如图 1-12 所示，变量 *a* 和 *b* 被分别赋值为 2 和 3。如果想交换两个变量的值，在其他编程语言里，需要用到一个中间变量（*t*）来保存其中一个变量的值（*t=a*），然后将另一个变量的值赋给这个变量（*a=b*），最后将中间变量的值赋给另一个变量（*b=t*）。但在 Python 语言里，这种同时为多个变量赋值的方式可以实现无须中间变量直接交换两个变量的值。同步赋值语句可以使赋值过程变得更简洁，通过减少变量使用来简化语句表达，增加程序的可读性。

```
>>> | a,b = 2,3
>>> | a
      2
>>> | b
      3
>>> | a,b = b,a
>>> | a
      3
>>> | b
      2
>>> | |
```

但是，应尽量避免将多个无关的单一赋值语句组合成同步赋值语句，否则会降低程序的可读性。一般来讲，如果多个单一赋值语句在功能上表达了相同或相关的含义，或者在程序中属于相同的功能，那么可以采用同步赋值语句。

图 1-12　两个变量值的交换

2. 注释语句

对于编写程序来说，注释是一项非常有用的功能，它能够让用户使用自然语言在程序中添加说明，从而提升代码的可读性。Python 使用 "#" 标记注释，从 "#" 开始直到一行结束的内容都是注释，"#" 可以在一行的任何地方开始，解释器会忽略掉 "#" 之后的所有内容。比如，可以为接收本金输入的语句添加如下注释（中文说明）：

```
principal = int(input("The initial principal is : "))  # 输入本金
```

编写注释的主要目的是阐述代码要做什么，以及是如何做的。在程序的编写过程中，程序员对每条语句都很清楚，但过段时间以后，有些细节可能就不记得了，这时候注释就很有用。另外，当编写的程序需要被别人阅读时，注释能够帮助其他人快速理解程序。作为初学者，最值得养成的习惯之一就是在代码中编写清晰、简洁的注释。

此外，在编写和调试程序的过程中，有的时候暂时不想让某些语句被执行，但又不想把它们从程序中删除，就可以在这些语句之前加上 "#"，让它们成为注释语句。在以后又想使用它们的时候，把 "#" 删掉即可。比如，我们可以暂时把计算终值的语句改为注释语句，去尝试更好的计算并输出不同年份终值的方法：

```
# future_value = principal*(1+interest_rate)**year
```

1.4.6　控制结构

一般情况下，程序中的语句是按顺序逐条执行的，从第一条一直执行到最后一条。仅使用顺序结构可以解决一些小问题，但不足以解决大多数

扫码看视频

有趣的问题。我们需要用到其他两种控制结构——分支结构和循环结构。

1. 分支结构

分支结构允许程序包含的语句在程序运行时可以执行，也可以不执行。程序仍然从顶部开始，之后向底部执行，但是可能跳过程序中的某些语句。和大多数程序设计语言一样，Python 使用 if 关键字来构成分支语句，包括单分支语句、双分支语句和多分支语句，这里介绍双分支语句，即 if-else 语句，其语法形式如下：

```
if <condition>:
    <statements>
else:
    <statements>
```

<statements>是一个语句块，可以包含一条到多条语句。<condition>为条件表达式，其值为布尔型，即 True 或 False。如果值为 True，则执行 if 下的语句块，跳过 else 部分；如果值为 False，则跳过 if 下的语句块，执行 else 下的语句块。注意：<condition>后面有一个冒号，else 后面也有一个冒号，下面语句块中的语句必须要缩进。

强制缩进使得程序逻辑分明，非常容易看出每条语句属于哪个语句块。缩进一般为 4 个空格，也可以使用〈Tab〉键。Python 初学者刚开始编写程序时，经常会出现缩进错误（Indentation Error），应仔细检查语句是否缩进正确，也可以使用 IDLE 的自动缩进来避免错误，比如输入 if 语句后按〈Enter〉键，下一行语句开始的位置会自动缩进。

本章案例的年利率可以由用户输入，但提供了 2% 的默认值，即如果用户什么也没有输入，那么年利率默认为 0.02；如果用户输入了值，则采用用户输入的值。这就需要使用一个双分支结构来进行处理。判断条件就是用户是否输入了值，如果输入了，则将其转换为浮点型，以便用来进行数值运算；如果什么也没有输入，则默认为 0.02。代码如下：

```
interest_rate = input("The annual interest rate is (default is 2%): ")
if interest_rate:
    interest_rate = float(interest_rate)
else:
    interest_rate = 0.02
```

执行到 input()函数时，程序停下来等待用户输入。如果用户直接按下〈Enter〉键，那么返回的字符串就是一个空串，空串的布尔值为 False，跳过 if 下的语句块，执行 else 下的语句块，即赋值为默认值；如果用户输入了值之后再按下〈Enter〉键，那么返回的字符串就不是一个空串，其布尔值为 True，执行 if 下的语句块，跳过 else 部分。

2. 循环结构

循环结构允许程序多次重复执行相同的语句。如果不采用循环结构，通过多次复制和粘贴相同的语句也可以实现多次执行，但这样只能执行固定次数，且语句一旦修改，对每个副本都要进行修改。Python 提供了 for 和 while 两种循环结构，都允许程序中只出现一次的语句在程序运行时多次重复执行。这里介绍 for 语句，其语法形式如下：

```
for <var> in <sequence>:
    <statements>
```

for 关键字用来形成指定循环次数的循环结构，<sequence>是序列，可以是字符串、列表或元组，<var>是循环变量，会遍历<sequence>中的所有值。也就是说，<sequence>中有多少个值，for 下的语句块（循环体）就会循环多少次。注意：<sequence>后面有一个冒号，下面语句块中的语句必须要缩进。

for 语句经常与 Python 的内置函数 range()一起使用，用来指定循环次数，range()函数返回一个可迭代的范围对象。比如，range(1,4)返回一个从 1 到 3 的整数范围，循环变量遍历这个整数范围，即第一次执行循环体时赋值为 1，第二次执行时赋值为 2，第三次执行时赋值为 3，然后循环结束，执行 for 语句之后的语句。

📖 range()函数的完整形式为 range(start,stop[, step])。参数 start 指定起始的整数，默认是 0；参数 stop 指定终止的整数（不含 stop）；参数 step 指定序列增长的步长，默认是 1。

本章案例需要计算 1 年、2 年和 3 年后的终值，可以编写 3 条语句分别进行计算，再编写 3 条语句分别输出结果。下面来尝试采用循环结构将之前已经写好的计算终值的语句和输出终值计算结果的语句放入循环体内，*year* 作为循环变量，语句如下：

```
for year in range(1,4):
    future_value = principal*(1+interest_rate)**year
    print("year %d: %7.2f" % (year, future_value))
```

采用循环结构的好处显而易见，循环体内的两条语句被重复执行 3 次。

试一试：至此，本章案例已编写完成，将程序文件保存为 ch01.py，运行程序，如果有错误则进行修正。输入本金 1000，年利率不输入，检查程序运行结果是否正确（见图 1-1）；输入本金 2000、年利率 0.03，再次检查程序运行结果是否正确。

1.5　编程实践：累加、累乘

扫码看视频

累加或累乘（Accumulator）是一种常见的算法模式，需要使用一个累加或累乘变量以及一个循环结构。首先给累加或累乘变量赋初值，然后在循环体中不断更新累加或累乘变量的值，循环结束后得到终值。

【例 1-1】 求阶乘。用户输入一个整数，程序计算该数的阶乘，并输出结果。比如，用户输入 6，程序计算 6 的阶乘，输出结果 720。

编写程序如图 1-13 所示。首先，程序接收用户的输入并将其转换为整型，存储在变量 *n* 中。求阶乘即求累乘，命名累乘变量为 *fact*，赋初值为 1。在 for 循环结构中使用了 range()函数，起始值为 *n*，终止值为 1（不包含 1），步长为-1，也就是从 *n* 开始递减，一直到 2，即 *n*、*n*-1、*n*-2、…、2。累乘变量 *fact* 在第一次循环迭代中乘以 *n*，第二次乘以 *n*-1，第三次乘以 *n*-2，最后一次乘以 2，循环结束。注意：赋值语句 *fact* = *fact* * *i* 也可以写作 *fact* *= *i*。由于 *fact* 的初值赋为 1，因此无论乘以什么都不会改变它的值。最后，使用格式化运算符输出结果，由于 *n* 和 *fact* 都是整数，因此格式符都是 "%d"。

```
factorial.py - C:/Python311/factorial.py (3.11.1)                  —    □    ×
File  Edit  Format  Run  Options  Window  Help
1  n = int(input("Please input a number: "))
2
3  fact = 1
4  for i in range(n,1,-1):
5      fact = fact * i
6
7  print("The factorial of %d is %d." % (n,fact))
8
                                                              Ln: 1  Col: 41
```

图 1-13 求阶乘的程序

借助于这个例子来看 Python 的赋值过程。在 Python 中，给变量 *fact* 赋值就像给一个值贴上黄色的小便笺，上面写着"这就是 *fact*"。【例 1-1】中给 *fact* 赋值 *n* 次，假设用户输入 *n* 的值是 6，那么 6 次赋值过程如图 1-14 所示。每次赋值，*fact* 都指向了一个新的值，就像把黄色小便笺撕下来，贴到另一个值上。注意：原来的那个值并不会被新的值抹去，当一个值不被任何变量所指向时，这个值就没有用了。但不必担心内存中会充满这样没有用的值，Python 提供垃圾回收（Garbage Collection）机制来自动清理那些没有贴便笺的值，以释放内存空间给新的值使用。

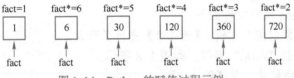

图 1-14 Python 的赋值过程示例一

【例 1-2】 修改本章案例程序，采用累乘法计算终值。每年的终值不由公式单独计算得到，而是通过上一年的终值累乘得到。

编写程序如图 1-15 所示。*future_value* 即为累乘变量，赋初值为 *principal* 的值。在循环体中，每一年的终值都由上一年的终值加上利息计算得到，第一年的终值由本金加上利息计算得到，这就是 *future_value* 赋初值为 *principal* 的原因。注意：这里的输出语句写在循环体内，每循环迭代一次，就会输出一次结果，如果希望只输出最后一年的终值计算结果，则需要将输出语句放在循环结构之后。

```
ch01.py - C:\Python311\ch01.py (3.11.1)                           —    □    ×
File  Edit  Format  Run  Options  Window  Help
1  principal = int(input("The initial principal is : ")) # 输入本金
2
3  interest_rate = input("The annual interest rate is (default is 2%): ")
4  if interest_rate:
5      interest_rate = float(interest_rate)
6  else:
7      interest_rate = 0.02
8
9  future_value = principal
10 for year in range(1,4):
11     # future_value = principal*(1+interest_rate)**year
12     future_value = future_value*(1+interest_rate)
13     print("year %d: %7.2f" % (year,future_value))
14
                                                              Ln: 13  Col: 49
```

图 1-15 采用累乘法计算终值的程序

通过这个例子，再来看 Python 的赋值过程。【例 1-2】中给 *future_value* 赋值 4 次，假设用户输入的本金是 1000，年利率是默认值 0.02，那么 4 次赋值过程如图 1-16 所示。注意：第一次赋值时，*future_value* 和 *principal* 同时指向 1000，*principal* 之后的值没有发生变化，一直指向 1000，而 *future_value* 作为累乘变量被重新赋值，直到赋值为第三年的终值为止。

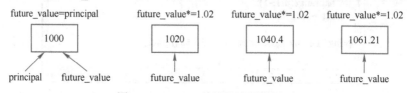

图 1-16　Python 的赋值过程示例二

1.6　本章小结

本章在介绍了如何搭建 Python 编程环境以及程序设计语言的基础上，以实现"计算终值"案例为主线贯穿了值、数据类型、变量、运算符、表达式、函数、语句、分支结构、循环结构等程序的基本要素，第一个具有完整功能的 Python 程序文件被创建并运行起来。在最后的编程实践中，采用累乘法对"计算终值"案例进行进一步修改，并通过示例详细阐明了 Python 与众不同的赋值过程。

本章创建的 Python 程序文件如下。
- ch01.py："计算终值"案例，【例 1-2】进行了修改。
- hello.py："Hello World"实例，如图 1-8 所示。
- factorial.py：求阶乘，见【例 1-1】。

本章学习的 Python 数据类型包括：
- 整型、浮点型、布尔型：数字类型。
- 字符串、列表、元组：序列类型。
- 字典、集合：非序列组合类型。

本章学习的 Python 关键字包括：
- True、False：布尔值。
- if、else：双分支结构。
- for、in：指定循环次数的循环结构。

本章学习的 Python 运算符包括：
- +、-、*、/、//、**、%：用于数字运算的算术运算符。
- %：用于字符串格式化表达的格式化运算符，与数字的取余运算符相同。

本章学习的 Python 内置函数包括：
- print()：输出函数，默认输出到标准输出，即屏幕。
- input()：输入函数，默认接收标准输入，即键盘。
- range()：生成可迭代的范围对象，常与 for 循环一起使用。
- int()、float()、bool()、str()：类型转换函数。

本章学习的 Python 语句包括：
- 输出语句：调用 print() 函数的语句。
- 赋值语句：给变量赋值的语句，变量必须赋值后方可使用。

- 注释语句：用自然语言给程序代码添加说明的语句。
- if 语句：判断条件是否为真的语句。
- for 语句：指定循环次数的循环语句。

本章学习的 Python 控制结构包括：

- 顺序结构：按顺序逐条执行的程序结构。
- if-else 结构：根据条件判断执行的双分支结构。
- for 结构：指定循环次数的循环结构。

1.7　习题

1. 讨论题

1）高级语言和低级语言有什么不同？最早诞生的高级语言是哪种语言？

2）动态语言和静态语言有什么不同？Python 是哪一种？有什么特性？

3）目前流行的程序设计语言都有哪些？Python 有哪些优势？

4）为什么 Python 不像其他编程语言一样在对变量赋值前要先声明（定义）？

5）如下语句的执行结果如何？

```python
print("Hello, World!")
print("Hello", "World!")
print("Hello", "World!", sep=',')
```

6）如下程序的运行结果如何？

```python
print("start")
for i in range(0):
    print ("Hello")
print ("end")
```

7）如下程序的运行结果如何？

```python
ans = 0
for i in range(1,11):
    ans = ans + i*i
    print (i)
print (ans)
```

8）如下表达式的值是多少？

```python
-10 // 3
-10 % 3
10 // -3
10 % -3
```

2. 编程题

1）编写一个程序，从用户那里读入一个句子，采用累加法统计这个句子的长度，并将结果输出。提示：字符串也是序列，可以直接用于 for 语句中。

2）编写一个程序，从用户那里读取一个整数，采用累加法计算各个位数的和，并将结果输出。比如，用户输入"3141"，程序输出"3+1+4+1= 9"。

3）拓展本章案例的功能，从用户那里读取年数 *n*，计算并输出第 *n* 年的终值计算结果。注意：不输出中间年度的计算结果。

4）双击打开本章案例的程序文件，直接进入执行状态，输入本金和年利率，当程序执行完毕后，运行窗口消失，看不到输出的计算结果。请在程序的最后添加一条输入语句，给用户一个能够看到输出计算结果的机会，待用户按下〈Enter〉键之后再退出程序。

第2章
数值计算

本章将深入学习数字运算符以及数值计算常用的函数。在 2.1 节案例的指引下，还将学习相关标准库的引入和使用。在编程实践中，将介绍如何安装和使用第三方库。通过本章学习，读者将初步领略到 Python 的功能强大。

2.1 案例：蒙特卡罗模拟计算圆周率

蒙特卡罗（Monte Carlo）是摩纳哥的一座城市。20 世纪 40 年代，冯·诺依曼（John von Neumann）等人提出了蒙特卡罗算法，该算法通过大量随机样本去了解一个高度复杂的系统，与赌博中的随机性、概率性有着天然而密切的联系，故而得名。蒙特卡罗算法也称为随机模拟法，其基本原理就是不断抽样，逐渐逼近。本章以计算圆周率为例，看一看如何采用蒙特卡罗算法逐渐逼近问题的解。

圆周率π是圆形的周长与直径的比值，是一个无限不循环小数，其精确数值一直是千百年来数学家们追踪的目标。如图 2-1 所示，有一个正方形，内部相切一个圆，圆的半径为 r，正方形的边长为 $2r$，圆的面积为 πr^2，正方形的面积为 $4r^2$，圆和正方形的面积之比是 π/4。在这个正方形内部，随机产生 n 个点（这些点服从均匀分布），计算它们与中心点的距离是否大于圆的半径，以此判断这些点是否落在圆的内部。统计圆内的点数，与 n 的比值乘以 4，就是 π 的值。理论上，n 越大，计算的 π 值越准。

编写程序并将文件命名为 ch02.py，程序运行结果如图 2-2 所示。输入要模拟生成的点的个数，第一次输入 1000000，程序计算得到π的近似值为 3.141044，程序运行耗时 0.55s；第二次输入 10000000，计算得到π的近似值为 3.1416648，运行耗时 5.5s；第三次输入 100000000，计算得到π的近似值为 3.1415632，运行耗时 54.66s。可以看到，随着点数的增加，蒙特卡罗模拟计算的精确度越来越高，但程序运行速度也越来越慢。由于随机性，程序每次运行的结果都不会完全相同，如果在不同计算机上运行程序，由于软件、硬件条件的不同，程序运行的时间也不同，但都遵循以上规律。

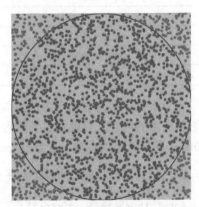

图 2-1　蒙特卡罗模拟计算圆周率的原理

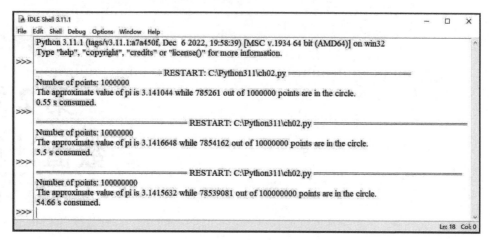

图 2-2　案例：蒙特卡罗模拟计算圆周率

2.2　数字运算符

第 1 章中已经介绍了数字的几种基本类型以及算术运算符，本节介绍比较运算符和逻辑运算符。与算术运算符不同，比较运算符和逻辑运算符也适用于其他标准数据类型，包括字符串、列表、元组。

2.2.1　比较运算符

数字类型支持比较运算，用来比较数值的大小，返回布尔值 True 或 False。比较运算符如表 2-1 所示。这里需要特别注意，判断是否相等的比较运算符 "==" 是两个等号，它不同于一个等号的赋值运算符。不同于很多其他语言，Python 的多个比较运算可以在同一行上进行，求值顺序为从左到右，比如 3<4<5。

表 2-1　比较运算符（优先级相同）

运算符	功能
$expr1 < expr2$	$expr1$ 小于 $expr2$
$expr1 > expr2$	$expr1$ 大于 $expr2$
$expr1 <= expr2$	$expr1$ 小于等于 $expr2$
$expr1 >= expr2$	$expr1$ 大于等于 $expr2$
$expr1 == expr2$	$expr1$ 等于 $expr2$
$expr1 \mathrel{!=} expr2$	$expr1$ 不等于 $expr2$

本章案例中要将随机产生的点与中心点的距离和圆的半径进行比较，以此来判断这个点是否落在圆的内部。假设圆的半径为 1，变量 $dist$ 表示随机产生的点与中心点的距离，变量 $points$ 是随机产生的点数，变量 in_points 用来统计落在圆内的点数，代码如下：

```python
points = int(input("Number of points: "))
in_points = 0
for i in range(1,points+1):
    ...
```

```
    if dist <= 1:
        in_points += 1
```

注意，程序中已经有了两层缩进，第一层缩进是 for 循环体，第二层缩进是 for 循环体内 if 下的语句块。for 循环体对每一个随机产生的点都要迭代一次，但只有落在圆内的点才会执行 if 下的语句块。这里的 if 语句是单分支结构，和第 1 章中介绍的双分支结构相比，没有 else 部分，即条件不满足时什么也不会做。

2.2.2　逻辑运算符

逻辑运算符也称为布尔运算符，如表 2-2 所示，其优先级低于比较运算符，其中 not 的优先级高于 and 和 or。前面提到的 Python 支持在一行上进行多个比较运算，本质上是由 and 连接起来的多个表达式，比如，3<4<5 等同于 3<4 and 4<5。逻辑非是单目运算符，运算后 True 变 False，或者 False 变 True。逻辑与、逻辑或为双目运算符，只有两个表达式的值均为 True 时，逻辑与的结果为 True；只有两个表达式的值均为 False 时，逻辑或的结果为 False。Python 的逻辑运算符为短路（Short-Circuit）运算符，即一旦结果确定就会返回值。在逻辑与中，如果 $expr1$ 为 False 就会返回 False，不会再执行 $expr2$。同样，在逻辑或中，如果 $expr1$ 为 True 就会返回 True，不会再执行 $expr2$。

表 2-2　逻辑运算符

运算符	功能	操作性定义
not $expr$	逻辑非	如果 $expr$ 为 False，则返回 True，否则返回 False
$expr1$ and $expr2$	逻辑与	如果 $expr1$ 为 False，则返回 $expr1$，否则返回 $expr2$
$expr1$ or $expr2$	逻辑或	如果 $expr1$ 为 True，则返回 $expr1$，否则返回 $expr2$

逻辑运算遵守类似于算术运算的代数法则，称为布尔代数。表 2-3 给出了一些基本法则，可以看出，在一些例子中，and 类似于乘法运算，or 类似于加法运算，not 类似于取负，0 和 1 对应 False 和 True。由于逻辑运算符的优先级低于比较运算符，在描述分配律和摩根定律（DeMorgan's Laws）的表达式中，比较运算符 "==" 的左右两边都加上了括号，表示先执行逻辑运算，再执行比较运算。

表 2-3　布尔代数示例

法则	布尔代数	普通代数
0、1 律	(a and False) == False	$a \times 0 = 0$
	(a and True) == a	$a \times 1 = a$
	(a or False) == a	$a + 0 = a$
	(a or True) == True	
还原律	(not (not a)) == a	$-(-a) = a$
分配律	(a and (b or c)) == ((a and b) or (a and c))	$a \times (b+c) = a \times b + a \times c$
	(a or (b and c)) == ((a or b) and (a or c))	
摩根定律	(not(a or b)) == ((not a) and (not b))	
	(not(a and b)) == ((not a) or (not b))	

2.2.3 混合类型运算

在数字运算中，如果两个操作数的数字类型不一致，那么 Python 会进行数字类型的自动转换，也就是说会自动将一个操作数转换为与另一个操作数相同的数字类型，无须程序员通过类型转换函数来进行转换。自动类型转换的具体规则如下：如果两个操作数是同一种数字类型，则无须进行类型转换；否则，如果有一个操作数是浮点型，那么另一个操作数就被转换为浮点型。将整型转换为浮点型，只要在后面加个"·0"就可以了，而不会有数据的丢失；将浮点型转换为整型，小数部分的数据将会丢失。

> 自动类型转换仅限于数字类型之间，如果其中一个操作数为字符串，则无法自动转换为数字类型，需要程序员使用数字类型的转换函数来进行转换。

【例 2-1】 采用无穷级数法计算圆周率。无穷级数是一组无穷数列的和，如下公式可以用来计算圆周率的近似值，包含的项数越多，结果越精确：

$$\pi \approx 3 + \frac{4}{2 \times 3 \times 4} - \frac{4}{4 \times 5 \times 6} + \frac{4}{6 \times 7 \times 8} - \frac{4}{8 \times 9 \times 10} + \frac{4}{10 \times 11 \times 12} - \cdots$$

编写程序如图 2-3 所示。

```
pi_infinite_series.py - C:\Python311\pi_infinite_series.py (3.11.1)     —   □   ×
File  Edit  Format  Run  Options  Window  Help
 1  pi = 3
 2  a,b,c = 2,3,4
 3
 4  for i in range(2,100):
 5      if not i%2:
 6          pi += 4/(a*b*c)
 7      else:
 8          pi -= 4/(a*b*c)
 9  print("%02d items: pi = %9.7f" %(i,pi))
10  a,b,c = a+2, b+2, c+2
11
                                                          Ln: 11  Col: 0
```

图 2-3 采用无穷级数法计算圆周率的程序

首先给变量 *pi* 赋初值为 3，给分母中的 3 个整数变量 *a*、*b*、*c* 赋初值为 2、3、4。然后开始循环迭代，指定循环从第 2 项到第 99 项。由于每一项都是交替加减，累加法需要根据项数来判定是加还是减，即偶数项为加，奇数项为减。判断奇数、偶数可以采用对 2 取余运算，如果余数为 0，即为偶数，否则为奇数。0 即为 False，非 0 为 True，对取余结果进行逻辑非运算，表示为偶数时结果为 True，为奇数时结果为 False。累加后输出该项的计算结果，给项数 *i* 指定"%02d"的格式，表示留出 2 位的空间，如果不够 2 位，则在前面添加 0；给变量 *pi* 指定"%9.7f"的格式，表示留出 9 位的空间，其中小数点后面有 7 位。最后给变量 *a*、*b*、*c* 做累加，为下一项做准备。循环结束后，程序结束。

运行如上程序，共输出 98 行，结果如下：

```
02 items: pi = 3.1666667
…
50 items: pi = 3.1415947
```

```
…
99 items: pi = 3.1415924
```

变量 *pi* 的初值为整型，在累加过程中，由于另一个操作数为浮点型，因此被自动转换为浮点型进行运算，运算结果也为浮点型。

本章案例中落在圆内的点数（*in_points*）与所有点数（*points*）的比值乘以 4，就是圆周率（*pi*）的值，结果如下：

```
pi = in_points/points * 4
```

变量 *in_points* 和 *points* 都是整型，相除以后的结果为浮点型，在与整数 4 相乘时，4 自动转换为浮点型 4.0，从而计算得到浮点型的 *pi* 值。

2.3　数值计算常用函数

第 1 章已经介绍了数字类型的转换函数，本节介绍数字运算函数以及与整型相关的函数（不适合非整型的数字类型）。

2.3.1　数字运算函数

Python 的数字运算函数如表 2-4 所示，其中 divmod()是整除和取余运算的结合，返回值是商和余数的元组。图 2-4 给出了这些函数的具体例子。

表 2-4　数字运算函数

函数	功能
abs(*num*)	返回 *num* 的绝对值
max(*num1*, *num2*, …)	返回若干个数字中的最大值
min(*num1*, *num2*, …)	返回若干个数字中的最小值
divmod(*num1*, *num2*)	返回一个元组(*num1*//*num2*, *num1*%*num2*)
pow(*num1*, *num2*, *mod*=1)	取 *num1* 的 *num2* 次方，再对 *mod* 取余
round(*flt*, *ndig*=0)	对浮点型 *flt* 进行四舍五入，保留 *ndig* 位小数

📖 round()函数的四舍五入。如果是 5 时，则情形较为复杂，并不一定都"入"，且与保留的小数位数相关。如果保留的小数位数为 0，则 round()遇 5 时向偶数取整。

```
>>> divmod(10,3)
    (3, 1)
>>> pow(5,2,3)
    1
>>> round(1.5)
    2
>>> round(2.5)
    2
>>> max(3.14,2.71,10)
    10
>>> min(3.14,2.71,10)
    2.71
```

图 2-4　数字运算函数示例

本章案例输出结果时，对 *pi* 的值保留 7 位小数，结果如下：

```
print("The approximate value of pi is", round(pi,7), "while", in_points, "out of",
points, "points are in the circle.")
```

print()函数中用逗号分隔输出的多项内容，输出时默认分隔符为空格。注意：如果输出的内容是字符串常量，要加上双引号；如果输出的内容是数字，那么输出时会自动转换为字符串。

2.3.2　整型相关函数

本小节介绍只适用于整型的相关函数，包括进制表示函数和字符转换函数。

1. 进制表示函数

除十进制外，Python 也支持八进制、十六进制或二进制来表示整型。如果想知道一个整数如何用八进制、十六进制、二进制来表示，则可以分别调用内置函数 oct()、hex()、bin()，图 2-5 给出了示例。注意：进制表示函数返回的是包含整数进制表示的字符串。

2. 字符转换函数

在计算机里，字符是用 ASCII（American Standard Code for Information Interchange）码表示的，每个字符都对应一个 0～255 的整数（用 8 个二进制位（即 1 个字节）表示），表 2-5 给出了 ASCII 码值在 32 和 126 之间的字符。

```
>>> oct(255)
'0o377'
>>> hex(255)
'0xff'
>>> bin(255)
'0b11111111'
>>> bin(0xff)
'0b11111111'
```

图 2-5　进制表示函数示例

表 2-5　字符的 ASCII 码值

ASCII	字符	ASCII	字符	ASCII	字符	ASCII	字符	ASCII	字符
32	空格	51	3	70	F	89	Y	108	l
33	!	52	4	71	G	90	Z	109	m
34	"	53	5	72	H	91	[	110	n
35	#	54	6	73	I	92	\	111	o
36	$	55	7	74	J	93	]	112	p
37	%	56	8	75	K	94	^	113	q
38	&	57	9	76	L	95	_	114	r
39	'	58	:	77	M	96	`	115	s
40	(	59	;	78	N	97	a	116	t
41	)	60	<	79	O	98	b	117	u
42	*	61	=	80	P	99	c	118	v
43	+	62	>	81	Q	100	d	119	w
44	,	63	?	82	R	101	e	120	x
45	-	64	@	83	S	102	f	121	y
46	.	65	A	84	T	103	g	122	z
47	/	66	B	85	U	104	h	123	{
48	0	67	C	86	V	105	i	124		
49	1	68	D	87	W	106	j	125	}
50	2	69	E	88	X	107	k	126	~

chr()是 ASCII 码转换函数，可将 0～255 的整数转换为相应的字符。chr()和 str()虽然都是将数字转换为字符串，但差别很大，如图 2-6 所示。

📖 ord()是 chr()的逆函数，即将单个字符转换为其相应的 ASCII 码值。其参数只能是包含一个字符的字符串，如果包含两个及以上的字符，则会出现类型错误（Type Error）。

```
>>> str(48)
'48'
>>> chr(48)
'0'
>>> int(str(48))
48
>>> int(chr(48))
0
```

图 2-6　str()和 chr()示例

2.4　相关标准库

除了 2.3 节介绍的数值计算常用函数外，与数值计算相关的标准库和第三方库也提供了很多有用的函数。标准库是 Python 自带的，引入后可以直接使用；第三方库则需要额外安装，方能引入使用。本节介绍标准库，包括 math 库、random 库、time 库。

2.4.1　math 库

math 库是一个包含 4 个数学常量和 44 个函数定义的模块，如果要使用其中的常量或函数，那么首先要引入这个模块。

1．math 库中的常量和函数

表 2-6 给出了 math 库中定义的一些常量和函数。如果想查看 math 库中定义的所有内容，则可以在 IDLE 的交互式解释器中使用帮助函数来查看，即 help(math)。

表 2-6　math 库中的常量和函数

常量/函数	数学表达	功能
pi	π	圆周率的近似值
e	e	自然对数函数的底数
sqrt(x)	$\sqrt{x}$	x 的平方根
sin(x)	$\sin x$	x（弧度）的正弦值
cos(x)	$\cos x$	x（弧度）的余弦值
tan(x)	$\tan x$	x（弧度）的正切值
asin(x)	$\arcsin x$	x（弧度）的反正弦值
acos(x)	$\arccos x$	x（弧度）的反余弦值
atan(x)	$\arctan x$	x（弧度）的反正切值
radians(x)	$x \times \pi \div 180$	把 x（角度）转换成弧度
log(x)	$\ln x$	x 的自然对数，底数为 e
log10(x)	$\log_{10} x$	x 的常用对数，底数为 10
exp(x)	e^x	e 的 x 次方
ceil(x)	$\lceil x \rceil$	大于或等于 x 的最小整数
floor(x)	$\lfloor x \rfloor$	小于或等于 x 的最大整数

2. 使用 math 库中的常量

引入模块的语句一般放在程序的最前面，可以采用以下 3 种方式：

```
import <module>
from <module> import *
from <module> import <function>
```

第一种方式：引入整个模块，模块中所有的内容都可以使用，但在使用时需要指定来源于哪个模块，即在前面加上<module>.，注意这个 "."。图 2-7 所示为在 IDLE 的交互式解释器中查看 math 库中两个常量的结果。如果只是想使用π来进行计算，那么可以直接使用 math.pi，而无须采用本章案例的蒙特卡罗算法或者是【例 2-1】中的无穷级数法去进行近似求解。

第二种方式：从模块中引入所有内容，"*" 表示所有。这种方式与第一种方式的不同之处在于，引入后，模块中的所有内容可以直接使用，无须指定模块名。这种方式的优点是使用起来比较简便，省去每次使用都要加上模块名的麻烦；缺点是给程序带来额外的负担，模块中的内容无论是否使用，都被引入当前程序中。此外，由于前面不再需要指定模块名，因此有可能出现引入的内容和当前程序中的内容重名的情况，从而造成不必要的困扰和错误。

第三种方式：从模块中引入指定内容。这种方式占用的资源最少，需要使用什么引入什么就可以了。如果需要引入多项内容，则用逗号将它们分隔开来，如图 2-8 所示。缺点是如果需要使用模块中的很多项内容，那么都需要在 from-import 语句中一一列出来。

```
>>> import math
>>> math.pi
3.141592653589793
>>> math.e
2.718281828459045
```
```
>>> from math import pi,e
>>> pi
3.141592653589793
>>> e
2.718281828459045
```

图 2-7　在 IDLE 的交互式解释器中查看 math 库中两个常量的结果　　图 2-8　采用 from-import 方式引入 math

3. 调用 math 库中的函数

调用函数与使用常量类似，不同的是函数名后面有一对圆括号，里面可能没有参数，也可能有多个参数。

【例 2-2】 采用球面余弦定理计算地球表面两点之间的距离。设(t_1,g_1)和(t_2,g_2)分别是两点的纬度（Latitude）和经度（Longitude），如下公式可以计算两点间的距离，其中 6371.01km 是地球的平均半径：

$$d = 6371.01 \times \cos^{-1}(\sin t_1 \times \sin t_2 + \cos t_1 \times \cos t_2 \times \cos(g_1 - g_2))$$

编写程序如图 2-9 所示。首先采用 from-import 语句从 math 库引入 4 个函数，即 radians()、sin()、cos()、acos()，其中后 3 个函数在公式中用到，radians()函数用来将用户输入的角度转换为弧度，以便进行运算。然后是 4 条分别输入两个点的纬度和经度的输入语句，嵌套了 3 个函数，最里面的是 input()函数，然后用 float()函数将用户输入的字符串转换为浮点型，最后将浮点型的角度转换为浮点型的弧度。计算距离的语句按照公式写就好了，注意调用函数时一定要加圆括号，如果有参数的话，参数要放在圆括号里面。最后是输出语句，将计算出来的距离保留一位小数输出。

```
dist_on_earth.py - C:\Python311\dist_on_earth.py (3.11.1)          —    □    ×
File  Edit  Format  Run  Options  Window  Help
 1  from math import radians, sin,cos,acos
 2
 3  t1 = radians(float(input("Latitude of the first point (in degrees): ")))
 4  g1 = radians(float(input("Longitude of the first point (in degrees): ")))
 5  t2 = radians(float(input("Latitude of the second point (in degrees): ")))
 6  g2 = radians(float(input("Longitude of the second point (in degrees): ")))
 7
 8  d = 6371.01 * acos(sin(t1)*sin(t2)+cos(t1)*cos(t2)*cos(g1-g2))
 9
10  print("The distance between the two points on the earth is: ", round(d,1), "km.")
11
                                                              Ln: 11  Col: 0
```

图 2-9　计算地球表面两点之间距离的程序

假设计算北京和华盛顿特区之间的距离，由于两个城市都比较大，因此取城市中的一个点大致估算距离。北京北纬约 39°54'11"、东经约 116°23'29"，换成小数就是北纬约 39.93、东经约 116.46；华盛顿特区北纬约 38°53'22"、西经约 77°2'7"，换成小数就是北纬约 38.94、西经约 77.05。注意：北纬和东经输入正数，南纬和西经输入负数。运行程序，输入以上 4 个值，输出计算出来的距离约为 11138.2km，如图 2-10 所示。

```
>>>
================================ RESTART: C:\Python311\dist_on_earth.py ================================
Latitude of the first point (in degrees): 39.93
Longitude of the first point (in degrees): 116.46
Latitude of the second point (in degrees): 38.94
Longitude of the second point (in degrees): -77.05
The distance between the two points on the earth is:  11138.2 km.
```

图 2-10　计算北京和华盛顿特区之间的距离

本章案例要计算随机产生的点与中心点之间的距离，假设中心点的坐标为(0,0)，随机产生的点的坐标为(x,y)，计算两点之间距离的语句为 $dist=$ sqrt(x**2+y**2)。我们可以调用 math 库中的 sqrt()函数来求平方根，如果不用，那么也可以通过求幂来计算，即求 1/2 次方。到目前为止，本章案例的实现代码汇总如下：

```
from math import sqrt
points = int(input("Number of points: "))
in_points = 0
for i in range(1,points+1):
    #随机产生一个点的坐标(x,y)
    dist= sqrt(x**2+y**2)
    if dist<= 1:
        in_points += 1
pi = in_points / points * 4
print("The approximate value of pi is", round(pi,7), "while", in_points, "out of",
points, "points are in the circle.")
```

2.4.2　random 库

random 库是一个用来生成伪随机数（Pseudo-random Number）的模块，经常在模拟实验中使用。这个模块是一个名为 random.py 的程序文件，可以在 Python 安装路径下的 Lib 子文件夹中（如 C:\Python311\Lib）

扫码看视频

找到。

1．random 库中的常用函数

表 2-7 给出了 random 库中的常用函数，这些随机数生成器以当前时间戳为种子（Seed），因此每次调用时生成的随机数都是不同的。如果想查看 random 库中定义的所有内容，则可以在 IDLE 的交互式解释器中使用帮助函数来查看，即 help(random)。

表 2-7　random 库中的常用函数

函数	功能
randint(a,b)	在[a, b]范围内产生一个随机整数
randrange(start, stop[, step])	从 range(start, stop[, step])返回的整数范围中随机选择一个元素
uniform(a,b)	在[a, b]范围内产生一个随机小数
random()	在[0, 1)范围内产生一个随机小数
choice(seq)	从一个非空列表 seq 中随机选择一个元素

本章案例中需要随机产生一个点的坐标(x,y)，我们可以调用 random 库中的 random()函数来实现，随机生成的点在正方形的右上象限。填补上一小节中注释处的语句，并在程序前面加入引入 random 模块的语句（注意，from 后面的 random 表示模块，import 后面的 random 表示函数），代码如下：

```python
from math import sqrt
from random import random
points = int(input("Number of points: "))
in_points = 0
for i in range(1,points+1):
    x, y = random(), random()# 随机产生一个点的坐标(x,y)
    dist= sqrt(x**2+y**2)
    if dist<= 1:
        in_points += 1
pi = in_points / points * 4
print("The approximate value of pi is", round(pi,7), "while", in_points, "out of",
points, "points are in the circle.")
```

2．随机漫步问题

1827 年，苏格兰生物学家罗伯特·布朗（Robert Brown）发现水中的花粉及其他悬浮的微小颗粒不停地做不规则的曲线运动，继而把这种不可预测的自由运动命名为"布朗运动"。1959 年，奥斯本（Obsborne）根据布朗运动原理提出了随机漫步（Random Walk）理论，认为股票价格的变化类似于布朗运动，具有随机漫步的特点，其变动路径没有任何规律可循。基于布朗运动的对数正态随机漫步理论，逐渐成为金融市场的经典框架，也为之后量化金融的发展奠定了基础。

【例 2-3】 模拟一维随机漫步（Random Walk）。假设你站在一条很长的笔直的人行道上，手拿一枚硬币，每走一步都由扔硬币决定，如果正面朝上，则向前走一步，如果背面朝上，向后退一步，一直这么走下去，你能走到哪里呢？

编写程序如图 2-11 所示。我们在[-1,1)之间随机生成一个小数，如果这个数大于 0，则向前一步，否则后退一步。在[-1,1)之间随机生成一个小数可以用 2*random()-1 来实现。因此，我们首先采用 from-import 语句从 random 模块中引入 random()函数，然后让用户输入模拟行走的步数 *n*，以累加变量 *steps* 赋初值为 0，循环迭代 *n* 次，如果随机生成的小数大于 0，则累加变量 *steps* 加 1，否则减 1。循环结束后，输出最终行走的步数。

```
random_walk_1D.py - C:\Python311\random_walk_1D.py (3.11.1)            —   □   ×

File  Edit  Format  Run  Options  Window  Help
1  #One-dimensional random walk
2  from random import random
3
4  n = int(input("How many steps do you intend to take through the simulation? "))
5
6  steps = 0
7  for i in range (n):
8      x = 2 * random() - 1
9      if x > 0:
10         steps += 1
11     else:
12         steps -= 1
13
14 print("The object has traveled", steps, "steps based on the simulation.")
15
                                                                    Ln: 15  Col: 0
```

图 2-11　模拟一维随机漫步的程序

运行程序，假设想日行 10000 步，则输入 10000，程序输出最终行走的步数，代码如下：

```
How many steps do you intend to take through the simulation? 10000
The object has traveled -2 steps based on the simulation.
```

也就是说随机漫步 10000 步，最终比原点后退了两步。由于随机性，每次运行的结果都会不同，比如再运行一次程序，输入 10000，最终结果可能是比原点后退了 80 步。这是一维随机漫步，下面来看二维随机漫步。

【例 2-4】　模拟二维随机漫步。这次你可以以任何方向行走，方向可以用偏离 *x* 轴的角度来衡量，随机产生一个角度，沿此方向行走一步，坐标发生变化，一直这么走下去，看看终点距离原点的位置。

编写程序如图 2-12 所示。这次要在[0,360)之间随机生成一个角度，我们可以用 360*random()来实现。行走一步后，横坐标和纵坐标的变化可以通过其余弦值和正弦值求得，注意求余弦和正弦需要使用弧度。因此，除引入 random 模块中的 random()函数外，还要引入 math 库中的 sin()、cos()、radians()函数。让用户输入模拟行走的步数 *n*，给累加变量 *x* 和 *y* 赋初值为 0，即原点坐标为(0,0)，循环迭代 *n* 次，随机生成一个角度并赋值给变量 *angle*，分别求其余弦值和正弦值来更新 *x* 和 *y* 的值。循环结束后，输出终点的坐标，保留一位小数。

```
*random_walk_2D.py - C:\Python311\random_walk_2D.py (3.11.1)*          —  □  ×
File  Edit  Format  Run  Options  Window  Help
1  #Random walk in 2 dimensions
2  from math import sin,cos,radians
3  from random import random
4
5  n = int(input("How many steps do you intend to take through the simulation? "))
6
7  x,y = 0,0
8  for i in range (n):
9      angle = 360 * random()
10     x += cos(radians(angle))
11     y += sin(radians(angle))
12
13 print("The object has traveled to (%5.1f,%5.1f) after %d steps based on the simulation." %(x,y,n))
14
                                                                          Ln: 14  Col: 0
```

图 2-12　模拟二维随机漫步的程序

运行程序，仍然输入 10000，程序输出随机漫步 10000 步后终点的坐标。同样由于随机性，程序每次运行的终点都不相同，以下是某一次运行的结果：

```
How many steps do you intend to take through the simulation? 10000
The object has traveled to (51.0,-32.4) after 10000 steps based on the simulation.
```

2.4.3　time 库

time 库是一个用来处理时间的模块，可以获取当前时间并进行格式化输出，也可以精确计时，用于程序性能分析。表 2-8 给出了 time 库中的常用函数，如果想查看 time 库中定义的所有内容，则可以在 IDLE 的交互式解释器中使用帮助函数来查看，即 help(time)。图 2-13 给出了一些函数的具体例子，我们看到时间元组包括 9 个元素，前面 6 个好理解，第 7 个表示一周的第几日（0~6），第 8 个表示一年的第几日（1~366），最后一个表示是否为夏令时（Daylight Saving Time）。

表 2-8　time 库中的常用函数

函数	功能
time()	获取当前时间的时间戳，即从格林尼治时间开始到当前时间的总秒数
ctime()	以字符串的形式返回当前时间，包括年、月、日、星期几
gmtime()	以时间元组的形式返回当前时间，包括年、月、日、星期几
sleep(sec)	程序执行延迟 sec 秒
process_time()	返回当前进程的系统和用户 CPU 时间的总和，以秒为单位

📖 time()函数和 process_time()函数都可以用来计算程序运行时间，在程序开始时和结束时各调用一次，求差值。二者的不同在于，time()返回的是时钟时间，process_time()返回的是 CPU 时间，不包含 sleep 用时。

```
>>> from time import time,ctime,gmtime
...
>>> time()
...
    1675077501.7568266
>>> ctime()
...
    'Mon Jan 30 19:18:23 2023'
>>> gmtime()
...
    time.struct_time(tm_year=2023, tm_mon=1, tm_mday=30, tm_hour=11, tm_min=18, tm_sec=25,
    tm_wday=0, tm_yday=30, tm_isdst=0)
```

图 2-13　time 库中的函数示例

本章案例中需要测试输入不同点数时程序的运行时间，可以调用 time 库中的 process_time()函数来实现，代码如下：

```
from time import process_time
…
start = process_time()
…
end = process_time()
…
print(round(end-start,2), "s consumed.")
```

开始时调用一次，将返回值赋给变量 start，结束时再调用一次，将返回值赋给变量 end，输出时求二者的差值，并保留两位小数。

试一试：至此，本章案例已编写完成，将程序文件保存为 ch02.py，运行程序，如果有错误则进行修正。分别输入点数 1000000、10000000、100000000，看看在你的计算机上运行这个程序需要多长时间。

2.5　编程实践：NumPy financial

NumPy 是用于处理含有同种元素的多维数组运算的第三方库。NumPy 1.20 之前的版本包含了很多金融函数，1.20 以后的版本将这些金融函数移至 numpy_financial 库。

2.5.1　numpy_financial 库的安装

第三方库需要安装后才能使用。想要安装使用 numpy_financial 库，需要先安装 NumPy 库。本小节介绍如何使用 Python 的 pip 工具来安装第三方库。pip 是 Python 的内置命令，用户可以在 Python 安装路径下的 Scripts 子文件夹中（如 C:\Python311\Scripts）找到它。用 pip 安装第三方库的命令格式如下：

```
pip install <library>
```

那么在哪里执行 pip 命令呢？注意，不是在 Python 的 IDLE 交互式解释器中执行。在"Windows 系统"中找到"命令提示符"，或者在 Windows 操作系统的左下角有一个搜索文本框，提示"在这里输入你要搜索的内容"，输入"cmd"，打开"命令提示符"窗口。要在"命令提示符"窗口中执行 pip 命令，首先要将当前路径转换到 pip.exe 文件所在的路径，即 Python 安装路径下的 Scripts 子文件夹（如 C:\Python311\Scripts）。执行 cd 命令来转换路径

（Change Directory），如图 2-14 所示。然后执行 pip 命令进行安装，安装成功后系统会提示"Successfully installed numpy"。继续用 pip 命令安装 numpy_financial 库。安装成功后，在Python 安装路径的 Lib 文件夹下的 site-packages 子文件夹中（如 C:\Python311\Lib\site-packages）可以找到 numpy 文件夹和 numpy_financial 文件夹。

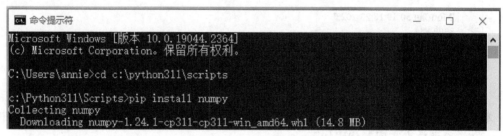

图 2-14　在"命令提示符"窗口中执行 pip 命令

2.5.2　numpy_financial 库的使用

扫码看视频

numpy_financial 库包含多个金融函数。采用 import 方式引入时，可以给它起个别名，程序中需要加入模块名的地方使用别名就可以了，示例如下：

```
import numpy_financial as npf
```

【例 2-5】　计算终值。这里考虑比第 1 章案例更为复杂的情况，除了开户时存入的本金外，每年年初还存入一定金额的存款，这个金额也由用户输入，计算到期时的终值。

编写程序如图 2-15 所示。numpy_financial 库中计算终值的 fv() 函数形式为 fv(rate, nper,pmt,pv,when='end')。其中，第一个参数是每期的利率；第二个参数是期数；第三个参数是每期存入的金额（取负）；第四个参数是初始存入的本金（取负）；第五个参数表示存款是发生在期初还是期末，默认是期末（值为 0），若为期初，则需要指定值为 1。可以看到，使用一条调用 fv() 函数的语句，就可以处理比第 1 章案例更为复杂的情况。

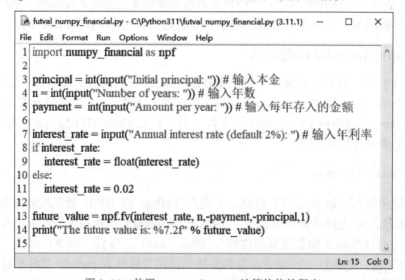

图 2-15　使用 numpy_financial 计算终值的程序

运行程序，首先测试和第 1 章案例相同的情况，即本金为 1000，年数为 3，每年存入的金额为 0，年利率默认为 0.02，计算出来的终值和第 1 章案例相同，即 1061.21。再测试没有初始本金的情况，年数为 5，每年年初存入 1000，年利率为 0.02，计算出来的终值为5308.12，代码如下：

```
Initial principal: 0
Number of years: 5
Amount per year: 1000
Annual interest rate (default 2%):
The future value is: 5308.12
```

【例 2-6】 计算分期付款。假设你贷了一笔款，要在一定的期数内等额返还本金及利息，计算每期要偿还的金额。输出贷款表，包含每一期支付的金额、偿付的本金、偿付的利息以及剩余本金，最后一期剩余的本金应为 0。

编写程序如图 2-16 所示。numpy_financial 库中计算分期付款的 pmt() 函数形式为 pmt(rate,nper,pv,fv=0,when='end')。其中，第一个参数是每期的利率；第二个参数是期数；第三个参数是贷款的本金（取负）；第四个参数是最后一期付款后的现金余额，默认为 0；第五个参数表示还款是发生在期初还是期末，默认是期末（值为 0），若为期初，则需要指定值为1。计算出分期付款额之后，输出贷款表。首先输出标题行，为了让每行的各列对齐，各项内容之间用制表符（"\t"）分隔。然后循环迭代 n 次，每一期输出一行，将分期付款额分解为偿还的利息部分和偿还的本金部分，期初剩余的本金乘以利率即是偿还的利息，分期付款额减去偿还的利息即是偿还的本金，期末剩余的本金则是期初本金减去本期偿还的本金。采用格式化运算符输出每一行，考虑到要和标题行的各列对齐，指定每一项输出内容的格式，同样也用制表符（"\t"）分隔。

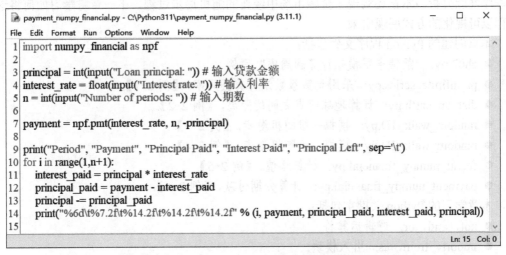

图 2-16 使用 numpy_financial 计算分期付款的程序

运行程序，假设贷款的本金为 10000，分 12 期归还，每期的利率是 5%，计算出来的分期付款额是 1128.25，输出的贷款表如图 2-17 所示。每一期都显示了分期付款额中偿还的本金和利息分别是多少，可以看出第一期偿还的利息最多、本金最少，最后一期偿还的本金最多、利息最少，还完以后剩余值为 0，即全部偿还完毕。

```
================= RESTART: C:\Python311\payment_numpy_financial.py =================
Loan principal: 10000
Interest rate: .05
Number of periods: 12
```

Period	Payment	Principal Paid	Interest Paid	Principal Left
1	1128.25	628.25	500.00	9371.75
2	1128.25	659.67	468.59	8712.08
3	1128.25	692.65	435.60	8019.43
4	1128.25	727.28	400.97	7292.15
5	1128.25	763.65	364.61	6528.50
6	1128.25	801.83	326.42	5726.67
7	1128.25	841.92	286.33	4884.75
8	1128.25	884.02	244.24	4000.73
9	1128.25	928.22	200.04	3072.52
10	1128.25	974.63	153.63	2097.89
11	1128.25	1023.36	104.89	1074.53
12	1128.25	1074.53	53.73	0.00

图 2-17　贷款表

以上是调用 numpy_financial 库中两个金融函数的例子，除此之外，numpy_financial 还提供了计算现值、计算利率和计算内部收益率等金融函数。

2.6　本章小结

本章以实现"蒙特卡罗模拟计算圆周率"案例为主线，贯穿了数字运算符、数字运算函数以及与数值计算相关的标准库中的许多函数。在最后的编程实践中，使用第三方库 numpy_financial 中的金融函数实现了上一章"计算终值"案例更为复杂的情形。学习完本章之后，我们已经领略了 Python 的功能强大。一个圆周率的值，既可以通过 math 库中的常量获得，也可以通过无穷级数法、蒙特卡罗算法去近似求解，还可以使用 time 库中的函数进行程序性能分析。本章还实现了金融市场中经典的随机漫步过程，下一章将学习如何将这一过程以可视化的方式展现出来。

本章创建的 Python 程序文件包括：

- ch02.py："蒙特卡罗模拟计算圆周率"案例。
- pi_infinite_series.py：采用无穷级数法计算圆周率，【例 2-1】。
- dist_on_earth.py：计算地球两点之间的距离，【例 2-2】。
- random_walk_1D.py：模拟一维随机漫步，【例 2-3】。
- random_walk_2D.py：模拟二维随机漫步，【例 2-4】。
- futval_numpy_financial.py：计算终值，【例 2-5】。
- payment_numpy_financial.py：计算分期付款，【例 2-6】。

本章学习的 Python 关键字包括：

- not、and、or：逻辑运算符。
- import、from、as：引入模块。

本章学习的 Python 运算符包括：

- <、>、<=、>=、==、!=：比较运算符。
- not、and、or：逻辑运算符。

本章学习的 Python 内置函数包括：

- abs()、divmod()、pow()、round()、max()、min()：数字运算函数。

- oct()、hex()、bin()：用于整型的进制表示函数。
- chr()、ord()：用于整型的字符转换函数。

本章引入的标准库包括：

- math：数学常量和函数，如 sqrt()、sin()、cos()、acos()、radians()。
- random：生成伪随机数，如 random()、randint()函数。
- time：处理时间，如 time()、process_time()函数。

本章安装并引入的第三方库为：numpy_financial，处理财务数值运算，如 fv()和 pmt()函数。

2.7　习题

1. 讨论题

1）什么样的数字和字符串转换为布尔型时值为 False？

2）round()函数的第二个参数如果是负数，那么结果会如何？比如，round(3.14,-1)的结果是什么？round(31.4,-1)呢？

3）如何将八进制的两个整数（如 17、32）相加后用八进制形式表达出来？

4）用 1 个字节表示的 ASCII 码是针对英文设计的，用 2 个字节表示的 Unicode 码几乎可以用于全球所有地区的文字，那么 Unicode 编码有哪几种方式呢？其中最常用的是哪一种？是否与 ASCII 编码兼容？

2. 编程题

1）编写一个程序，从用户那里读取两个整数 a 和 b，计算并显示如下内容：

- a 和 b 的总和。
- 从 a 中减去 b。
- a 和 b 的乘积。
- a 除以 b 的商。
- a 除以 b 后的余数。
- $\log_{10}a$。
- a^b。

2）编写一个程序，从用户那里读取半径 r，计算并显示半径为 r 的球体的表面面积和体积，计算公式如下：

$$A = 4\pi r^2 ; \quad V = \frac{4}{3}\pi r^3$$

3）编写一个程序，从用户那里读取三角形的边长 s_1、s_2 和 s_3，计算并显示其面积，计算公式如下：

$$area = \sqrt{s \times (s-s_1) \times (s-s_2) \times (s-s_3)} ; \quad s = \frac{s_1+s_2+s_3}{2}$$

4）编写一个程序，随机生成 3 个 1～999 的整数，按从小到大的顺序将它们显示出来。

5）编写一个程序，对用户输入的一系列数字求平均数。首先询问用户要输入多少个数字，再提示用户依次输入每一个数字，所有数字输入完毕后，计算并输出平均数。

6）斐波那契数列（Fibonacci Sequence）又称黄金分割数列，该数列的第一项和第二项都是 1，从第三项开始，每一项都等于前两项之和，即 1、1、2、3、5、8、13 等。编写一个程序，计算第 *n* 项斐波那契数字，*n* 由用户输入。

7)【例 2-1】采用无穷级数法计算圆周率，改写这个程序，使其按照如下公式来计算，测试计算到第多少项的时候精确度比较高，程序运行耗时多久：

$$\pi \approx \frac{4}{1} - \frac{4}{3} + \frac{4}{5} - \frac{4}{7} + \frac{4}{9} - \frac{4}{11} + \cdots$$

8)【例 2-6】使用 numpy_financial 库中的函数来计算分期付款，改写这个程序，使其在不安装和使用第三方库的情况下使用如下公式来计算分期付款额：

$$\text{pmt} = \text{pv} \times \frac{rate \times (1 + rate)^{nper}}{(1 + rate)^{nper} - 1}$$

第 3 章

序列

本章将首先介绍对象和类的概念，然后详细介绍几种序列类型的应用，包括字符串、列表和元组，并在此基础上介绍文件对象。在 3.1 节案例的指引下，本章还将学习使用一些标准库和第三方库。在编写完成案例程序之后，相信你一定会对已经能编写如此强大功能的程序而感到惊喜。

3.1 案例：计算圆周率的精确小数位数

上一章中采取了不同的方法来计算圆周率的近似值，本案例在【例 2-1】的基础上来计算圆周率的精确度。我们将小数点后 30 位的圆周率的值存储在一个文本文件（pi_30.txt）中，如图 3-1 所示。每一行都存储了 10 个小数位，共 3 行。将采用无穷级数法计算出来的圆周率近似值与文本文件（pi_30.txt）中存储的值进行比较，确定计算结果精确到了第几位小数。为了观察不同项数计算出来的结果精确度的变化，我们一直计算到 300000 项，并将变化情况以折线图的方式展现出来。

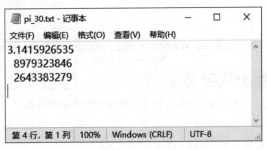

图 3-1　存储小数点后 30 位圆周率的文本文件

编写程序并将文件命名为 ch03.py。程序运行时弹出一个"打开"对话框，让用户选择要打开并读取内容的文本文件，如图 3-2 所示。

精确小数位数的变化情况如图 3-3 所示。到 3000 左右项数时精度达到 11 位，到 33000 左右时达到 14 位，到 150000 左右时达到 16 位，到 280000 左右时达到 17 位，到 290000 左右时达到 18，到 296600 左右时达到峰值 21，之后开始回落。即继续增加项数，无法使得精确度更高，这是因为计算机中的小数运算是有误差的。

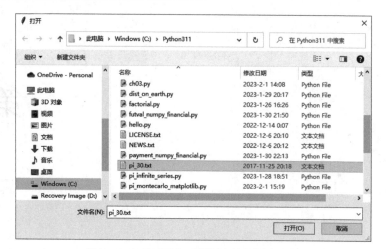

图 3-2 在"打开"对话框中选择相应文件

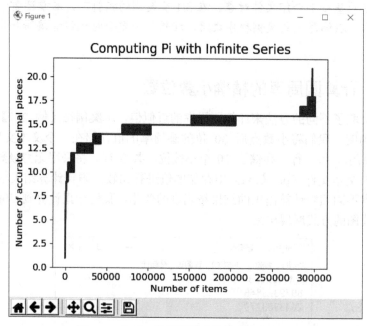

图 3-3 案例：计算圆周率的精确小数位数

3.2 对象和类

到目前为止，我们把数据看成被动的实体，可以通过运算符和函数对它们进行操作。为了创建更为复杂的系统，我们需要建立数据和操作之间的新的关系，大多数现代的计算机程序都是基于面向对象方法创建的。在一个复杂的系统中，相对简单的对象之间相互交互。对象是独立的个体，既包含数据（称为属性），也包含操作（称为方法），对象之间的交互通过发送消息（Message）完成。

属性（Attribute）其实就是变量，方法（Method）就是隶属于这个对象的函数，可以理解为这个对象对外提供的功能，可以主动完成一些动态的行为。给一个对象发送消息实际上就是向这个对象发出一个请求，调用它的一个方法来完成某些操作。调用的时候，在方法名称前需要指定是哪个对象，即<object>.<method>，注意这个 "."。每一个对象都是一个类（Class）的实例（Instance），在类中定义其属性和方法，所有根据这个类创建的对象实例就有了这些属性和方法。

3.2.1 type()函数

Python 是一种面向对象（Object Oriented）的语言，虽然我们之前没有提到"对象"这个概念，但实际上已经在使用它们了，第 1 章中学习过：一种数据类型是一系列值以及为这些值定义的一系列操作方法的集合。实际上，每一种数据类型都是一个类，类型转换函数的名字就是类名，调用类型转换函数就是根据这个类创建一个对象实例，如 str()函数就是创建了一个字符串类的对象实例，即一个字符串实例。既然是对象，就可以有自己的方法供调用。注意，在调用的时候，方法名称前要指定是哪个对象。

type()函数接收一个对象作为参数，并返回它的类型。图 3-4 以表 1-1 中的数据类型示例作为 type()函数的参数，返回了各种数据类型的类名，它们也是类型转换函数的名字。本书第 7 章将详细介绍类和面向对象程序设计的方法。

```
>>>  type(10)
     <class 'int'>
>>>  type(10.0)
     <class 'float'>
>>>  type(True)
     <class 'bool'>
>>>  type("Hello World")
     <class 'str'>
>>>  type([1,2,3,4,5])
     <class 'list'>
>>>  type((1,2,3,4,5))
     <class 'tuple'>
>>>  type({"principal":100,"future value":110})
     <class 'dict'>
>>>  type({1,2,3,4,5})
     <class 'set'>
```

图 3-4 type()函数示例

3.2.2 decimal 库中的 Decimal 类

计算机中的小数运算是有误差的，如果想提高计算精度，则可以使用 decimal 库中的 Decimal 类。decimal 是一个标准库，直接引入就可以使用。本章案例要计算精确小数位数，提高 pi 值的计算精度才能增加精确小数位数，我们一直计算到 300000 项，看看精度如何，实现代码如下：

```python
from decimal import Decimal  # 引入 Decimal 类
pi = 3
a,b,c = 2,3,4
for i in range(2,300000):
    if not i%2:
        pi += Decimal(4/(a*b*c))   # 提高小数计算精度
    else:
        pi -= Decimal(4/(a*b*c))   # 提高小数计算精度
```

```
    a,b,c = a+2, b+2, c+2
pi_str = str(pi)  # 将 pi 转换为字符串
```

类名也是构造函数的名字，调用它可以创建出一个类的对象实例。计算出来的 pi 值转换为字符串后存储在 *pi_str* 中。

3.3 字符串

本节将详细介绍字符串的表示、相关运算符、内置函数和标准库，还将重点介绍字符串作为一种 Python 对象所具有的方法，它们也可以用来操作字符串。

3.3.1 字符串的表示

字符串（String）就是字符的序列。Python 里面没有字符（Char）这个类型，而是用长度为 1 的字符串来表示字符。

1．转义字符

转义字符是一种特殊的字符，无法用普通字符形式表示。表示转义字符用反斜线开头，比如换行符（Newline）用"\n"表示，制表符（Tab）用"\t"表示，其功能是在不使用表格的情况下在垂直方向按列对齐文本，我们在【例 2-6】中已经使用过。常用的转义字符如表 3-1 所示。

表 3-1 常用的转义字符

转义字符	含义	转义字符	含义
\n	换行符	\t	制表符
\r	回车符	\'	单引号
\"	双引号	\\	反斜线

由于单引号和双引号被用来括起字符串，如果在字符串内出现单引号或双引号，就会被认为是字符串的结束，而如果在前面加上反斜线，Python 就会视其为单引号或双引号，而不是字符串的结束。比如，使用如下的表示会出现语法错误：

```
"Tom said, "Hello World""
```

因为字符串到出现第二个双引号时就结束了，后面的表示就是错误的。正确的表示是：

```
"Tom said, \"Hello World\""
```

Python 还支持不同引号的互相嵌套，用来表示复杂字符串。比如，以上字符串这样表示更为简单：

```
"Tom said, 'Hello World'"
```

双引号括起的字符串里面嵌套了一个单引号括起的字符串，只有配对的引号才会被认为是字符串的结束，互不干扰。

此外，反斜线本身具有特殊含义，它是转义字符的开头。如果字符串里包含反斜线的字符，则需要用"\\"表示。比如，文件路径的字符串表示里就包含反斜线，如果只用"\"而

不用 "\\"，就容易出现错误。

试一试：在 IDLE 解释器中输入 path="C:\Python311\"，会出现语法错误（Syntax Error），为什么？如何修正？

2．三引号的作用

第 1 章里讲到，Python 的字符串可以用单引号、双引号或三引号括起。到目前为止，我们用的都是单引号或者双引号。用三引号括起来的字符串在输入时支持换行，如图 3-5 所示。而使用双引号试图换行时，会出现语法错误。注意区分 3 个单引号和混合使用一个双引号和一个单引号的情况，仔细观察，还是能看出不同的。

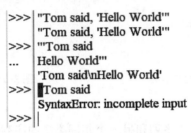

```
>>> "Tom said, 'Hello World'"
    "Tom said, 'Hello World'"
>>> '''Tom said
... Hello World'''
    'Tom said\nHello World'
>>> 'Tom said
SyntaxError: incomplete input
>>>
```

图 3-5　三引号示例

3．字符串中的单个字符

字符串中的单个字符可以通过方括号加索引号（也称为下标）的方式来访问，即 *s*[*i*]。*s* 为字符串，索引号 *i* 从 0 开始，最大值为字符串的长度-1。Python 允许使用负值作为索引号来提取字符串里的字符，-1 表示最后一个字符，以此类推。比如：

```
pi_str = '3.1415926'
```

pi_str[5]和 *pi_str*[-4]都能提取其中的字符"5"。

3.3.2　字符串运算符

第 1 章已经介绍了用于字符串的格式化运算符。第 2 章介绍的比较运算符和逻辑运算符也适用于字符串，本小节将通过举例来进一步说明。此外，常用的字符串运算符还包括连接运算符、切片运算符和成员运算符。

1．比较运算符

字符串的比较运算是按照顺序对每一个字符的 ASCII 码值进行比较的，如果第一个字符相同，就比较第二个字符，以此类推。如果字符串长度相同且一直到最后一个字符的 ASCII 码值都相同，那么两个字符串相等。图 3-6 给出了字符串比较运算的例子，注意空格是有 ASCII 码值的（32）。

本章案例要比较计算出来的 pi 值与文本文件中的 pi 值，由于是要计算精确的小数位数，而不是比较大小，因此无法用整个字符串的比较来实现，需要对每一个小数位进行逐一比较。假设从文本文件中读取出来的 pi 值（字符串）存储在 *pi_text* 中，则判断它与 *pi_str* 中某一位小数不相等的表达式为：

```
pi_str[i] != pi_text[i]
```

2. 逻辑运算符

表达式只要有布尔值就可以参与逻辑运算，对于字符串来说，空串的布尔值为 0，其余字符串的布尔值均为 1。图 3-7 给出了字符串参与逻辑运算的例子，参考表 2-2 中关于逻辑运算符的操作性定义可以很容易理解。

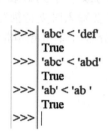

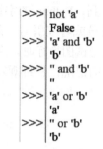

图 3-6　字符串比较运算示例　　　　图 3-7　字符串逻辑运算示例

3. 连接运算符

连接运算符的作用是把一个序列和另一个相同类型的序列做连接，对于字符串来说，就是把两个或更多个字符串连接成一个更长的字符串。连接运算符用加法运算符"+"表示，还可以对一个字符串做几次重复的连接，这种操作用乘法运算符"*"表示，另一个操作数是整数，表示重复的次数。

第 2 章案例中输出 pi 的近似值使用了如下语句：

```
print("The approximate value of pi is", round(pi,7), "while", in_points, "out of", points, "points are in the circle.")
```

也可以使用连接运算符把要输出的多项内容连接为一个完整的字符串输出：

```
print("The approximate value of pi is" + str(round(pi,7)) + "while" + str (in_points) + "out of" + str(points) + "points are in the circle.")
```

当然，也可以使用字符串的格式化运算符来输出：

```
print("The approximate value of pi is %.7f  while %d out of %d points are in the circle." % (pi, in_points, points))
```

　　"+"左右两边都是数字时做加法运算，左右两边都是字符串时做连接运算，但如果一边是数字，另一边是字符串，则会出现类型错误（Type Error）。

4. 切片运算符

切片运算符的作用是通过指定下标范围来获得一个序列的一组元素，对于字符串来说就是取出已有字符串中的一部分（子串）成为一个新的字符串。切片运算符用冒号表示，其描述形式为：

```
s[m:n:d]
```

s 是字符串，m、n、d 都是整数，得到从 s[m]到 s[n-1]的范围内按 d 的步长选出字符而形成的字符串。切片描述中必须包含冒号，但 *m*、*n*、*d* 都可以省略。*m* 省略时默认为 0（从头开始），*n* 省略时默认为字符串长度-1（直到末尾），*d* 省略时默认为 1（按顺序选出字符），如果都省略，则表示整个字符串。

本章案例中要对 *pi_str* 和 *pi_text* 中的每一位小数进行比较，整数部分（第 1 个字符）和小数点（第 2 个字符）无须考虑，只需截取小数部分，即：

```
pi_str = pi_str[2:]
pi_text = pi_text[2:]
```

注意，冒号不可省略，否则仅获取两个字符串中的第 3 个字符。

5. 成员运算符

成员运算符用来判断一个元素是否属于一个序列的成员，对于字符串来说，就是判断一个字符或一个子串是否出现在一个字符串中。成员运算符用"in"或"not in"表示，结果是布尔值 True 或 False。如下两个表达式：

```
'ab' in 'abcd'
'ac' in 'abcd'
```

第一个表达式的结果是 True，第二个表达式的结果是 False。

3.3.3 len()函数和 string 库

第 1 章介绍了用于字符串的 str()函数。第 2 章介绍了与字符相关的 chr()和 ord()函数。此外，数字运算函数中的 max()和 min()也适用于字符串，返回的是字符串中 ASCII 码值最大和最小的字符。本小节介绍 len()函数以及 string 库。

1. len()函数

len()函数返回序列类型中元素的个数，对于字符串来说，就是字符串中字符的个数。本章案例要对 *pi_str* 和 *pi_text* 进行逐个小数位的比较，代码如下：

```
for i in range(len(pi_str)):
    if pi_str[i] != pi_text[i]:  # 不相等，说明精度到上一个小数位
        break
```

break 语句用来跳出循环，一般和 if 语句一起使用，在满足一定条件时，提前跳出循环，不再执行循环体。循环次数由字符串 *pi_str* 的长度决定，循环变量 *i* 也就是每一位小数在字符串中的下标，从 0 开始。如果比较到某一个小数位不相等，则提前跳出循环，也就是循环只执行了 *i*+1 次，*i* 的值也就是精确小数位数。

2. string 库

string 是一个标准库，包含了一些实用的字符串常量和类。这个模块是一个名为 string.py 的程序文件，可以在 Python 安装路径下的 Lib 文件夹中（如 C:\Python311\Lib）找到。表 3-2 给出了 string 库中定义的一些常量和类。如果想查看 string 库中定义的所有内容，则可以在 IDLE 的交互式解释器中使用帮助函数来查看，即 help(string)。

表 3-2　string 库中定义的一些常量和类

常量/类	功能
ascii_letters	包含所有字母的字符串
ascii_lowercase	包含所有小写字母的字符串
ascii_uppercase	包含所有大写字母的字符串
digits	包含 0～9 的字符串
punctuation	包含所有 ASCII 标点符号的字符串
Template	字符串模板类，用于替换字符串中的变量

【例 3-1】　判断用户输入的是否是数字，每一位都可能是 0～9 或小数点。

编写程序如图 3-8 所示。本例中使用了连接运算符、成员运算符和 string 库中的 digits 常量。变量 *valid* 用来判定输入是否是数字，先假定是数字，即赋值为 True。循环判断用户输入的每一个字符是否是 0～9 或小数点，循环次数由用户输入的字符串长度决定，一旦发现某个字符不是数字，就输出该字符不是 0～9 或小数点的提示信息，将 *valid* 赋值为 False，提前退出循环。如果循环结束后，*valid* 的值还是 True，则说明输入的每一个字符都是 0～9 或小数点，那么输入的就是数字，同样给用户一个提示信息。最后的分支结构是一个单分支语句，即没有 else 部分。

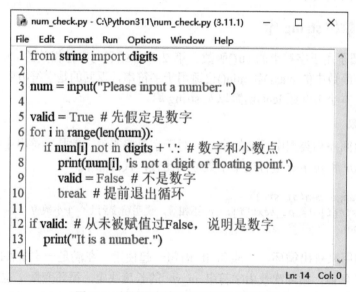

图 3-8　判断用户输入是否是数字的程序

运行两次程序，分别输入"3.1415926"和"pi"，输出结果分别是"It is a number."和"p is not a digit or floating point."。注意：第二次输入"pi"后，程序依次判断，遇到"p"时发现不是 0～9 或小数点，给出提示信息后，退出循环，不再判断后续字符。

3.3.4　字符串的常用方法

字符串的方法很多，方法和函数的区别在于，字符串函数的参数是字符串，而字符串方法是隶属于字符串这个类的功能，调用方法是点成员（<string>.<method>）的方式。表 3-3～表 3-6 分类归纳了字符串的一些常用方法。

表 3-3　用于判定字符串内容的方法

方法	功能
s.isalnum()	*s* 只包含字母或数字时返回 True，否则返回 False
s.isalpha()	*s* 只包含字母时返回 True，否则返回 False
s.isdigit()	*s* 只包含数字时返回 True，否则返回 False
s.islower()	如果 *s* 中至少包含一个区分大小写的字符且这些字符都是小写的，则返回 True，否则返回 False
s.isspace()	*s* 只包含空格时返回 True，否则返回 False
s.isupper()	如果 *s* 中至少包含一个区分大小写的字符且这些字符都是大写的，则返回 True，否则返回 False

表 3-4　用于查找字符串内容的方法

方法	功能
s.count(*sub*[, *start*[, *end*]])	返回 *sub* 在 *s* 中 *start* 和 *end* 范围内出现的次数
s.endswith(*suffix*[, *start*[, *end*])	判断在 *s* 中 *start* 和 *end* 范围内是否以 *suffix* 结束，如果是则返回 True，否则返回 False
s.find(*sub*[, *start*[, *end*])	在 *s* 中 *start* 和 *end* 范围内查找 *sub*，如果没找到则返回-1，如果找到则返回开始的下标
s.index(*sub*[, *start*[, *end*]])	返回 *sub* 在 *s* 中 *start* 和 *end* 范围内第一次出现的索引号，如果没找到，则出现值错误（Value Error）
s.startswith(*prefix*[, *start*[, *end*])	判断在 *s* 中 *start* 和 *end* 范围内是否以 *prefix* 开头，如果是则返回 True，否则返回 False

表 3-5　用于改变字符串内容的方法

方法	功能
s.capitalize()	返回将 *s* 首字母大写的字符串，*s* 不变
s.lower()	返回 *s* 中所有大写字母转换为小写的字符串，*s* 不变
s.lstrip()	返回去掉 *s* 开头空格的字符串，*s* 不变
s.replace(*old*,*new*,*num*=-1)	返回把 *s* 中的 *old* 替换成 *new*、替换次数不超过 *num* 次的字符串，*num* 为-1 时表示替换所有，*s* 不变
s.rstrip()	返回去掉 *s* 末尾空格的字符串，*s* 不变
s.strip()	返回去掉 *s* 开头和末尾空格的字符串，*s* 不变
s.title()	返回将 *s* 中所有单词首字母大写的字符串，*s* 不变
s.upper()	返回 *s* 中所有小写字母转换为大写的字符串，*s* 不变

表 3-6　用于分解和连接字符串的方法

方法	功能
s.join(*seq*)	以 *s* 作为分隔符，将 *seq* 中的所有元素合并为一个字符串
s.partition(*sep*)	从 *sep* 出现的第一个位置起，把 *s* 划分为一个包含 *sep* 之前的字符、*sep* 和 *sep* 之后字符的三元组
s.split(*sep*=None, *num*=-1)	以 *sep* 为分隔符分解 *s*，None 表示以空格分隔，分解次数不超过 *num* 次，*num* 为-1 时表示没有限制，返回包含多个子串的列表

本章案例中从文本文件中读取出 pi 值（见图 3-1）存放于 *pi_text* 中，每 10 位一行，第二行和第三行行首还有两个空格，需要进行一些处理才能和计算出来的 pi 值进行逐位比较。首先调用字符串的 replace()方法，用空串去替换空格，也就是删去字符串中的空格，代码如下：

```
pi_text = pi_text.replace(' ','')  # 删去字符串中的空格
```

replace()方法在调用时要采用点成员方式，即前面要加上所属的字符串对象和“.”，其第一个参数是要被替换的子串，第二个参数是用什么样的子串去替换，第三个参数指定替换的次数，默认是找到所有要被替换的子串后全都替换掉，这里取默认值。注意：replace()方法并不改变所属的字符串对象本身，而是返回一个新的字符串，因此要将返回结果重新赋值给 pi_text。表 3-5 中所有用于改变字符串内容的方法都具有这个特征。接下来，我们调用split()方法以换行符为分隔符对字符串对象进行分解，返回包含分解后子串的列表，然后调用 join()方法以空串作为分隔符把这个列表中的子串连接为一个字符串，结果就是把换行符去掉了，代码如下：

```
pi_text = ''.join(pi_text.split('\n'))  # 去掉字符串中的换行符
```

将新产生的字符串再次赋值给 pi_text，再按照切片运算符中所述，截取小数部分，即可与同样截取小数部分的 pi_str 进行逐一对比了。

3.4　列表和元组

列表和元组也是序列类型，它们和字符串既有类似之处，也有不同之处。

3.4.1　列表和元组的表示

字符串是字符的序列，而列表（List）和元组（Tuple）可以是任意对象的序列，而且这些对象可以属于不同类型。

1. 创建列表或元组

列表用方括号表示，元组用圆括号表示，其中的不同元素用逗号分隔。列表和元组里的每个元素都可以是任意对象。如下语句创建了一个存储了不同项数（2～9）的列表：

```
item_values = [2,3,4,5,6,7,8,9]
```

需要注意的是，元组中只有一个元素时，需要在这个元素后面加上逗号，即使后面没有第二个元素，比如：

```
x = (2,)
```

不能写成：

```
x = (2)
```

这是为了消除歧义，因为圆括号也可以用来表示运算的优先级，后者相当于：

```
x = 2
```

此外，用逗号分隔一些值，也能自动地创建元组，比如：

```
a,b,c = 2,3,4
```

赋值号右边元组中的元素对应赋值给左边元组中的元素，相当于：

48

```
(a,b,c) = (2,3,4)
```

用列表的转换函数 list()可以把一个字符串或元组转换为列表。类似地，用元组的转换函数 tuple()可以把一个字符串或列表转换为元组，比如，list('3.14')和 tuple('3.14')的结果分别是 ['3', '.', '1', '4']和 ('3', '.', '1', '4')。经常在循环中用到的 range()函数的返回值，是一个可迭代的范围对象，也可以通过 list()或 tuple()将其转换为列表或元组。比如，list(range(10))的结果是 [0, 1, 2, 3, 4, 5, 6, 7, 8, 9]。

2. 列表和元组中的单个元素

和字符串类似，列表和元组中的单个元素也是通过索引号（下标）来获取的。和字符串不同的是，我们可以对列表中的单个元素进行修改，却不能对字符串中的单个字符进行修改，也不能对元组中的单个元素进行修改，比如：

```
pi_str = '3.15'
pi_lst = list(pi_str)
pi_tup = tuple(pi_str)
pi_str[-1] = '4'
pi_lst[-1] = '4'
pi_tup[-1] = '4'
```

执行第四条语句会出现类型错误（Type Error），提示字符串对象不支持元素赋值。第五条语句执行成功，将 pi_lst 最后一个元素"5"改为"4"。第六条语句再次出现类型错误，提示元组对象不支持元素赋值。

这是因为字符串和元组在 Python 中都是不可修改的（Immutable）数据类型，而列表则是一种可以修改的（Mutable）数据类型。想要修改字符串中的某一个字符，需要对整个字符串进行重新赋值，如 pi_str = '3.14'。想要修改元组中的某一个元素，也需要对整个元组进行重新赋值，如 pi_tup = ('3', '.', '1', '4')。既然不可修改，那么为什么可以重新赋值呢？回忆一下变量赋值过程，给变量赋值就像给一个值贴上黄色的小便笺，重新赋值就像把变量的名字贴在了另外一个值上，原来那个值并没有被修改。

3.4.2　列表和元组的运算符

适用于字符串的比较运算符、逻辑运算符、连接运算符、切片运算符、成员运算符也适用于列表和元组。列表和元组可以包含任意类型的元素，在使用比较运算符时，需要同种类型的元素才能比较。

扫码看视频

【例 3-2】　根据变量命名规则来判定一个变量名是否合法有效。

编写程序如图 3-9 所示。keyword 是一个关于关键字的模块，其中定义了一个常量 kwlist，是一个包含所有关键字的列表，每一个关键字都用字符串表示。程序的判定思路与【例 3-1】类似，但判断条件更为复杂。首先使用列表的成员运算符判断用户输入的字符串是否在 kwlist 列表中，如果在，那么提示用户这是一个关键字，即非法。如果不是关键字，那么继续判断输入的第一个字符是否以字母或下画线开头，如果不是，则提示用户首字符非法。如果首字符合法，那么接着判断其他字符，使用切片运算符截取从第二个字符开始的字符串。由于字符串也是序列，可以直接用于 for 循环中，如果某个字符不是字母、下画线或数字，则提示该字符非法，提前退出循环。如果循环结束后 valid 的值还是 True，则说明用户输入的名字符合所有命名规则，合法有效。

```
id_check.py - C:\Python311\id_check.py (3.11.1)                    —    □    ×
File  Edit  Format  Run  Options  Window  Help
 1  from keyword import kwlist
 2  from string import ascii_letters, digits
 3
 4  iden = input("Variable name: ")
 5  valid = True  # 先假设有效
 6
 7  # 判断是否为关键字
 8  if iden in kwlist:
 9      valid = False
10      print("This name is a keyword.")
11  else:
12      if iden[0] not in ascii_letters + '_':  # 判断首字符是否无效
13          valid = False
14          print("The first character is invalid.")
15      else:
16          iden = iden[1:]
17          for c in iden:
18              if c not in ascii_letters + '_' + digits: # 判断其他字符是否无效
19                  valid = False
20                  print(c, "is invalid.")
21                  break
22
23  # 无效条件均不满足，则有效
24  if valid:
25      print("This name is valid.")
26
                                                          Ln: 26  Col: 0
```

图 3-9　判定变量名是否合法有效的程序

　　本例的控制结构较为复杂，最外层是一个分支结构（双分支），在 else 语句下又嵌套了一个分支结构（双分支），内层的 else 语句下又嵌套了一个循环结构（for 循环），在循环体内又嵌套了一个分支结构（单分支），所以看到最内层的语句缩进了 4 层。这个例子也体现了 Python 强制缩进的好处，如果不强制缩进，程序员又没有分层缩进的编程习惯，那么嵌套层次一多，程序的可读性就大大降低了。

　　运行程序，测试各种输入的运行结果，如图 3-10 所示。

```
IDLE Shell 3.11.1                                          —    □    ×
File  Edit  Shell  Debug  Options  Window  Help
Python 3.11.1 (tags/v3.11.1:a7a450f, Dec  6 2022, 19:58:39) [MSC v.1934 64 bit (AMD64)] on win32
Type "help", "copyright", "credits" or "license()" for more information.
>>>
================= RESTART: C:\Python311\id_check.py =================
Variable name: for
This name is a keyword.
>>>
================= RESTART: C:\Python311\id_check.py =================
Variable name: 2pi
The first character is invalid.
>>>
================= RESTART: C:\Python311\id_check.py =================
Variable name: pi*2
* is invalid.
>>>
================= RESTART: C:\Python311\id_check.py =================
Variable name: iden
This name is valid.
>>>
                                                          Ln: 19  Col: 0
```

图 3-10　测试变量名是否合法有效

📖 除了以上命名规则外，一般也不建议采用内置函数名作为变量名。如果使用内置函数名作为变量名，那么这个内置函数就会因为名字被覆盖而无法使用。

3.4.3 列表和元组的函数

适用于字符串的 max()、min()、len()函数也适用于列表和元组。之前讲到列表和元组的类型转换函数分别为 list()和 tuple()。本小节介绍 sum()、sorted()和 zip()函数。

1. sum()函数

sum()函数的功能是求和，其参数可以是包含数字元素的列表或元组，不可以是字符串。列表和元组都可以包含任意个元素，sum()函数可以用来求任意多个数字的和，只要把这些数字添加到列表或元组中就可以了。sum()函数可以有第二个参数，用于指定求和的起始值，如果不指定的话，那么默认值为 0。比如：

```
sum([1,2,3],1)
```

以上函数调用的结果为 7。

2. sorted()函数

sorted()函数的功能是排序，其参数可以是字符串、列表或元组，函数的返回值是排好序的列表。如果参数是列表或元组，那么要求其中的所有元素具有同种类型才能进行比较和排序，类似的还有 max()和 min()函数。sorted()函数还可以指定 reverse 参数，默认值为 False，即按升序排序。如果想按降序排列，那么可以指定 reverse 参数为 True。比如：

```
sorted('bca',reverse=True)
sorted(['b','c','a'],reverse=True)
sorted(('b','c','a'),reverse=True)
```

以上函数调用的结果均为['c', 'b', 'a']。

3. zip()函数

zip()函数将多个可迭代的对象作为参数，将对象中对应的元素打包成一个个元组，然后返回由这些元组组成的对象。如果可迭代对象的长度不同，则以短的为准。比如：

```
x = [1,2,3]
y = ['a','b','c']
z = zip(x,y)
```

z 就是一个 zip 对象，可以调用 list()或 tuple()函数将其转换为列表或元组，list(z)的结果为：

```
[(1,'a'), (2,'b'), (3,'c')]
```

zip()函数可以理解为将多个可迭代对象（如 x 和 y）压缩为一个对象（如 z）。zip()函数也可以用来解压缩，使用"*"可以将一个 zip 对象解压为多个元组，比如：

```
x,y = zip(*z)
```

将 z 解压到 x 和 y，x 的值为(1, 2, 3)，y 的值为('a', 'b', 'c')。

3.4.4　列表和元组的方法

适用于字符串的 count()、index()方法（见表 3-4）同样也适用于列表和元组。此外，列表还有一些常用方法，如表 3-7 所示，其中，append()方法最为常用，我们经常先创建一个空列表，然后逐项添加。注意，列表是一个可以修改的数据类型，所以可以进行添加、修改、删除等操作。

表 3-7　列表的常用方法

方法	功能
lst.append(obj)	将 obj 添加至 lst 末尾
lst.clear()	清空 lst 中的所有元素
lst.copy()	返回 lst 的一个复本
lst.insert(index,obj)	在 index 的位置插入 obj
lst.pop(index=-1)	删除并且返回 index 处的元素，index 为-1 时表示最后一项
lst.remove(value)	删除第一次出现 value 的元素
lst.reverse ()	颠倒 lst 中元素的顺序
lst.sort(reverse=False)	对 lst 中的元素进行排序，默认升序，指定 reverse 为 True 时降序

本章案例中为了记录不同项数计算出来的 pi 值以及它们的精确小数位数，定义了 3 个列表：*item_values*、*pi_values*、*accu_values*，首先赋值为空列表，代码如下：

```python
from decimal import Decimal  # 引入 Decimal 类
pi = 3
a,b,c = 2,3,4
item_values = []  # 不同项数
pi_values = []  # 不同项数计算出来的 pi 值
accu_values = []  # 不同项数计算出 pi 值的精确小数位数
for i in range(2,300000):
    if not i%2:
        pi += Decimal(4/(a*b*c))  # 提高计算精度
    else:
        pi -= Decimal(4/(a*b*c))
    item_values.append(i)  # 把项数添加进列表
    pi_values.append(pi)  # 把 pi 值添加进列表
    a,b,c = a+2, b+2, c+2
# 将列表中的每一个 pi 值与文本文件中存储的 pi 值比较
for pi in pi_values:
    pi_str = str(pi)
    pi_str = pi_str[2:]  # 截取小数部分
    for i in range(len(pi_str)):
        if pi_str[i]!= pi_text[i]:  # 不相等，说明精度到上一个小数位
            break
    accu_values.append(i)  # 把精确小数位数添加进列表
```

在第一个循环中，一边计算 pi 值，一边调用 append()方法，给 *item_values* 和

pi_values 添加元素，循环结束后，两个列表的元素就添加好了。在第二个循环中，列表也是一个序列，可以直接用于 for 循环，每一次循环迭代都从 *pi_values* 列表中获取一个元素，将其转换为字符串并截取小数部分，与文本文件中读取出来的 *pi_text* 进行比较。这时候又嵌套了一层内循环，因为要对每一个小数位进行比较。内层循环结束之后，调用 append()方法将精确小数位数添加至 *accu_values* 列表。至此，3 个列表的值就全部添加完毕了。

接下来要做的，就是从文本文件中读取 *pi_text* 的值，以及将从 2 到 299999 项计算出结果的精确度变化以折线图的方式展现出来。

3.5　文件

到目前为止，我们编写的程序都是标准输入和输出，即由用户从键盘输入，将结果向显示器输出。这些输入和输出在程序运行结束后都无法保存，数据保存需要通过存储在外存上的文件来完成，我们可以在程序开始时从文件读取数据，在程序结束时将结果保存到文件中。文件（File）的类型有很多种，本节主要介绍文本文件的使用。

3.5.1　文件的基本操作

扫码看视频

文件的基本操作包括打开、读取、写入和关闭，其中，打开调用 open()内置函数完成，读取、写入和关闭都通过调用文件对象的方法完成。

1. open()函数

open()函数的第一个参数用来指定打开的文件名字，第二个参数用来指定打开文件的模式，函数返回的是一个文件对象，代码如下：

```
<object> = open(<name>, <mode>)
```

表 3-8 列出了打开文件的不同模式。

表 3-8　打开文件的模式

符号	打开模式
r	以只读方式打开，如果文件不存在，则会出现文件找不到的错误（File Not Found Error）
w	以写入的方式创建一个新的文件，如果文件已经存在，则覆盖
x	以写入的方式创建文件，如果文件已经存在，则出现文件存在错误（File Exists Error）
a	以写入的方式创建文件，如果文件已经存在，则添加到文件末尾
b	二进制模式
t	文本模式，默认
+	更新文件，包括读取和写入

本章案例中，要想打开保留小数点后 30 位圆周率值的文本文件，可以写如下代码：

```
pi_file = open("pi_30.txt",'r')
```

我们只需要读取文本内容，以只读方式打开即可。在指定文件名字的时候，要注意两点：一是不能漏掉扩展名，这里即 ".txt"；二是使用相对路径，也就是说，要打开的这个文件和程序文件在同一个文件夹下。也可以使用绝对路径来指定文件的位置，比如：

```
pi_file = open("C:\Python311\pi_30.txt",'r')
```

2. 文件的方法

表 3-9 列出了文件的常用方法。可以看出，对于文本文件来说，读取和写入都要用到序列，要么是读出或写入一个字符串，要么是读取每行字符串放入一个列表，或是写入一个包含多行字符串的列表。

表 3-9　文件的常用方法

方法	功能
f.close()	关闭文件
f.read(size=-1)	从 f 的当前游标处读取 size 个字节的内容，若 size 为-1，则读取全部剩余内容
f.readline()	从 f 中读取一整行字符串（包括末尾的换行符）
f.readlines()	读取 f 中的所有行，并返回一个列表，其中，每一项就是一行字符串
f.seek(offset,from)	将游标从 from 位置偏移 offset 个字节，from 为 0 表示文件头，from 为 1 表示当前游标位置，为 2 表示文件尾
f.tell()	返回当前游标在 f 中的位置，文件头的位置为 0
f.write(str)	将 str 写入 f
f.writelines(seq)	把 seq 中的全部内容写到 f，一般来说，seq 中的每一项就是一行字符串（末尾有换行符），写入 f 时也就写入了多行

【例 3-3】　文本统计。读取一个文本文件，统计其中的行数、字数和字符数。

首先让用户输入文件名，然后调用 open()函数，以只读方式打开它。在打开文件后，游标停留在文件头的位置，用 read()方法可一次性读取文本文件中的所有内容，读完之后调用 close()方法关闭文件。注意：打开文件后忘记关闭，可能会带来程序的未知错误，因此，在确定读取或者写入完毕之后，要及时关闭文件。然后调用 len()函数来分别统计其行数、字数和字符数，并将结果输出。调用 split()方法将读取的文本分别按空格（默认）和换行符分隔成列表，其长度即为字数和行数。程序代码如下：

```
file_name = input("Please input the text file name: ")
f = open(file_name,'r')
text = f.read()
f.close()
print("Number of characters: ",len(text))
print("Number of words: ",len(text.split()))
print("Number of lines: ",len(text.split('\n')))
```

运行程序，我们用"pi_30.txt"文件来测试，结果为：

```
Please input the text file name: pi_30.txt
Number of characters:  39
Number of words:  3
Number of lines:  4
```

行数是 4，字数是 3，这是因为第三行最后也有一个换行符，第四行是空行。字符数包括 30 个小数位、1 个整数位、1 个小数点、3 个换行符，以及第二行和第三行中每行的 2 个空格。另外，还有一个存储了圆周率 1000000 小数位的文本文件"pi_million.txt"。再次运行程序，结果如下：

```
Please input the text file name: pi_million.txt
Number of characters:  1030000
Number of words:  10000
Number of lines:  10001
```

同样行数比字数多了 1，这是因为最后有一行空行。1000000 个小数位分布在 10000 行上，也就是每行 100 个小数位。字符数包括 1000000 个小数位、每行的一个换行符、第一行的 1 个整数位和 1 个小数点、其他行的 2 个空格。

本章案例也是打开文件后一次性读取文本文件中的所有内容，读完之后关闭文件，代码如下：

```
file_name = input("Please input the file name (pi value): ")
pi_file = open(file_name,'r')
pi_text = pi_file.read()
pi_file.close()
```

让用户输入文件名容易出错，而以只读方式打开文件时，文件找不到程序就会报错（File Not Found Error）。下一小节将让用户从"打开"对话框中选择文件。

3.5.2　tkinter 中的 filedialog

tkinter 是 Python 开发图形化用户界面（GUI）的第三方库，引入前也需要通过 pip 工具进行安装。filedialog 是 tkinter 库中的一个包，其中定义了多个用来进行文件选择的对话框类和函数，其常用函数如表 3-10 所示。

表 3-10　filedialog 中的常用函数

函数	功能
askopenfile(mode='r')	询问一个要打开的文件名，并返回打开的文件，默认的打开方式是只读
askopenfilename()	询问一个要打开的文件名
asksaveasfile(mode='w')	询问一个要另存为的文件名，并返回打开的文件，默认的打开方式是写
asksaveasfilename()	询问一个要另存为的文件名

本章案例通过"打开"对话框来选择要打开的文件，并读取其中的内容，进行处理后与计算出来的 pi 值进行比较。首先从 filedialog 包中引入 askopenfilename()函数，然后调用该函数，程序运行时会出现文件"打开"对话框，用户选择文件后，该函数返回文件名。该部分完整代码如下：

```
from tkinter.filedialog import askopenfilename # 打开"打开"对话框
file_name = askopenfilename()
pi_file = open(file_name,'r')
pi_text = pi_file.read()
pi_file.close()
pi_text = pi_text.replace(' ','')  # 删去字符串中的空格
```

```
pi_text = ''.join(pi_text.split('\n'))  # 去掉字符串中的换行符
pi_text = pi_text[2:]  # 截取小数部分
```

试一试：至此，除数据可视化部分外，本章案例已完成，将程序文件保存为 ch03.py，运行程序，如果有错误则进行修正。调用 print()函数输出结果。

3.6　编程实践：Matplotlib 中的 pyplot

扫码看视频

Matplotlib 是 Python 最常用的数据可视化第三方库，引入前需要通过 pip 工具进行安装。pyplot 是 Matplotlib 库中的一个包，用来进行交互式绘图，主要包括散点图和折线图。引入方式如下：

```
import matplotlib.pyplot as plt
```

【例 3-4】　随机漫步可视化。用散点图的形式将【例 2-4】的随机漫步过程呈现出来，仍然假设日行 10000 步，无须用户输入步数。

编写程序如图 3-11 所示。定义了两个列表来存放每走一步后点的坐标，x_values 用来存放横坐标的位置，y_values 用来存放纵坐标的位置，初始赋值就是原点的位置(0,0)。在随机漫步 10000 步的循环过程中，调用 append()方法把每走一步新产生点的坐标添加至列表中，循环结束后，两个列表就存储了所有点的坐标。

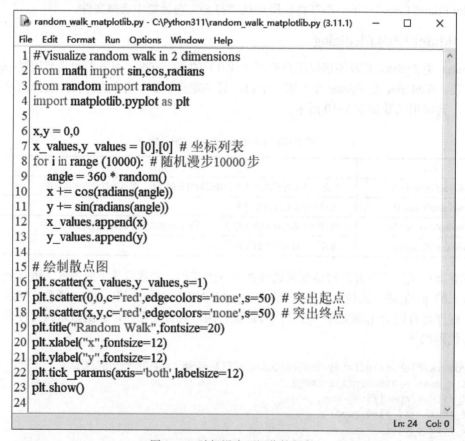

```
random_walk_matplotlib.py - C:\Python311\random_walk_matplotlib.py (3.11.1)      —    □    ×
File  Edit  Format  Run  Options  Window  Help
 1  #Visualize random walk in 2 dimensions
 2  from math import sin,cos,radians
 3  from random import random
 4  import matplotlib.pyplot as plt
 5
 6  x,y = 0,0
 7  x_values,y_values = [0],[0] # 坐标列表
 8  for i in range (10000): # 随机漫步10000 步
 9      angle = 360 * random()
10      x += cos(radians(angle))
11      y += sin(radians(angle))
12      x_values.append(x)
13      y_values.append(y)
14
15  # 绘制散点图
16  plt.scatter(x_values,y_values,s=1)
17  plt.scatter(0,0,c='red',edgecolors='none',s=50) # 突出起点
18  plt.scatter(x,y,c='red',edgecolors='none',s=50) # 突出终点
19  plt.title("Random Walk",fontsize=20)
20  plt.xlabel("x",fontsize=12)
21  plt.ylabel("y",fontsize=12)
22  plt.tick_params(axis='both',labelsize=12)
23  plt.show()
24
                                                              Ln: 24  Col: 0
```

图 3-11　随机漫步可视化的程序

最后调用 pyplot 的 scatter()方法绘制散点图，第一个参数是横坐标，第二个参数是纵坐标，第三个参数指定散点的大小。由于产生的点比较多，为了能看得更清晰，我们将点的大小设成了比较小的值，即 s=1。同时，为了突出随机漫步的起点和终点，我们对这两个点进行了特殊处理，(0,0)是起点，循环结束后的(x,y)是终点。将两个点的颜色改为红色，即 c='red'；无边框颜色，即 edgecolors='none'；点的大小为 50，即 s=50。再调用 title()方法给散点图加上标题"Random Walk"，字体大小为 20；调用 xlabel()方法设置 x 轴，字体大小为 12；调用 ylabel()方法设置 y 轴，字体大小为 12；调用 tick_params()方法设置两个轴的刻度标签，字体大小为 12。最后调用 show()方法将散点图显示出来。

运行程序，呈现的散点图如图 3-12 所示。由于随机性，每次呈现的结果都不同。

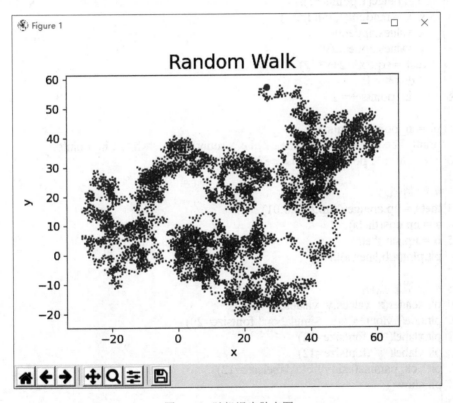

图 3-12　随机漫步散点图

【例 3-5】　蒙特卡罗模拟计算圆周率可视化。用散点图将第 2 章案例随机产生点的位置呈现出来，还要画出表示圆的弧线，查看点是在圆内还是在圆外。

编写程序如图 3-13 所示。同样定义两个列表 *x_values* 和 *y_values*，分别存放所有点横坐标的位置和纵坐标的位置，初始赋值为空列表。在循环产生点的过程中，将点的坐标添加至这两个列表，循环结束后，两个列表就存储了所有点的坐标。接下来是绘制弧线和散点图，绘制散点图的方法和【例 3-4】类似，不再赘述。

```
pi_montecarlo_matplotlib.py - C:\Python311\pi_montecarlo_matplotlib.py (3.11.1)    —    □    ×
File  Edit  Format  Run  Options  Window  Help
 1  from random import random
 2  from math import sqrt
 3  import matplotlib.pyplot as plt
 4  import numpy as np
 5
 6  points = int(input("Number of points: "))
 7  in_points = 0
 8  x_values,y_values =[],[]  # 坐标列表
 9
10  for i in range(1,points+1):
11      x, y = random(), random()
12      x_values.append(x)
13      y_values.append(y)
14      dist = sqrt(x**2+y**2)
15      if dist <= 1:
16          in_points += 1
17
18  pi = in_points/points * 4
19  print("The approximate value of pi is", round(pi,7), "while", in_points,
20      "out of", points, "points are in the circle.")
21
22  # 绘制弧线
23  theta = np.arange(0,np.pi/2,0.01)
24  a = np.cos(theta)
25  b = np.sin(theta)
26  plt.plot(a,b,linewidth=3)
27
28  # 绘制散点图
29  plt.scatter(x_values,y_values,s=1)
30  plt.title("Monte Carlo Simulation",fontsize=20)
31  plt.xlabel("x",fontsize=12)
32  plt.ylabel("y",fontsize=12)
33  plt.tick_params(axis='both',labelsize=12)
34  plt.show()
35
                                                                          Ln: 35  Col: 0
```

图 3-13　蒙特卡罗模拟计算圆周率可视化的程序

　　绘制弧线需要调用 pyplot 的 plot()方法，但 plot()方法一般用来绘制折线图，画弧线需要调用 NumPy 第三方库中的函数。第 2 章的编程实践中，在使用 numpy_financial 库时已经安装了 NumPy 库，可以直接引入使用。由于程序随机生成的点的坐标都在 0～1 范围之内，因此需要绘制的是表示右上角 1/4 圆的弧线。首先调用 NumPy 的 arange()函数生成 0～π/2（90°）之间的弧度列表 *theta*，步长为 0.01。然后将这个弧度列表作为参数，调用 NumPy 的

cos()函数求得弧线上各个点的横坐标列表 *a*，再调用 sin()函数求得弧线上各个点的纵坐标列表 *b*。这样就可以调用 pyplot 的 plot()方法来绘制弧线了，为了让弧线相对于散点来说更加醒目，设置线宽为 3。

运行程序，输入 10000 个点，输出结果如下：

```
Number of points: 10000
The approximate value of pi is 3.126 while 7815 out of 10000 points are in the
circle.
```

此时呈现出绘制出来的散点图，如图 3-14 所示。可以看到，相比点的大小，弧线较粗，增强了可视化效果。如果输入的点数超过 30000，那么空白之处基本全部被散点覆盖，就很难分辨出单个散点了。

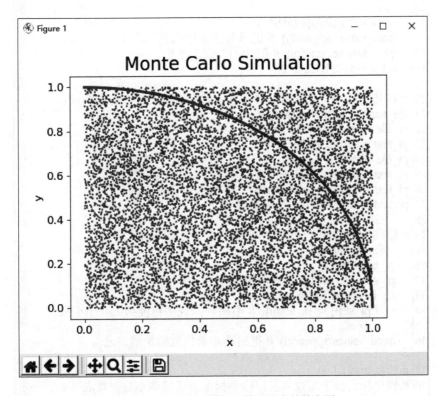

图 3-14　蒙特卡罗模拟计算圆周率的散点图

【例 3-6】　本章案例的实现。

汇总之前所写的所有代码，最后增加一段绘制折线图的代码，如图 3-15 所示。调用 pyplot 的 plot()方法，横坐标是项数，纵坐标是精确小数位数，因此用 *item_values* 和 *accu_values* 两个列表来绘制折线图，线宽设为 5。设置好图的标题、*x* 轴、*y* 轴和刻度标签的属性后，将折线图呈现出来，结果如图 3-3 所示。

ch03.py - C:\Python311\ch03.py (3.11.1)   — □ ✕

File Edit Format Run Options Window Help

```python
import matplotlib.pyplot as plt # 数据可视化工具
from tkinter.filedialog import askopenfilename # 打开"打开"对话框
from decimal import Decimal # 提高小数运算精度

pi = 3
a,b,c = 2,3,4
item_values = [] # 不同项数
pi_values = [] # 不同项数计算出来的pi值
accu_values = [] # 不同项数计算出pi值的精确小数位数

for i in range(2,300000):
    if not i%2:
        pi += Decimal(4/(a*b*c)) # 提高计算精度
    else:
        pi -= Decimal(4/(a*b*c))
    item_values.append(i) # 把项数添加进列表
    pi_values.append(pi) # 把pi值添加进列表
    a,b,c = a+2, b+2, c+2

# 打开"打开"对话框选择文件，读取文本文件中存储的pi值
file_name = askopenfilename()
pi_file = open(file_name,'r')
pi_text = pi_file.read()
pi_file.close()
pi_text = pi_text.replace(' ','') # 删去字符串中的空格
pi_text = ''.join(pi_text.split('\n')) # 去掉字符串中的换行符
pi_text = pi_text[2:] # 截取小数部分

# 将列表中的每一个pi值与文本文件中存储的pi值比较
for pi in pi_values:
    pi_str = str(pi)
    pi_str = pi_str[2:] # 截取小数部分
    for i in range(len(pi_str)):
        if pi_str[i] != pi_text[i]: # 不相等，说明精度到上一个小数位
            break
    accu_values.append(i) # 把精确小数位数添加进列表

# 绘制折线图
# 横坐标来源于项数列表，纵坐标来源于精确小数位数表
plt.plot(item_values,accu_values,linewidth=5)
plt.title("Computing Pi with Infinite Series",fontsize=16)
plt.xlabel("Number of items",fontsize=12)
plt.ylabel("Number of accurate decimal places",fontsize=12)
plt.tick_params(axis='both',labelsize=12)
plt.show()
```

Ln: 46 Col: 0

图 3-15　本章案例的实现代码

3.7 本章小结

本章以"计算圆周率的精确小数位数"案例的实现为主线，将对象和类、字符串、列表、元组、文件等知识点全部贯穿，还使用了图形化用户界面工具包 tkinter 和数据可视化工具包 Matplotlib。本章还将第 2 章的随机漫步和蒙特卡罗模拟计算圆周率的两个实例进行了可视化处理。在理解了对象和类的概念之后，程序能够实现的功能大大增加了，除了可以调用内置函数外，还可以调用大量隶属于不同对象的方法。此外，文件是 Python 实现数据分析和处理的数据来源，本章主要介绍了文本文件。

本章创建的 Python 程序文件包括：

- ch03.py："计算圆周率的精确小数位数"案例，【例 3-6】。
- num_check.py：判断用户输入是否是数字，【例 3-1】。
- id_check.py：判定变量名是否合法有效，【例 3-2】。
- text_stat.py：文本统计，【例 3-3】。
- random_walk_matplotlib.py：随机漫步可视化，【例 3-4】。
- pi_montecarlo_matplotlib.py：蒙特卡罗模拟计算可视化，【例 3-5】。

本章学习的 Python 关键字包括：break，跳出循环体。

本章学习的 Python 运算符包括：

- +、*：连接运算符。
- ::：切片运算符。
- in、not in：成员运算符。

本章学习的 Python 内置函数包括：

- len()：序列的长度。
- list()：列表的类型转换函数。
- tuple()：元组的类型转换函数。
- sum()：数字列表和元组中各项数字的和。
- sorted()：同种类型元素序列排序后的列表。
- zip()：将多个可迭代对象压缩为一个，也可用于解压缩。
- open()：打开文件。

本章引入的标准库包括：

- decimal：提高小数运算精度，如 Decimal 类。
- string：字符串常量和类，如 ascii_letters、digits 常量。
- keyword：关键字，如 kwlist 常量。

本章学习的字符串、列表和元组都适用的方法包括：count()、index()，查找元素出现的次数、位置。

本章学习的仅适用于字符串的方法包括：

- isalnum()、isalpha()、isdigit()：判定是否是字母、数字。

- islower()、isupper()：判定字母是否是大写、小写。
- isspace()：判定是否是空格。
- endswith()、startswith()：查找后缀、前缀。
- find()、index()、replace()：查找、替换子串。
- capitalize()、lower()、title()、upper()：转换大小写。
- lstrip()、rstrip()、strip()：去掉字符串前后的空格。
- join()、partition()、split()：分解、连接字符串。

本章学习的仅适用于列表的方法包括：

- append()、insert()：添加新的元素。
- pop()、remove()：删除某个元素。
- copy()、clear()：复制、清空列表。
- sort()、reverse()：排序、颠倒顺序。

本章学习的仅适用于文件的方法包括：

- close()：关闭文件。
- read()、readline()、readlines()：读取文件。
- write()、writelines()：写入文件。
- tell()、seek()：读取、移动游标。

本章安装并引入的第三方库包括：

- tkinter：GUI 工具包，其中，filedialog 包用来通过对话框选择文件。
- Matplotlib：数据可视化工具包，其中，pyplot 包用于进行交互式绘图。
- NumPy：数值计算工具包，如 arange()、cos()、sin()函数。

3.8　习题

1．讨论题

1）列举现实世界中一个对象的例子，描述其数据（属性）和方法（行为）。

2）什么是转义字符？有哪些常用的转义字符？

3）列表和元组有什么区别？

4）这一章程序编写过程中经常遇到什么错误？为什么？如何解决？

5）如下程序的运行结果如何？

```
for c in "Mississippi".split("i"):
    print(c,end=' ')
```

6）如下程序的运行结果如何？

```
msg = " "
for c in "secret":
    msg += chr(ord(c)+1)
print(msg)
```

2. 编程题

1）打印分隔行，由 100 个分隔符组成，分隔符由用户输入，比如 "-"。

2）用户输入一个短语，输出这个短语的首字母缩略词。注意，缩略词的每个字母都应该是大写，即使用户输入的并不是大写。

3）拓展第 2 章第 4 题，随机生成 n 个 1~999 之间的整数，按从小到大的顺序将它们显示出来，n 由用户指定。

4）将用户的输入保存到一个文本文件里，通过"另存为"对话框让用户指定保存的文件名。如果文件已经存在，则继续添加内容，否则创建一个新文件。

5）用折线图的方式将第 1 章的"计算终值"案例可视化。

6）用 Matplotlib 中的 pyplot 画 3 个同心圆，用红、黄、蓝 3 种不同颜色绘制。

第 **4** 章
非序列组合

本章将学习最后两种数据类型：字典和集合。它们都属于非序列组合。在此基础上，还将学习常用的数据文件之一：JSON 文件。在 4.1 节案例的指引下，本章还将学习使用一些标准库和第三方库。在编写完成案例程序之后，读者已经能读取数据文件来初步做一些数据分析和处理工作了。

4.1 案例：四国宏观经济数据对比

Data Hub 是一个免费的公共数据平台，提供了国际组织、不同国家、地方政府、研究机构发布的高质量数据集，涉及金融、医疗、社科、教育等众多领域。我们可以从中去搜寻需要的数据集（https://datahub.io）。本章案例搜集并下载的是世界各国 1960 年以来的人口、GDP 和人均 GDP 的数据集，都是 JSON（JavaScript Object Notation）文件，JSON 是一种通用的轻量级的数据交换格式。编写程序对中国、美国、英国和印度这 4 国 60 年来的宏观经济数据进行对比和展示。需要说明的是，该数据集中包含了世界所有国家的数据，我们选择了这 4 国进行对比。

首先让用户选择要对比的数据文件，如图 4-1 所示，注意，这里的文件类型限定为 JSON 文件（*.json）。本章案例可以选择 3 个数据文件，"gdp_pcap.json"存储的是世界各国的人均 GDP 数据，"gdp.json"存储的是世界各国的 GDP 数据，"population.json"存储的是世界各国的人口数据。

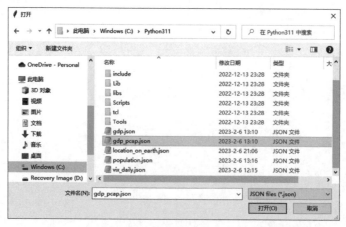

图 4-1 在"打开"对话框中选择 JSON 文件打开

首先选择"gdp_pcap.json",程序运行后出现如下提示:

```
Please check file: gdp_pcap_compared.svg.
```

在和程序相同的文件夹下找到该图形文件,双击用浏览器打开,可以看到如图 4-2a 所示的对于中国、美国、英国、印度这四国的人均 GDP 对比,左上角显示了图例,将鼠标指针停留在某个点上,可以看到具体数据。再次运行程序,选择"gdp.json",生成"gdp_compared.svg"图形文件,如图 4-2b 所示。同样,可以生成四国人口数据对比图,如图 4-2c 所示。可以看出:中国的人口增速低于印度,但明显高于美国和英国;2006 年,中国的 GDP 超过英国,与美国的差距也在逐渐缩小;但从人均 GDP 上来看,美国和英国这两个发达国家基本接近,美国的增长势头强于英国。

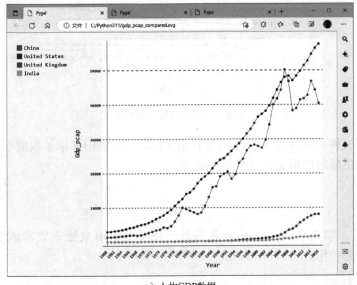

a) 人均GDP数据

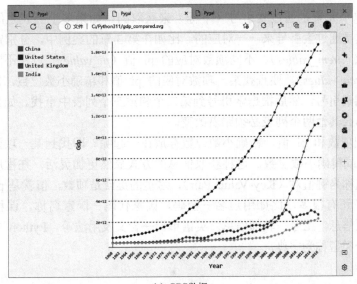

b) GDP数据

图 4-2 案例:四国宏观经济数据对比

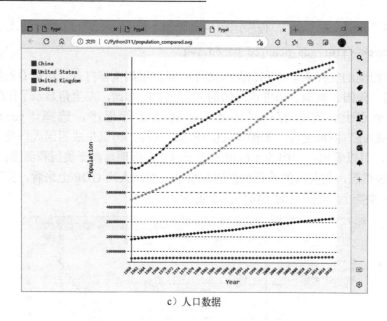

c）人口数据

图 4-2 案例：四国宏观经济数据对比（续）

同一个程序文件可以处理 3 个不同的数据文件，显示的图形除了数据不同之外，纵坐标的标题也不同，生成的图形文件名也是不同的。

4.2 字典

除列表之外，字典（Dictionary）是另外一种经常被用来处理数据集合的组合数据类型。二者经常一起使用。

4.2.1 字典的表示

列表中的单个元素是通过索引号（下标）来获取的。如果多个列表之间的信息存在关联，那么一般也是通过索引号来一一对应的。比如在第 3 章的案例中，分别定义了 3 个列表来存储不同项数（*item_values*）、不同项数对应的 pi 值（*pi_values*）以及不同项数对应的精确小数位数（*accu_values*）。要查找某一项数对应的 pi 值和精确小数位数，需要先通过第一个列表来查找到索引号，然后根据索引号到第二个和第三个列表中查找。如果要改动某一个列表的顺序，那么其他两个列表必须跟着改变。

那能不能把项数和 pi 值、精确小数位数存放在一起呢？即找到某一项数，就能直接找到对应的 pi 值或精确小数位数。这种获取信息的方式显然更加灵活，在程序设计语言中，我们把这种方式称为键值对（Key-Value Pair），这里的键就是项数，值就是 pi 值或精确小数位数。这种例子还有很多，比如用户名—密码，国家代码—国家名称，课程编码—课程信息，学号—学生信息，工号—教师信息，英语单词—含义及用法等。Python 中把由若干个键值对构成的组合类型称为字典。

1．创建字典

字典用花括号表示，不同的键值对之间用逗号分隔，键与值之间用冒号分隔。如下语句创建了一个存储中国人口数据的字典：

```
CHN= {1960: 667070000.0, 2018: 1392730000.0}
```

该字典有两个键值对，分别存放了中国 1960 年和 2018 年的人口数据，其中键代表年份，值代表人口数据。可以看到，2018 年中国的人口数据是 1960 年的两倍多。

字典中的键是唯一的，即不允许同一个键出现两次，值则没有限制。此外，键要求是可哈希的（Hashable），可以是任意的不可修改的数据类型，包括数字、字符串和元组，值则没有要求，可以是任意对象。上例中的键和值都是数字类型。

此外，字典的转换函数 dict() 可以将二元组的列表转换为字典，也可以通过关键字传参的方式来赋值，比如：

```
dict([('x',1),('y',2)])
dict(x=1, y=2)
```

以上两次函数调用的返回结果都是{'x': 1, 'y': 2}。注意，后一种方式在生成字典的时候，会自动把参数名转换为字符串。

2. 字典中的单个元素

字典中的单个元素就是一个键值对，和列表不同的是，字典是无序的，出现的键值对并没有先后次序，因此无法通过索引号（下标）去访问它们。但用户可以像查字典一样，通过键去查找它的值，语句如下：

```
<dict>[key]
```

如果[key]不存在，就会出现键错误（Key Error）。如 CHN[1990]，想查找 1990 年的中国人口数据，CHN 中并没有 1990 这个键，此时就会报错。

字典和列表一样，是一种可以修改的数据类型，可以添加、修改或删除某个元素。想要添加或修改某个元素，只要给<dict>[key]赋值就可以，如果[key]不存在，则会添加，否则就是修改，会覆盖之前的值。比如：

```
CHN [1990] = 1135185000.0
```

CHN 中没有 1990 这个键，因而添加了一个键值对，添加后 CHN 的值为：

```
{1960: 667070000.0, 1990: 1135185000.0, 2018: 1392730000.0}
```

注意：字典是无序的，添加也不一定是添加在最后，可能出现在任何位置。

3. 字典的列表

由于字典和列表都是可以修改的数据类型，因此二者经常一起使用来存储和处理数据。如下语句创建了一个存放人口数据的列表：

```
values = [{"Country Code": "CHN", "Country Name": "China", "Value": 667070000.0,
"Year": 1960}, {"Country Code": "CHN", "Country Name": "China", "Value": 1392730000.0,
"Year": 2018}]
```

列表中的每个元素都是一个字典，包括国家代码、国家名称、值和年份 4 个键。虽然列表中的每个元素都可以是任意值，但在存储和处理数据时，通常是同一种类型和结构的数据。进一步扩展，该列表可以存放世界不同国家的不同年份的人口数据，我们既可以方便地查询某个国家人口随时间的变化，也可以方便地查询某年不同国家人口的差异。

4.2.2　字典的运算符和函数

比较运算符、逻辑运算符、成员运算符也适用于字典，但比较运算符较少使用于字典，本小节介绍成员运算符的使用。字典的成员运算符用来判断某个键是否在字典中，比如，想从字典 *CHN* 中查询中国 1980 年的人口数据，如果直接通过 *CHN*[1980]来访问，那么有可能会因为键不存在而报错，我们可以加一个判断语句，语句如下：

```
if 1980 in CHN:
    print(CHN[1980])
```

如果 1980 存在，则输出结果；如果不存在，则什么也不输出，程序也不会报错。

关于字典的内置函数，之前介绍了 dict()类型转换函数，本小节介绍 len()函数。len()函数适用于序列，也适用于字典，返回的是元素的个数，也就是键值对的个数。但是我们并不能像列表那样把它用于 for 循环中，比如：

```
for i in range(len(CHN)):
    print(CHN[i])
```

因为字典的元素无法通过索引号（下标）去访问，*CHN*[*i*]中的 *i* 是键而不是索引号，所以会出现键错误。可以采用如下循环语句对字典中的元素进行处理：

```
for each in CHN:
    print("%4d\t%12.1f" %(each,CHN[each]))
```

循环变量 *each* 遍历 *CHN* 中的每个键，*CHN*[*each*]就是每个键的值，在循环体内同时输出键和值，分别按 4 位整数和 12 位小数（1 位小数位）的格式输出，结果如下：

```
1960    667070000.0
2018    1392730000.0
```

本章案例中，假设变量 *values* 存储了世界各国 1960—2018 年的人口数据，将中国、美国、英国、印度四国的人口数据找出来并存进各自字典的代码如下：

```
CHN,USA,GBR,IND = {},{},{},{}  # 字典，key 是年，value 是值
for each in values:
    if each['Country Code'] == 'CHN':
        CHN[each['Year']] = each['Value']
        continue
    if each['Country Code'] == 'USA':
        USA[each['Year']] = each['Value']
        continue
    if each['Country Code'] == 'GBR':
        GBR[each['Year']] = each['Value']
        continue
```

```
if each['Country Code'] == 'IND':
    IND[each['Year']] = each['Value']
```

首先将 *CHN*、*USA*、*GBR*、*IND* 赋为空字典。循环变量 *each* 遍历 *values* 中的每个元素（对应每条数据的一个字典），如果发现它的键"Country Code"的值是"CHN"，也就是中国的数据，那么就向字典 *CHN* 中添加一个元素（键值对），键就是字典 *each* 中键"Year"的值，值就是 *each* 中键"Value"的值。比如，遍历到中国 1960 年的人口数据，*each* 就是{"Country Code": "CHN", "Country Name": "China", "Value": 667070000.0, "Year": 1960}，*CHN* 就是{1960: 667070000.0}。中国 1960—2018 年的人口数据全部找出来之后，*CHN* 就是 {1960: 667070000.0, …, 2018: 1392730000.0}，由于数据较多，这里省略了中间年份的数据。*USA*、*GBR*、*IND* 赋值的过程与此类似，不再赘述。

在 if 语句块中加入了 continue 语句，它是用来结束本次循环迭代并进入下一次循环迭代的。这与 break 语句不同，break 语句是跳出循环，不再执行循环体，而 continue 语句只是结束本次循环体的执行，开始下一次循环体的执行。比如，在第一个 if 语句块中加入 continue 语句的目的是，如果发现某个字典存放的是中国的数据，就不再执行后面的 3 次判断，跳到下一个字典再进行判断。这样做是为了提高程序运行效率，否则每个字典都要执行 4 次判断。

4.2.3 字典的常用方法

字典的常用方法如表 4-1 所示，其中，列表也有 clear()、copy()和pop()方法，其他方法均不同。get()方法用于获取字典中的单个元素值，参数即为 key，且比直接通过<dict>[key]的方式访问要好。如果 key 不存在，也不会报错，默认返回 None；如果希望返回其他值，则可以指定第二个参数。

扫码看视频

表 4-1 字典的常用方法

方法	功能
dict.clear()	清空 *dict* 中的所有元素
dict.copy()	返回 *dict* 的一个副本
dict.get(*key*, default=None)	返回 *key* 对应的值，如果 *key* 在 *dict* 中不存在，则返回 default
dict.items()	返回 *dict* 的所有(key,value)元组对的可迭代对象
dict.keys()	返回 *dict* 的所有键的可迭代对象
dict.pop(*key*)	删除并返回 *key* 对应的值，如果 *key* 在 *dict* 中不存在，则出现键错误
dict.update(*dict2*)	把 *dict2* 的键值对加入 *dict*，如果键重复，则覆盖
dict.values()	返回 *dict* 的所有值的可迭代对象

📖 keys()、values()、items()方法的返回值均为可迭代对象，可以通过 list()函数转换成列表，分别存放字典的键列表、值列表、键值元组对列表。

【例 4-1】 词频统计。读取一个文本文件（如一本小说），统计其中每个单词出现的频次，不考虑标点符号，单引号除外，比如 "don't" "it's" "I'm" 都是常用词汇。输出词频最高的 *n* 个单词，*n* 由用户指定。

编写程序如图 4-3 所示。首先从 string 库引入常量 punctuation，在进行文本字符处理的时候需要用到。由用户输入文件名，以只读方式打开文件，调用文件的 read()方法，一次性读取所有内容并存储在变量 *text* 中，之后关闭文件。进行词频统计时，不区分大小写，因此调用字符串的 lower()方法将所有字符都转换为小写，将除单引号之外的所有标点符号替换为空格，再调用字符串的 split()方法将文本按空格进行分解，分解后的所有单词存放在列表 *words* 中。

```
word_freq.py - C:\Python311\word_freq.py (3.11.1)                    —    □    ×
File  Edit  Format  Run  Options  Window  Help
 1  from string import punctuation
 2
 3  file_name = input("File to analyze: ")
 4  f = open(file_name,'r')
 5  text = f.read()
 6  f.close()
 7
 8  # 分解成单词的序列
 9  text = text.lower()
10  for ch in punctuation:
11      if ch != '\'': # 保留单引号
12          text = text.replace(ch, ' ')
13  words = text.split()
14
15  # 构建词频统计的字典
16  counts = {}
17  for w in words:
18      counts[w] = counts.get(w,0) + 1
19
20  # 生成词频在前、单词在后的元组的列表
21  freq = list(zip(counts.values(),counts.keys()))
22  freq.sort(reverse=True)  # 按词频降序排列
23
24  # 输出词频最高的n个单词
25  n = int(input("Output analysis of how many words? "))
26  for i in range(n):
27      print("% 5d: %-15s" % freq[i]) # freq[i]是一个元组
28

                                                              Ln: 28  Col: 0
```

图 4-3　词频统计的程序

下面就构建一个字典 *counts* 来进行词频统计，键就是出现的单词，值就是这个单词出现的次数。赋初值为空字典，遍历 *words* 中的每一个单词 *w*，如果是第一次碰到 *w*，那么给字典 *counts* 添加一个元素，*counts*[*w*]赋值为 1；如果不是第一次碰到，那么 *counts*[*w*]累加 1。这个功能可以通过分支结构来实现，但调用 get()方法更为简单（18 行）。如果 *w* 这个键在字典 *counts* 中已经存在，那么 *counts*.get(*w*,0)返回 *counts*[*w*]，累加 1；如果 *w* 这个键在字典 *counts* 中还不存在，那么 *counts*.get(*w*,0)返回 0，加 1 的结果即为 1，也就是第一次碰到这个单词。循环结束后，所有单词的出现频次就统计好了。

接下来要输出词频最高的 *n* 个单词，也就是说，要对单词按照词频的高低进行排序。字典没有排序功能，我们考虑转换到列表中去进行排序，可以将字典转换为元组对的列表，字典的 items()方法就具有这个功能，但 items()方法返回的是键值元组对的列表，元组的第一个元素是键（单词），第二个元素是值（频次）。调用列表的 sort()方法排序的时候是按照元组

中的第一个元素排序的，因此只能按照单词排序，而无法按照频次排序。因此，我们调用 zip() 函数生成了一个元组对的列表 *freq*，这个元组对的第一个元素是值（频次），第二个元素是键（单词），那么调用 sort() 方法就可以按照频次进行排序了，默认是升序排列，指定参数 reverse=True，即按降序排列。这样，列表 *freq* 就对所有单词按频次进行了排序，可以输出了。用户输入 *n* 的值之后，输出 *freq* 中的前 *n* 个元素，格式符"%-15s"表示输出单词时保留 15 位空间，且左对齐。

运行程序，输入要进行词频统计的文件名，如"little_women.txt"（小说《小妇人》），再输入要输出多少个词频最高的单词，如 25，输出结果如图 4-4 所示。排名前 3 的单词分别是"and""the"和"to"，符合一般的统计规律。再次运行程序，看看《小妇人》中词频最高的 50 个单词都有哪些。

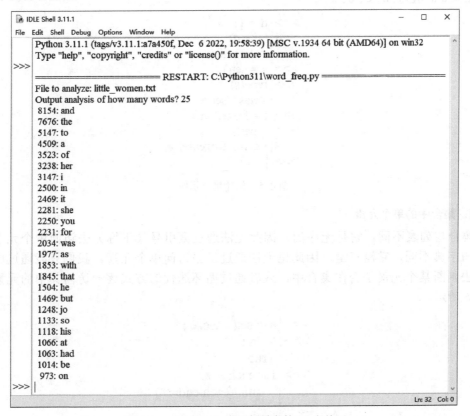

图 4-4　《小妇人》中词频最高的 25 个单词

试一试：看一看 string 库中的 punctuation 都包含哪些标点符号，尝试在程序中不引入常量 punctuation，而直接用字符串来表示。

4.3　集合

本节将介绍最后一种数据类型：集合。Python 中的集合与数学中的集合有很多共同之处。

4.3.1　集合的表示

集合（Set）和字典一样，是无序的，但其中的元素并不是键值对，而是一个可哈希的值，且元素不重复，和字典中的键一样。

1．创建集合

集合也是用花括号表示的，所以要创建一个空集合，不能用一对花括号来表示，那样会被认为是空字典，只能通过类型转换函数来创建，如图 4-5 所示。有两种类型的集合，一种是可以修改的集合，另一种是不可以修改的集合，类型转换函数分别为 set() 和 frozenset()。可以修改的集合类似列表，可以添加、删除元素，不可以修改的集合类似元组，不可以添加、删除元素。注意：创建集合时，其中的元素不能重复，比如：

```
s = set('cheese')
```

结果 s 的值为{'h', 'e', 'c', 's'}。

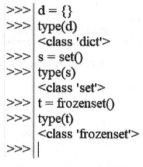

图 4-5　创建集合示例

2．集合中的单个元素

集合与列表不同，它是无序的，因此无法通过索引号（下标）去访问单个元素；集合又与字典不同，它没有键，因此也无法通过键去访问单个元素。我们只能通过成员运算符去判断某个元素是否在集合中，或者通过循环迭代的方式逐一访问其中的元素，如图 4-6 所示。

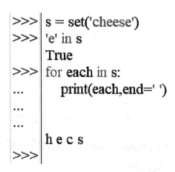

图 4-6　集合中的单个元素示例

4.3.2　集合的运算符和函数

除了成员运算符，比较运算符也适用于集合，除此之外，还有类似数字集合的集合运算符，如表 4-2 所示。图 4-7 给出了具体例子。s 是 t 的子集，t 不是 u 的子集；t 和 u 之间有交集，也有差集。注意：集合之间没有连接运算符"+"，两个集合的连接可以使用并集运算符。

表 4-2　常用的比较运算符和集合运算符

比较运算符	功能	集合运算符	功能
==	相等	&	交集
!=	不等	|	并集
<=	子集	-	差集或相对补集
<	严格子集	^	对称差集
>=	超集		
>	严格超集		

```
>>> s = set('cheese')
>>> t = set('cheeseburger')
>>> u = set('hamburger')
>>> s < t
True
>>> t < u
False
>>> t & u
{'e', 'h', 'g', 'r', 'b', 'u'}
>>> t | u
{'m', 'e', 'h', 'u', 'g', 'r', 'b', 'c', 'a', 's'}
>>> t - u
{'c', 's'}
>>> t ^ u
{'m', 'c', 'a', 's'}
```

图 4-7　集合运算符示例

关于集合的内置函数，之前介绍了 set() 和 frozenset() 两个类型转换函数。除此之外，len() 函数也适用于集合，返回的也是元素的个数。和字典一样，一般不把它用于 for 循环中，比如：

```
for i in range(len(s)):
    print(s[i])
```

集合的元素无法通过索引号（下标）去访问，会出现类型错误（Type Error）。访问集合中单个元素的方式参见上一小节。

4.3.3　集合的常用方法

集合的常用方法如表 4-3 所示，其中，clear()、copy() 和 pop() 方法字典中也有，其他方法均不同。图 4-8 给出了示例，假设 s、t、u 和图 4-7 中相同。

表 4-3　集合的常用方法

方法	功能
s.add(obj)	将 obj 添加至 s
s.clear()	清空 s 中的所有元素
s.copy()	返回 s 的一个副本
s.difference(t)	返回 s - t
s.discard(obj)	如果 obj 在 s 中，则删除它
s.intersection(t)	返回 s 和 t 的交集

（续）

方法	功能
s.issubset(*t*)	如果 *s* 是 *t* 的子集，则返回 True，否则返回 False
s.issuperset(*t*)	如果 *s* 是 *t* 的超集，则返回 True，否则返回 False
s.pop()	删除并返回 *s* 中任意一个对象
s.remove(*obj*)	从 *s* 中删除 *obj*，如果 *obj* 不在 *s* 中，出现键错误
s.symmetric_difference(*t*)	返回 *s* 和 *t* 的对称差集
s.union(*t*)	返回 *s* 和 *t* 的并集
s.update(*t*)	将 *t* 的元素添加进 *s*，如果元素重复，则忽略

📖 add()、clear()、discard()、pop()、remove()、update()方法只适用于可以修改的 set 类型，不适用于不可以修改的 frozenset 类型。

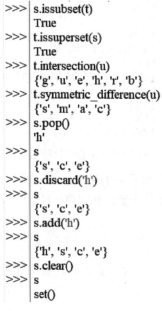

```
>>> s.issubset(t)
True
>>> t.issuperset(s)
True
>>> t.intersection(u)
{'g', 'u', 'e', 'h', 'r', 'b'}
>>> t.symmetric_difference(u)
{'s', 'm', 'a', 'c'}
>>> s.pop()
'h'
>>> s
{'s', 'c', 'e'}
>>> s.discard('h')
>>> s
{'s', 'c', 'e'}
>>> s.add('h')
>>> s
{'h', 's', 'c', 'e'}
>>> s.clear()
>>> s
set()
```

图 4-8　集合的常用方法示例

4.4　JSON 文件

本节介绍常用的数据文件之一：JSON 文件。JSON（JavaScript Object Notation）是一种通用的轻量级的数据交换格式。

4.4.1　JSON 格式

JSON 具有数据格式简单、读写方便等优点，很多网站都会用 JSON 格式来进行数据的传输和交换。用 Python 处理 JSON 格式的数据，首先要实现 JSON 格式与 Python 数据类型的相互转换。JSON 的数据结构有两种，即对象结构和数组结构，分别对应 Python 的字典和列表，因此在 Python 中使用 JSON 非常简单，可以将 JSON 格式视为由列表和字典的自由嵌套组成的数据集合。

表 4-4 列出了 Python 数据类型和 JSON 数据类型的对应关系。

表 4-4 Python 和 JSON 对应的数据类型

Python 数据类型	说明	JSON 数据类型	说明
字典	键值对，花括号	对象	键值对，花括号
列表、元组	方括号、圆括号	数组	方括号
字符串	双引号、单引号	字符串	双引号
整型、浮点型		数字	
布尔型	True、False	布尔型	True、False
空对象	None	空对象	Null

以从 Data Hub 上下载的世界各国 1960 年以来的人口、GDP 和人均 GDP 数据集为例，其数据格式为：

```
[{"Country Code": "ARB", "Country Name": "Arab World", "Value": 222.688851118821,
"Year": 1968}, {"Country Code": "ARB", "Country Name": "Arab World", "Value":
238.909677072309, "Year": 1969}, …, {"Country Code": "ZWE", "Country Name":
"Zimbabwe", "Value": 1029.07664867845, "Year": 2016}]
```

整个数据集是一个数组，其中的一个元素是一个对象，表示某个国家某一年的数据，对象中有 4 个键值对，分别存放国家代码、国家名称、值和年份。以上是人均 GDP 的数据，存放人口和 GDP 的数据格式完全相同，只是值不同。因此，Python 从这 3 个 JSON 文件中读取出来的数据就存放在一个列表中，其中的每个元素都是一个字典。我们可以用上一章学过的列表和本章学过的字典来进行处理。

4.4.2 JSON 库

扫码看视频

Python 提供了 JSON 标准库对 JSON 格式进行编码和解码。引入它之后，就可以调用其中的函数来进行操作。表 4-5 列出了 JSON 库中常用的 4 个函数。图 4-9 给出了具体示例，可以看出，dumps()和 loads()互为解析。

表 4-5 JSON 库中常用的函数

函数	功能	函数	功能
dump(*obj*, *f*)	解析 *obj*，写入文件对象 *f*	load(*f*)	读取文件对象 *f*，解析为 Python 对象
dumps(*obj*)	解析 *obj* 为 JSON 字符串	loads()	解析 JSON 字符串为 Python 对象

```
>>> import json
>>> d = {'x': 1, 'y': 2}
>>> j = json.dumps(d)
>>> o = json.loads(j)
>>> j
'{"x": 1, "y": 2}'
>>> o
{'x': 1, 'y': 2}
>>>
```

图 4-9 JSON 库常用的函数示例

【例 4-2】　修改【例 2-2】，将城市的纬度和经度存入 JSON 文件，需要计算两个城市之间距离的时候，从 JSON 文件中获取数据。

创建名为"location_on_earth.json"的文件，存放北京、香港、上海、华盛顿特区 4 个城市或地区的纬度和经度数据，语句如下：

```
[{"City": "Beijing", "Latitude": 39.93, "Longitude": 116.46}, {"City": "Hongkong",
"Latitude": 22.28, "Longitude": 114.13}, {"City": "Shanghai", "Latitude": 31.23,
"Longitude": 121.45}, {"City": "Washington DC", "Latitude": 38.94, "Longitude": -
77.05}]
```

编写如图 4-10 所示的程序。首先以只读方式打开这个文件，调用 json 库的 load()函数读取这个文件的内容并存入 *points* 中，关闭这个文件。提示用户输入起点城市和终点城市，对 JSON 文件中存放的所有城市进行循环迭代，判断是否是起点城市或终点城市。如果是起点城市，那么给起点的纬度和经度 *t*1、*g*1 赋值；如果是终点城市，那么给终点的纬度和经度 *t*2、*g*2 赋值，计算两点之间的距离后输出。在对字符串进行比较和输出时，调用了 lower()和 capitalize()方法进行字符大小写的转换。

图 4-10　根据 JSON 文件计算地球表面两点距离的程序

这里要解决的一个关键问题是：如果用户输入的城市不在 JSON 文件中，那么该如何处理？如果不做任何处理，程序就会报错，因为 $t1$、$g1$、$t2$、$g2$ 没有被赋值。只要被赋值了，就说明 JSON 文件中有这个城市。因此，给 $t1$ 和 $t2$ 赋初值为 0，如果起点和终点在 JSON 文件中都存在，那么 $t1$ and $t2$ 的结果就为 True，计算距离并输出。如果有一个城市在 JSON 文件中不存在，那么 $t1$ and $t2$ 的结果就为 False，执行 else 分支。在 else 分支中，进一步判断是起点城市还是终点城市没有找到，并给用户提示信息。

运行程序，对不同情况进行测试，如图 4-11 所示。第一次运行，和【例 2-2】一样，计算北京和华盛顿特区之间的距离，结果相同；第二次运行，计算上海和香港之间的距离，计算结果为 1231.5km；第三次运行，计算北京和天津之间的距离，但因为这个 JSON 文件中没有存放天津的数据，因此没有进行计算，并给出提示信息。

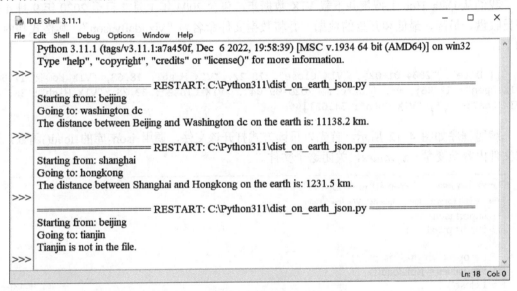

图 4-11　计算不同城市之间的距离

本章案例要从存放了世界各国 1960 年以来的人口、GDP 和人均 GDP 的 JSON 文件中读取数据，首先要打开文件对话框让用户选择相应的数据文件，实现代码如下：

```python
from tkinter.filedialog import askopenfilename
file_name = askopenfilename(filetype=[('JSON files','*.json')])  # 指定文件类型
f = open(file_name,'r')
values = json.load(f)
f.close()
```

filedialog 包中的 askopenfilename()函数可以指定文件类型参数，也就是在文件对话框中限定文件类型，这个参数的值是一个列表，也就是可以限定多种文件类型。每种文件类型都用一个二元组表示，二元组的第一个元素是表示文件类型的字符串，第二个元素是指定文件类型的格式，如 "*.json" 表示扩展名为 "json" 的文件。这里，我们只限定了一种文件类型，因此列表里只有一个二元组。以只读方式打开文件后，调用 json 库中的 load()函数读取数据并存放在变量 values 中，关闭文件。

试一试：至此，除数据可视化部分外，本章案例已完成，将程序文件保存为 ch04.py，

运行程序，如果有错误则进行修正。调用 print()函数输出结果。

4.5 编程实践：pygal

扫码看视频

pygal 第三方库的主要功能是数据可视化，它可以用来生成可缩放的矢量图形文件（Scalable Vector Graphics，SVG），引入前也需要通过 pip 工具进行安装。

【例 4-3】 生成芝加哥期权交易所 VIX 指数（CBOE Volatility Index）时间序列图。VIX 用来衡量标普 500 指数（S&P 500）在未来 30 天的隐含波动率，该指数也称为恐慌指数，用于反映市场情绪和预期股市未来波动性。

我们从 Data Hub 上搜集并下载 VIX 数据集，包含 2004 年 1 月 2 日至 2020 年 9 月 4 日每日收盘、最高、最低和开盘的数据，并将数据文件命名为"vix_daily.json"，其格式和内容如下：

```
[{"Date": "2004-01-02", "VIX Close": 18.22, "VIX High": 18.68, "VIX Low": 17.54,
"VIX Open": 17.96}, …, {"Date": "2020-09-04", "VIX Close": 30.75, "VIX High": 38.28,
"VIX Low": 29.5, "VIX Open": 34.62}]
```

编写程序如图 4-12 所示。首先以只读方式打开该文件，调用 json 库的 load()函数，读取文件内容至变量 *vix_values*，关闭这个文件。

```
vix_daily_json.py - C:\Python311\vix_daily_json.py (3.11.1)          —    □    ×
File  Edit  Format  Run  Options  Window  Help
 1  import json
 2  import pygal
 3
 4  f = open("vix_daily.json",'r')
 5  vix_values = json.load(f)
 6  f.close()
 7
 8  dates,close = [],[]  # 值列表
 9  for i in range(len(vix_values)):
10     if not i%5: # 每隔5天的数据存入列表
11         dates.append(vix_values[i]['Date'])
12         close.append(vix_values[i]['VIX Close'])
13
14  # 画柱状图，由于x轴中的天数很多显示不下，因此旋转45°显示，且不显示副刻度
15  bar = pygal.Bar(x_label_rotation=-45,show_minor_x_labels=False,show_legend=False)
16  bar.x_labels = dates  # x轴的数据为日期
17  bar.x_labels_major = dates[::26]  # x轴的主刻度按每26周显示
18  bar.add("Close",close)  # 给y轴添加收盘数据
19  bar.title = "CBOE Volatility Index (VIX)"
20  bar.x_title = "Date"  # x轴的标题
21  bar.y_title = "Close"  # y轴的标题
22  bar.render_to_file("vix_daily.svg")
23  print("Please check file: vix_daily.svg.")
24
                                                              Ln: 24  Col: 0
```

图 4-12　生成 VIX 时间序列图的程序

生成时间序列图，需要有横坐标数据和纵坐标数据，横坐标就是日期，纵坐标这里选取收盘数据。将 *dates* 和 *close* 赋为空列表，将每天的数据添加进这两个列表。由于数据较多，我们将每隔 5 天（一周）的数据存入列表。遍历 *vix_values* 中的所有元素，每个元素都是一个字典，包含某天的 VIX 数据。如果满足每隔 5 天的条件，就将这个字典中键 "Date" 的值添加进 *dates* 列表，将键 "VIX Close" 的值添加进 *close* 列表。循环结束后，这两个列表就创建好了，可以作为横坐标数据和纵坐标数据生成时间序列图。

接下来就用 pygal 来进行数据可视化。用 Bar 类来创建一个柱状图的对象实例 *bar*，构造函数中的几个参数的含义如下：x_label_rotation =-45 表示 *x* 轴的数据标签旋转-45°，使其能显示出来；show_minor_x_labels=False 表示不显示副刻度，因为 *x* 轴数据多，所以只显示主刻度的标签；show_legend=False 表示不显示图例，图例一般在左上角，本例中只显示收盘数据，因此无须图例。然后给 *bar* 的 *x* 轴赋值，即赋为 *dates*，再设置 *x* 轴的主刻度的步长为 26，也就是每 26 个 5 天显示一个标签。调用 *bar* 的 add() 方法添加 *y* 轴的数据，即 *close*。将 *bar* 的图标题、*x* 轴的标题和 *y* 轴的标题分别赋值为 "CBOE Volatility Index (VIX)" "Date" "Close"。最后调用 *bar* 的 render_to_file() 方法来生成一个名为 "vix_daily.svg" 的图形文件，并给出提示信息。

运行程序，找到生成的 VIX 时间序列图并打开它，如图 4-13 所示。可以看到，横坐标的日期旋转了-45°显示，如果不旋转，那么日期标签会相互交叉，无法全部显示出来。显示出来的数据是每隔 5 天，*x* 轴的主刻度是每隔 26×5 天。

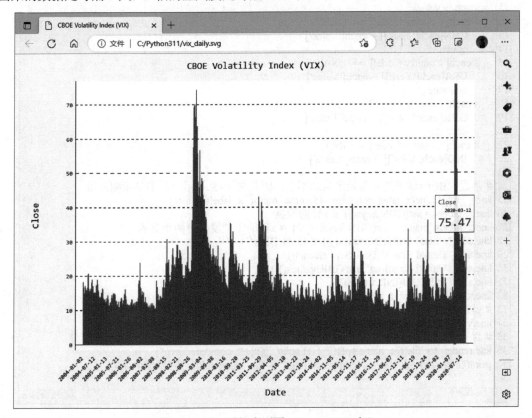

图 4-13　VIX 时间序列图（2004—2020 年）

【例 4-4】　本章案例的实现。

汇总之前所写的所有代码，最后增加一段绘制折线图的代码，如图 4-14 所示。用 Line 类来创建一个折线图的对象实例 *line*，构造函数中的两个参数设置和【例 4-3】相同，但没有将图例设置为 False，因为本例中有 4 个国家的数据需要显示，图例能帮助进行数据对比。然后给 *line* 的 x 轴赋值，即为年份，从 *CHN*、*USA*、*GBR*、*IND* 任意一个字典中获取键列表即可，再设置 x 轴的主刻度的步长为 2，也即是每两年显示一个标签。调用 *line* 的 add() 方法添加 y 轴的数据，包括 *CHN*、*USA*、*GBR*、*IND* 这 4 个字典的值列表。给 *line* 的 x 轴的标题赋值为 "year"，再给 y 轴的标题赋值，最后调用 *line* 的 render_to_file()方法来生成一个 SVG 图形文件，并给出提示信息。

```
ch04.py - C:\Python311\ch04.py (3.11.1)                          —    □    ×
File  Edit  Format  Run  Options  Window  Help
 1  import json
 2  import pygal
 3  from tkinter.filedialog import askopenfilename
 4
 5  file_name = askopenfilename(filetype=[('JSON files','*.json')]) # 指定文件类型
 6  f = open(file_name,'r')
 7  values = json.load(f)
 8  f.close()
 9
10  CHN,USA,GBR,IND = {},{},{},{} # 字典，key是年，value是值
11  for each in values:
12      if each['Country Code'] == 'CHN':
13          CHN[each['Year']] = each['Value']
14          continue
15      if each['Country Code'] == 'USA':
16          USA[each['Year']] = each['Value']
17          continue
18      if each['Country Code'] == 'GBR':
19          GBR[each['Year']] = each['Value']
20          continue
21      if each['Country Code'] == 'IND':
22          IND[each['Year']] = each['Value']
23
24  # 画线，由于x轴上的年份较多显示不下，因此旋转45°显示，且不显示副刻度
25  line = pygal.Line(x_label_rotation=-45,show_minor_x_labels=False)
26  line.x_labels = list(CHN.keys()) # x轴的数据
27  line.x_labels_major = list(CHN.keys())[::2] # x轴的主刻度按每两年显示
28  line.add("China",list(CHN.values())) # 添加中国的数据
29  line.add("United States",list(USA.values()))
30  line.add("United Kingdom",list(GBR.values()))
31  line.add("India",list(IND.values()))
32  line.x_title = "Year" # x轴的标题
33  # y轴标题先取文件路径最后一个子串，再取"."之前的名字，再将首字母大写
34  line.y_title = file_name.split('/')[-1].split('.')[0].capitalize()
35  # 保存为.svg图形文件，文件名开头部分同上
36  line.render_to_file(file_name.split('/')[-1].split('.')[0]+"_compared.svg")
37  print("Please check file: %s_compared.svg." % file_name.split('/')[-1].split('.')[0])
38
                                                                    Ln: 38  Col: 0
```

图 4-14　本章案例的实现代码

本例对人口、GDP 和人均 GDP 的数据集通用，y 轴的标题和生成的文件名对于不同的数据集有所不同。首先通过 *file_name* 获得文件的路径和名称，调用字符串的 split()方法按照路径分隔符"/"分解，取出最后一个字符串，即文件名称，比如"gdp_pcap.json"；再次调用 split()方法按照分隔符"."分解，取出第一个字符串，即不带扩展名的文件名，比如"gdp_pcap"。调用 capitalize()方法将首字母大写，作为 y 轴的标题。将这个名字和字符串"_compared.svg"相连接，就形成了图形文件名。

运行程序，分别选择 3 个不同的 JSON 文件，找到生成的 VIX 时间序列图并打开它们，如图 4-2 所示。

4.6 本章小结

本章以"四国宏观经济数据对比"案例的实现为主线，将字典、JSON 文件、数据可视化工具包 pygal 等知识点全部贯穿，还介绍了集合数据类型。至此，Python 所有的数据类型都学习完了，数字、字符串、列表和字典都是常用的数据类型，元组和集合也经常用到，与基本的程序控制结构、标准库和第三方库结合起来使用，已经能实现功能强大的程序，与文件相结合，还可以实现初步的数据分析和处理工作。

本章创建的 Python 程序文件包括：

- ch04.py："四国宏观经济数据对比"案例，【例 4-4】。
- word_freq.py：词频统计，【例 4-1】。
- dist_on_earth_json.py：根据 JSON 文件计算两点的距离，【例 4-2】。
- vix_daily_json.py：生成 VIX 时间序列图，【例 4-3】。

本章学习的 Python 关键字包括：continue，结束本次循环迭代，进入下一次循环迭代。

本章学习的 Python 运算符包括：&、|、−、^，集合运算符。

本章学习的 Python 内置函数包括：

- dict()：字典的类型转换函数。
- set()、frozenset()：集合的类型转换函数。

本章引入的标准库包括：json，对 JSON 格式进行编码和解码，如 dump()、load()。

本章学习的字典和集合都适用的方法包括：

- clear()：清空。
- copy()：复制。
- pop()：删除并返回某个元素。
- update()：更新。

本章学习的仅适用于字典的方法包括：

- keys()、values()、items()：返回所有键、值、键值元组对的对象。
- get()：访问某个元素。

本章学习的仅适用于集合的方法包括：

- add()：增加元素。

- discard()、remove()：删除元素。
- issubset()、issuperset()：判断是否是子集、超集。
- intersection()、union()：交集、并集。
- difference、symmetric_difference()：差集、对称差集。

本章安装并引入的第三方库包括：pygal，数据可视化工具包，可生成 SVG 图形文件。

4.7　习题

1．讨论题

1）哪些数据类型是可以修改的？可以通过什么方法进行修改？

2）什么方法能把两个字典结合起来？举例说明。

3）Python 中的集合与数学中的集合有何异同？

4）集合可以比较大小吗？比的是什么？

5）有以下两个相同长度的列表：

```
x = [1, 2, 3, …]
y = ['ab', 'cd', 'ef', …]
```

如何将两个列表的数据处理成如下的字典：{1: 'ab', 2: 'cd', 3: 'ef', …}？

6）有一个字典 *dict*，以下两个循环语句是否相同？

```
for each in dict:
    print(each)
for each in dict.keys():
    print(each)
```

2．编程题

1）用户输入一个邮政编码，程序判定属于哪个省、自治区或直辖市。邮政编码的前两位表示省、自治区或直辖市，用一个字典来表示。

2）接收用户输入的 *n* 行文本，*n* 由用户指定，将用户输入的所有字符（不重复）显示出来。

3）读取一个文本文件，统计每个字符出现的频次，包括标点符号，不区分大小写，将统计结果存入 JSON 文件"char_stat.json"中。

4）修改第 3 章案例的程序，创建一个字典 *pi_accu* 来替换 *item_values*、*pi_values*、*accu_values* 这 3 个列表，只记录偶数项的计算结果。

5）用 tkinter 和 pygal 实现【例 4-1】的可视化，首先打开文件对话框选择要进行词频统计的文件，指定文件类型为文本文件。完成词频统计后，用柱状图显示 TOP 50 的单词，生成图形文件"word_freq.svg"。

6）编写一个程序，模拟滚动一对 6 面骰子 1000 次，统计滚动出来的数值出现的次数，最小值为 2（两个骰子均为 1），最大值为 12（两个骰子均为 6），计算每个数值出现的频率，并与每个数值的期望频率进行对比，用 pygal 进行数据可视化。提示：每个数值的期望频率存放在如下字典中：

```
{2: 1/36, 3: 2/36, 4: 3/36, 5: 4/36, 6: 5/36, 7: 6/36, 8: 5/36, 9: 4/36, 10: 3/36,
11: 2/36, 12: 1/36}
```

第 5 章
程序的控制结构

本章将深入学习程序的两种控制结构：分支结构和循环结构。在此基础上，还将学习常用的数据文件之一：CSV 文件。在 5.1 节案例的指引下，读者将学习如何通过控制程序的执行流程完成较为复杂的数据分析和处理工作。在编程实践中，还将学习如何通过代码来捕获和处理程序运行时发生的错误。

5.1 案例：标准普尔 500 行业数据分析

标准普尔 500 指数（S&P 500 Index）是一个记录美国500家上市公司的股票指数，该指数占美国股票市场市值的80％。目前，标准普尔 500 指数含有 505 只股票，因为 5 家公司有 2 类股，如 Google 的母公司 Alphabet 有 A 类股和 C 类股。本案例从 Data Hub 上搜集并下载的是 2014 年标准普尔 500 的财务数据文件 "constituents_financials.csv"，读取其中的数据进行行业分析，如各行业的股票数占比和总市值占比情况。CSV（Comma Separated Value）是一种用来存储数据的纯文本文件格式，可以用记事本、写字板或电子表格软件（如 Microsoft Excel）打开。如果用记事本或写字板打开，则可以看到每行数据用换行符分隔，每列数据用逗号分隔；如果用电子表格软件打开，则可以看到一个包括行和列的二维表。

运行程序，如果文件 "constituents_financials.csv" 不在默认路径下，则让用户通过文件对话框来选择要打开的文件，如图 5-1 所示。

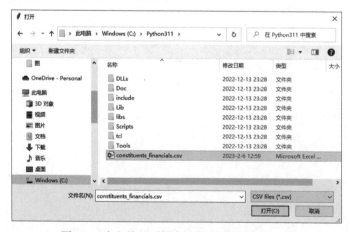

图 5-1　在文件对话框中选择 CSV 文件并打开

找到文件后，程序出现如下提示：

Number of stocks (N) or Market Capitalization (M) (Enter for exit):

用户选择是分析查看行业的股票数行业分布还是总市值行业分布，输入"N"的结果如图 5-2a 所示，输入"M"的结果如图 5-2b 所示。如果二者都不是，则出现"Wrong input, please try again."的提示信息。之后，程序再次出现选择提示，可以再次输入"N"或"M"来选择是查看行业的股票数行业分布还是总市值行业分布，如果用户什么也不输入直接按〈Enter〉键，则程序结束。这样的程序设计可以让用户在一次程序运行的过程中进行多次输入选择，即使输入错误也可以再次输入，而无须每次都重新运行一次程序。

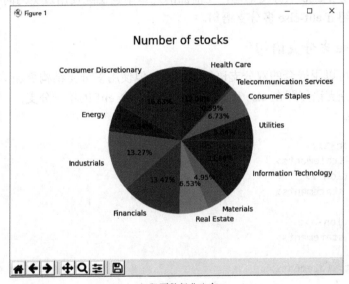

a）股票数行业分布

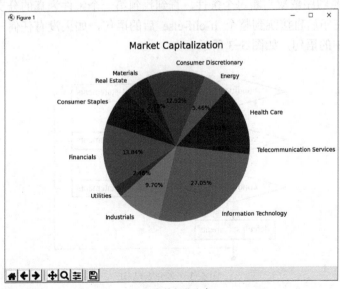

b）总市值行业分布

图 5-2　案例：标准普尔 500 行业数据分析

从图中可以看出，无论是从股票数还是从总市值来看，信息技术业、金融业、非必需消费品业、医疗健康业、工业都位居前五，其中信息技术业领先优势明显，其次是金融业。从股票数来看，从高到低依次是非必需消费品业（16.63%）、信息技术业（13.86%）、金融业（13.47%）、工业（13.27%）和医疗健康业（12.08%）。从总市值来看，从高到低依次是信息技术业（27.05%）、金融业（13.84%）、医疗健康业（13.05%）、非必需消费品业（12.92%）和工业（9.70%）。

5.2　分支结构

Python 的分支结构使用 if 语句来构成，包括单分支语句、双分支语句和多分支语句。第 1 章中已经介绍过 if-else 双分支语句，在前面的几章中也已经使用过更为简单的 if 单分支语句，本节主要介绍 if-elif-else 多分支语句。

5.2.1　if-elif-else 多分支语句

扫码看视频

多分支结构可以用嵌套的双分支语句来实现，但使用多分支结构更加简洁、直观。多分支语句即在 else 后直接跟 if 形成一个 elif 的单一分支，其语法形式如下：

```
if <condition-1>:
    <case-1-statements>
elif <condition-2>:
    <case-2-statements>
…
elif <condition-n>:
    <case-n-statements>
else:
    <default statements>
```

Python 会按照顺序依次判断每个条件，直到找到第一个条件为真的分支并执行其中语句块的语句，执行完毕后直接跳到整个 if-elif-else 后的语句，如果没有任何一个条件为真，就执行 else 语句块中的语句，如图 5-3 所示。

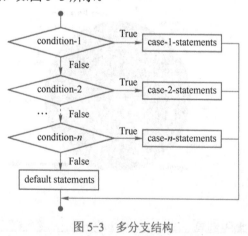

图 5-3　多分支结构

【例 5-1】　判定某年是否为闰年。规则如下：任何能被 400 整除的年份都是闰年；在剩下的年份中，任何能被 100 整除的年份都不是闰年；在剩下的年份中，任何能被 4 整除的年份都是闰年；其他年份都不是闰年。

　　编写程序如图 5-4 所示。首先由用户输入年份，然后根据规则采用多分支结构判定是否为闰年，如果是闰年，*isLeapYear* 赋值为 True，如果不是则赋值为 False，最后输出判定结果。

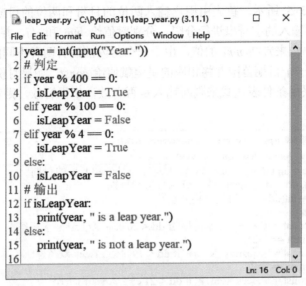

图 5-4　判定闰年的程序

　　运行程序，输入"2000"，输出"2000 is a leap year."。再次运行程序，输入"1800"，输出"1800 is not a leap year."。第三次运行程序，输入"1840"，输出"1840 is a leap year"。最后一次运行程序，输入你的出生年份，观察结果。

5.2.2　条件表达式

　　Python 中的条件表达式允许用户在一行语句中根据不同的条件来进行不同的赋值，其语法形式如下：

```
X if C else Y
```

　　先执行中间的 if *C*，如果值为 True，就将左边的 *X* 作为结果返回，否则将右边的 *Y* 作为结果返回。比如：

```
c = a if a>b else b
```

　　如果 *a* 大于 *b*，条件表达式的结果为 *a*，否则为 *b*，然后将结果赋值给 *c*，即 *c* 总是 *a* 和 *b* 中的最大值。用 if-else 双分支结构来表示即为：

```
if a > b:
    c = a
else:
    c = b
```

　　【例 5-2】　查询出生日期的星座。一年分为十二星座，分别是摩羯座（12/22—01/19）、水瓶座（01/20—02/18）、双鱼座（02/19—03/20）、白羊座（03/21—04/19）、金牛座（04/20—05/20）、双子座（05/21—06/20）、巨蟹座（06/21—07/22）、狮子座（07/23—08/22）、处女座（08/23—09/22）、天秤座（09/23—10/22）、天蝎座（10/23—11/21）、射手座（11/22—12/21）。

编写程序如图 5-5 所示。首先由用户输入两位的月份和两位的日期，用"/"分隔，然后调用 split()方法对输入的字符串进行分隔，分别赋值给 *mm* 和 *dd*，并将 *dd* 转换为整数。接下来采用多分支结构来判断 *mm* 的值，由于一个月内前后有两种不同的星座，采用条件表达式来判断 *dd* 在哪一个日期范围并将相应的星座赋值给 *const*，如果月份输入有误，则 *const* 赋值为空串。最后采用条件表达式来判断输入是否有效，如果有效，则输出星座查询结果，否则提示输入错误。

```python
date = input("MM/DD: ") # 输入两位的月份和两位的日期
mm, dd = date.split("/") # 分隔月份和日期
dd = int(dd) # 将日期转换为整数
if mm == '01':
    const = 'Capricorn 摩羯座' if dd < 20 else 'Aquarius 水瓶座'
elif mm == '02':
    const = 'Aquarius 水瓶座' if dd < 19 else 'Pisces 双鱼座'
elif mm == '03':
    const = 'Pisces 双鱼座' if dd < 21 else 'Aries 白羊座'
elif mm == '04':
    const = 'Aries 白羊座' if dd < 20 else 'Taurus 金牛座'
elif mm == '05':
    const = 'Taurus 金牛座' if dd < 21 else 'Gemini 双子座'
elif mm == '06':
    const = 'Gemini 双子座' if dd < 21 else 'Cancer 巨蟹座'
elif mm == '07':
    const = 'Cancer 巨蟹座' if dd < 23 else 'Leo 狮子座'
elif mm == '08':
    const = ' Leo 狮子座' if dd < 23 else 'Virgo 处女座'
elif mm == '09':
    const = 'Virgo 处女座' if dd < 23 else 'Libra 天秤座'
elif mm == '10':
    const = 'Libra 天秤座' if dd < 23 else 'Scorpio 天蝎座'
elif mm == '11':
    const = 'Scorpio 天蝎座' if dd < 22 else 'Sagittarius 射手座'
elif mm == '12':
    const = 'Sagittarius 射手座' if dd < 22 else 'Capricorn 摩羯座'
else:
    const = '' # 月份输入有误

# 如果输入有效，则输出星座，否则提示输入错误
print(const) if const else print('Wrong input!')
```

图 5-5　查询星座的程序

运行程序，按照要求的格式输入你的出生日期，如"01/01"，查询星座结果。再次运行程序，输入错误的月份，程序提示"Wrong input!"。

5.3　循环结构

第 1 章中已经介绍过 for 语句，本节主要介绍 while 语句。和分支结构一样，循环结构也可以嵌套，嵌套循环比较复杂，要特别注意程序执行的流程。

5.3.1　while 语句

扫码看视频

for 循环在循环开始的时候迭代次数就已经确定了。到达迭代次数后，循环就终止了。如果我们在循环开始的时候无法确定迭代的次数，就需要用到 while 语句。while 循环也称为条件循环，其语法形式如下：

```
while <condition>:
    <statements>
```

和 if 语句一样，<condition>为条件表达式，其值为布尔型，即 True 或 False。只要条件表达式的值为 True，while 下的语句块（循环体）就会不断被循环执行；如果想要终止循环，就要想办法使条件表达式的值变为 False。注意，条件表达式的值总是在循环的顶部开始被检验，这种循环结构也被称为先验循环（Pre-test Loop）。如果条件表达式的值一开始就是 False，那么循环根本就不会被执行。

1. 死循环（Infinite Loop）

while 语句功能强大，for 语句的功能都可以用 while 语句实现，反之则不然。来看一个简单的例子，循环输出 0~9 的数字。用 for 语句实现的代码如下：

```
for i in range(10):
    print(i)
```

其中，i 是循环变量，会自动遍历 range(10)中的所有值，遍历结束后循环即终止。而在 while 结构中并没有循环变量，也不会自动终止，需要自行定义并赋值，可通过条件来控制循环是否继续执行。用 while 语句实现的代码如下：

```
i = 0
while i < 10:
    print(i)
    i += 1
```

试一试：如果忘记在循环体中对 i 的值进行累加，那么程序执行结果会怎样？

📖 不断被执行、停不下来的循环被称为死循环。程序执行发生死循环时，可以在 IDLE 解释器中通过快捷键〈Ctrl+C〉或者 Shell 菜单下的 Interrupt Execution 命令来强行终止程序运行。

因此，在使用 while 语句时要注意避免死循环的发生。上述例子非常简单，用 for 语句实现更为简便，也能保证不会出现死循环。

2. 交互式循环（Interactive Loop）

交互式循环是 while 语句常用的一种循环模式，在每一次循环迭代中由用户输入数据，程序进行数据处理，然后询问用户是否还要继续输入数据。其一般形式为：

```
moredata = True
while moredata:
    # get data item from user
    # process data item
    # ask user if there is more data
```

其中，布尔变量 *moredata* 表示是否还要继续输入数据，初值为 True。在用户没有更多数据需要输入时，将其赋值为 False，循环终止。

【例 5-3】 计算平均绩点（GPA）。平均绩点＝Σ(课程学分×课程绩点)÷Σ课程学分。其中，对于课程绩点的计算方法，不同的高校各有不同，这里采用如下分段计算法：4.5（95～100）、4.0（90～94）、3.5（85～89）、3.0（80～84）、2.5（75～79）、2.0（70～74）、1.5（65～69）、1.0（60～64）、0（60 以下）。

编写程序如图 5-6 所示。为了计算平均绩点，定义了 3 个累加变量 *totalCourses*、*totalCredits* 和 *totalGradePoints*，赋初值为 0。通过 while 循环来不断获取用户输入的课程学分和课程成绩，布尔变量 *more* 的初值为 True，在用户每次循环迭代后，询问用户是否还有更多课程要输入，如果用户输入“N”或者“n”，则将 *more* 赋值为 False，循环条件不再满足，退出循环。为了用户输入方便，如果需要继续输入，那么直接按〈Enter〉键即可，或者输入其他任意字符。最后用总绩点除以总学分计算出平均绩点，并输出结果。

```
gpa.py - C:\Python311\gpa.py (3.11.1)
File Edit Format Run Options Window Help

# GPA: Grade Point Average

totalCourses = 0  # 课程门数
totalCredits = 0  # 总学分数
totalGradePoints = 0  # 总绩点
more = True  # 是否继续输入
while more:
    credit = int(input("Credit: "))  # 输入课程学分
    score = int(input("Score: "))  # 输入课程成绩
    if score >= 95: gradePoint = 4.5
    elif score >= 90: gradePoint = 4.0
    elif score >= 85: gradePoint = 3.5
    elif score >= 80: gradePoint = 3.0
    elif score >= 75: gradePoint = 2.5
    elif score >= 70: gradePoint = 2.0
    elif score >= 65: gradePoint = 1.5
    elif score >= 60: gradePoint = 1.0
    else: gradePoint = 0
    totalCourses += 1
    totalCredits += credit
    totalGradePoints += credit*gradePoint
    cont = input("More courses? (Y/N) ")
    if cont.upper() == 'N': more = False  # 不再继续输入
print("%d courses; %d credits; GPA is %.2f." %
    (totalCourses,totalCredits,totalGradePoints/totalCredits))

Ln: 26  Col: 0
```

图 5-6 计算平均绩点

　　运行程序，输入第一门课（学分 2，成绩 94），程序问 "More courses? (Y/N)"，直接按〈Enter〉键继续输入第二门课（学分 3，成绩 88），程序再问 "More courses? (Y/N)"，输入 "n"，循环结束，输出 "2 courses; 5 credits; GPA is 3.70."。再次运行程序，输入截至目前你的所有课程的学分和成绩，看看平均绩点是多少？

　　3．标记控制循环（Sentinel Loop）

　　标记控制循环一直处理数据，直到数据达到一个标记循环结束的特殊值，这个特殊值（标记）可以是任意值，但要和要处理的数据值有所区别。其一般形式为：

```
# get the first data item
# while item is not the sentinel:
    # process the item
    # get the next data item
```

　　循环开始之前，首先读取第一个数据项，如果这个数据项的值就是标记，那么循环不会被执行，数据也不会被处理。如果第一个数据项不是标记，那么循环被执行，数据被处理，并获取下一个数据项，如此循环迭代，直到被输入的数据项是标记，循环结束。一个典型的标记是空字符串，如果用户什么也没有输入，而是直接按〈Enter〉键，那么 input()函数返回的就是空串，以此作为标记来结束循环，既方便用户，也不会和要处理的数据混淆。

　　本章案例中，用户可以循环选择查看行业的股票只数占比情况或是市值占比情况，变量 *choice* 用来接收用户的选择，"N" 表示股票只数占比，"M" 表示市值占比。如果用户想终止循环退出程序，可以直接按〈Enter〉键，实现代码如下：

```
import matplotlib.pyplot as plt  # 数据可视化工具
# 绘制饼图，根据用户选择显示股票只数占比或市值占比
choice = input("Number of stocks (N) or Market Capitalization (M) (Enter for exit): ")
while choice:
    if choice.upper() == 'N':
        plt.pie(num,labels=sector,autopct='%5.2f%%')
        plt.title("Number of stocks",fontsize=16)
        plt.show()
    elif choice.upper() == 'M':
        plt.pie(market_cap,labels=sector,autopct='%5.2f%%')
        plt.title("Market Capitalization",fontsize=16)
        plt.show()
    else:
        print("Wrong input, please try again.")
    choice = input("Number of stocks (N) or Market Capitalization (M) (Enter for exit) ")
```

　　choice 不为空串时即为 True，while 条件为真。注意：接收用户的输入语句出现了两次，第一次在循环之前，第二次在循环体内的最后。我们在 3.6 节已经学习了如何利用 Matplotlib 库中的 pyplot 包绘制散点图和折线图，本章案例调用 pyplot 包的 pie()方法来绘制饼图。变量 *num* 和 *market_cap* 分别是存放行业的股票总数和总市值的列表，作为绘制饼图的主要数据源，列表中的每个元素都对应饼图中的一个扇形；labels 参数是各个扇形的标签，这里存放行业数据的变量 *sector*；autopct 参数设置饼图内各个扇形百分比的显示格式，

"%d%%"是整数百分比,"%0.2f%%"是两位小数百分比,本章案例中的"%5.2f%%"表示百分比总共显示 5 位,包括两位小数。

4. 半途退出循环(Loop and a Half)

break 语句可以用来跳出 for 循环,对于 while 循环也适用。如上的标记控制循环使用 break 语句可以采用如下形式:

```
while True:
    # get data item
    # if data item is the sentinel: break
    # process data item
```

while True 是一个死循环,因为条件始终为真,但我们可以在循环体中加入条件判断,当某个条件满足时,就退出循环,从而避免死循环的发生。使用 break 语句退出循环后,循环体中后面的语句就不会被执行,因此无须使用 else 语句。程序员可以根据个人偏好来决定是否使用 break 语句,但不建议使用过多的 break 语句,因为那样会使得程序执行的流程难以跟踪。

下面对【例 5-1】进行修改,使得程序循环运行,可以判定多个年份是否为闰年,直到用户输入"-1"为止,实现代码如下:

```
while True:
    year = int(input("Year (-1 for exit): "))
    if year == -1: break
    if year % 400 == 0:
        isLeapYear = True
    elif year % 100 == 0:
        isLeapYear = False
    elif year % 4 == 0:
        isLeapYear = True
    else:
        isLeapYear = False
    if isLeapYear:
        print(year, " is a leap year.")
    else:
        print(year, " is not a leap year.")
```

运行程序,先后输入 2000、1800、1840、2022,观察运行结果,最后输入"-1"退出循环,结束程序运行。

5.3.2 嵌套循环

分支结构、循环结构以及它们之间都可以互相嵌套,构成复杂的程序控制结构,其中嵌套循环最为复杂。在嵌套循环中,内层循环出现在外层循环的循环体中,外层循环的每一次迭代都包含内层循环的全部迭代。设计嵌套循环的最好方法是:先设计好外层循环而不去考虑内层细节,再去设计内层循环而不用考虑外层细节。

【例 5-4】 凯撒密码(Caesar Cipher)是一种位移替换密码,将某个明文字母做 N 位偏移得到密文,位数 N 就是凯撒密码加密和解密的密钥。比如,位数为 3 时,A 变成 D,B 变成 E,C 变成 F,……,X 变成 A,Y 变成 B,Z 变成 C。大写字母和小写字母都可以加密,非字母字符不变。

　　编写程序如图 5-7 所示。外层是一个 while 死循环，循环体内有一个退出条件，即输入信息（变量 *orig*）为空串。如果输入信息不是空串，那么继续让用户输入位移数并存放在变量 *shift* 中，接下来通过内层 for 循环对于输入信息的每一个字符（变量 *ch*）进行处理，累加变量 *new* 用来存放新信息。如果字符是大写字母或者小写字母，那么按位移数进行加密或者解密处理；如果是其他字符，则保持原样。大写字母和小写字母的处理方法类似，变量 *pos* 是字符相对于"A"或"a"的位置，首先将字母转换成相应的 ASCII 值，由于是循环位移（"Z"或"z"至"A"或"a"），因此加上位移数后还需要对 26 求余，得到新的 ASCII 值后再转换成字符。最后，输出新信息。对于每一次输入的信息（外层循环的一次迭代），都要对其中的所有字符进行处理（内层循环的全部迭代）。

```
while True:
    orig = input("Original message: ")
    if not orig: break
    shift = int(input("Shift value: "))
    new = ""
    for ch in orig:
        if ch>='a' and ch<='z':
            pos = (ord(ch) - ord('a') + shift) % 26
            new += chr(pos+ord('a'))
        elif ch>='A' and ch<= 'Z':
            pos = (ord(ch) - ord('A') + shift) % 26
            new += chr(pos+ord('A'))
        else:
            new += ch
    print("New message:", new)
```

图 5-7　凯撒密码

　　运行程序如图 5-8 所示。第一次输入的信息表示在市值占比中，信息技术行业位列第一，输入位移数"3"进行加密。可以看出，生成的新信息，除了大小写字母之外的其他字符都没有变化。第二次用生成的新信息作为输入的信息，输入位移数"-3"进行解密。第三次直接按〈Enter〉键，循环退出，程序终止。

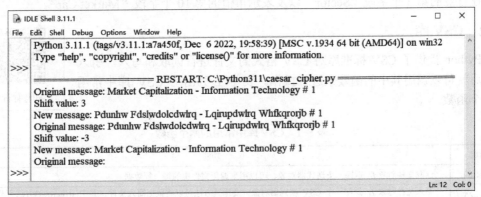

图 5-8　用凯撒密码加密、解密示例

5.4　CSV 文件

本节介绍常用的数据文件之一：CSV 文件。CSV（Comma Separated Value）是具有特殊格式的纯文本文件，通常用来存储表格数据。

5.4.1　CSV 格式

CSV 文件由多行组成，表示表格数据中的记录。每条记录都由多个字段组成，字段间的分隔符最常见的是逗号或制表符。通常，所有记录都有完全相同的字段序列。CSV 文件可以使用 Windows 附件中的记事本或写字板打开，也可以使用 Office 中的 Excel 应用程序通过简单的转换后打开。这里以从 Data Hub 上下载的 2014 年标准普尔 500 的财务数据文件"constituents_financials.csv"为例，用 Excel 打开，如图 5-9 所示。

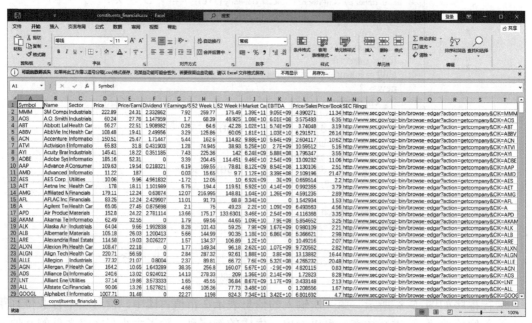

图 5-9　2014 年标准普尔 500 的财务数据文件

文件中一共有 505 条数据记录，每条记录都有 14 个字段。本章案例中用到的主要是表示所在行业的第 3 个字段"Sector"以及表示市值的第 10 个字段"Market Cap"。

5.4.2　CSV 库

扫码看视频

Python 提供了 CSV 标准库对 CSV 格式的文件进行读取和写入，引入它之后就可以调用其中的函数来进行操作。表 5-1 列出了 CSV 库中常用的两个函数。

表 5-1　CSV 库中常用的两个函数

函数	功能
reader(f)	读取文件对象 f，返回一个迭代器对象，可以用来遍历文件中的每一行数据
writer(f)	写入文件对象 f，返回一个 CSV 编码器对象，调用其方法可以将数据写入文件，其中 writerow()方法可写入一行，writerows()方法可写入多行

【例5-5】　输入课程的学分和成绩，存入文件"credit_score.csv"。

编写程序如图 5-10 所示。输入数据的过程和【例5-3】类似，变量 *course* 是存放课程学分和成绩的元组，变量 *courses* 是存放所有 *course* 的列表。CSV 文件是纯文本文件，存入的值都是字符串。以追加的形式打开文件"credit_score.csv"，如果文件不存在，就会创建一个新文件；如果文件已经存在，则会添加至文件末尾。newline 参数的默认值为换行符"\n"，由于 CSV 文件中的行与行之间本身就有换行符，使用默认值会出现空行，因此将 newline 参数赋值为空串。然后调用 CSV 库的 writer()函数，返回 CSV 编码器对象，并赋值给变量 *csvWriter*，调用该对象的 writerows()方法将所有的课程数据写入文件。

```
import csv

courses = []
more = True  # 是否继续输入
while more:
    credit = input("Credit: ")  # 输入课程学分
    score = input("Score: ")  # 输入课程成绩
    course = (credit, score)
    courses.append(course)
    cont = input("More courses? (Y/N) ")
    if cont.upper() == 'N': more = False  # 不再继续输入

f = open("credit_score.csv",'a',newline='')
csvWriter = csv.writer(f)
csvWriter.writerows(courses)
f.close()
```

图 5-10　输入课程学分和成绩并存入 CSV 文件

运行程序，输入第一门课（学分 2，成绩 94），程序问"More courses? (Y/N)"，直接按〈Enter〉键继续输入第二门课（学分 3，成绩 88），程序再问"More courses? (Y/N)"，输入"n"，循环结束。输入的课程数据被保存至文件"credit_score.csv"。再次运行程序，添加更多课程数据至该文件。通过这个例子，可以看到将数据保存至文件的好处，在【例5-3】中，每次运行程序都需要输入所有课程数据，程序运行结束后数据即消失。而在本例中，每次输入的数据都被保存在文件中，还可以不断添加新的数据，原有数据不会丢失。

【例5-6】　从文件"credit_score.csv"中读取课程数据并计算 GPA。

编写程序如图 5-11 所示。以只读的形式打开文件"credit_score.csv"，然后调用 CSV 库的 reader()函数，返回迭代器对象并转换成列表赋值给变量 *courses*。使用 for 循环遍历 *courses* 中的每一门课，每一门课都包含两个元素，第一个是学分，第二个是成绩，转换成整型后分别赋值给变量 *credit* 和 *score*。计算和输出 GPA 的过程和【例5-3】类似。

运行程序，假设文件"credit_score.csv"中包含之前输入的两门课程，则输出"2 courses; 5 credits; GPA is 3.70."。

```
gpa_csv.py - C:\Python311\gpa_csv.py (3.11.1)                    —    □    ×
File  Edit  Format  Run  Options  Window  Help
1  import csv
2
3  f = open("credit_score.csv",'r')
4  courses = list(csv.reader(f))
5  f.close()
6
7  totalCourses = 0  # 课程门数
8  totalCredits = 0  # 总学分数
9  totalGradePoints = 0  # 总绩点
10 for each in courses:
11     credit = int(each[0])  # 获取课程学分
12     score = int(each[1])  # 获取课程成绩
13     if score >= 95: gradePoint = 4.5
14     elif score >= 90: gradePoint = 4.0
15     elif score >= 85: gradePoint = 3.5
16     elif score >= 80: gradePoint = 3.0
17     elif score >= 75: gradePoint = 2.5
18     elif score >= 70: gradePoint = 2.0
19     elif score >= 65: gradePoint = 1.5
20     elif score >= 60: gradePoint = 1.0
21     else: gradePoint = 0
22     totalCourses += 1
23     totalCredits += credit
24     totalGradePoints += credit*gradePoint
25
26 print("%d courses; %d credits; GPA is %.2f." %
27     (totalCourses,totalCredits,totalGradePoints/totalCredits))
28 |
                                                          Ln: 28  Col: 0
```

图 5-11 从 CSV 文件中读取课程数据并计算 GPA

本章案例也要从文件"constituents_financials.csv"中读取标准普尔 500 的财务数据，并进行行业数据分析。从文件中读取数据的代码如下：

```
import csv
f = open("constituents_financials.csv", 'r')
sp500 = list(csv.reader(f))  # 转换成列表，每个元素即一行
f.close()
```

变量 sp500 存放了读取出来的 505 条记录，从图 5-9 可以看出，CSV 文件中还包括标题行。标题行和数据行不同，因此要分开进行处理，代码如下：

```
title = sp500[0]  # 第一行是标题
sector_ind = title.index('Sector')  # 获得行业的下标
market_ind = title.index('Market Cap')  # 获得市值的下标
sp500 = sp500[1:]
```

变量 sp500 的第一个元素就是标题行，将其赋值给变量 title。然后调用列表的 index()方法来获取"Sector"和"Market Cap"两个字段的索引号（下标），分别赋值给变量 sector_ind 和 market_ind。之后变量 sp500 截取掉标题行，只剩下 505 条数据记录。接下来从数据记录中找出所有的行业，代码如下：

```
sector = set()  # 行业的集合
for each in sp500:
    sector.add(each[sector_ind])
sector = tuple(sector)  # 转换成元组
```

将变量 sector 赋值为空集合，然后遍历 sp500 中的每一只股票，将其所在行业添加至

sector。由于 *sector* 为集合类型，因此重复的行业不会被添加进去。*sector_ind* 是之前找出的 "Sector" 字段的下标。为了后续数据处理方便，将变量 *sector* 转换为元组。接下来就是最重要的行业数据分析，得到所有行业的股票总数和总市值，代码如下：

```
num,market_cap = [],[]  # 股票总数和总市值的列表
for sec in sector:  # 对每个行业循环
    num_sec = 0  # 每个行业的股票只数
    market_cap_sec = 0  # 每个行业的总市值
    for each in sp500:  # 对每只股票循环
        if each[sector_ind] == sec:
            num_sec += 1
            market_cap_sec += int(each[market_ind])
    num.append(num_sec)
    market_cap.append(market_cap_sec)
```

变量 *num* 是存放所有行业股票只数的列表，变量 *market_cap* 是存放所有行业总市值的列表。外循环遍历 *sector* 中的每一个行业，累加变量 *num_sec* 和 *market_cap_sec* 分别用来统计该行业的股票只数和总市值，统计好后添加至相应的列表 *num* 和 *market_cap*。内循环则是对某一个行业 *sec* 进行统计的过程，遍历 *sp500* 中的每一只股票，如果属于 *sec* 这个行业，则对 *num_sec* 和 *market_cap_sec* 进行累加。CSV 文件是纯文本文件，读取出来的数据如果要进行数值运算，需要转换成数值类型。

试一试：至此，除错误处理部分，本章案例已完成，将程序文件保存为 ch05.py，将文件 "constituents_financials.csv" 与程序文件保存至同一路径下，运行程序，如果有错误，则进行修正。

5.5 编程实践：错误处理

程序设计语言提供的错误处理机制使得程序员可以通过代码来捕获和处理程序运行时的错误，而不是运行时一发生错误程序就崩溃，出现一段 "Traceback" 的错误提示。错误处理机制保证即使程序运行出现错误，程序的控制权也还掌握在程序员手中。Python 中的错误处理是通过一种特殊的控制结构（try-except）来完成的，这种结构类似于分支结构，其语法形式如下：

扫码看视频

```
try:
    <statements>
except <error-1>:
    <error-1 statements>
…
except < error-n>:
    <error-n statements>
```

Python 遇到 try 语句时，就会尝试执行其中的语句块。如果执行过程中没有发生错误，执行结束后程序就会转移到 try-except 结构之后的语句开始执行。如果发生了错误，Python 就会去查找与错误类型匹配的 except 子句，并执行其中的语句块进行错误处理，try 语句块中的剩余语句不会被执行。如果找不到对应错误类型的 except 字句，那么程序仍然会崩溃并出现 "Traceback" 的错误提示。

再来看【例 5-1】，如果程序运行时用户没有输入正确的年份，而是输入 "abcd"，那么在将用户的输入转换成数值型进行运算时就会发生 "ValueError"（值错误），如图 5-12 所示。

```
IDLE Shell 3.11.1
File  Edit  Shell  Debug  Options  Window  Help
    Python 3.11.1 (tags/v3.11.1:a7a450f, Dec  6 2022, 19:58:39) [MSC v.1934 64 bit (AMD64)] on win32
    Type "help", "copyright", "credits" or "license()" for more information.
>>> 
    ==================== RESTART: C:\Python311\leap_year.py ====================
    Year: abcd
    Traceback (most recent call last):
      File "C:\Python311\leap_year.py", line 1, in <module>
        year = int(input("Year: "))
    ValueError: invalid literal for int() with base 10: 'abcd'
>>> |
                                                                  Ln: 10  Col: 0
```

图 5-12　值错误

【例 5-7】 给【例 5-1】加入循环和错误处理。

修改程序如图 5-13 所示。最外层加入 while 循环，将可能出错的语句放在 try 语句块中，加入捕获值错误的 except 子句。如果用户输入正确，按顺序执行完 try 语句块中的内容后开始下一次循环迭代。如果用户输入不正确，那么执行到第 3 行语句时出错，程序转向 except 子句并执行其中的语句块，即提示用户输入正确的年份，然后开始下一次循环迭代。如果希望退出循环结束程序，则输入“-1”。

```
leap_year_try.py - C:/Python311/leap_year_try.py (3.11.1)
File  Edit  Format  Run  Options  Window  Help
 1 while True:  # 循环输入
 2     try:
 3         year = int(input("Year (-1 for exit): "))  # 可能出错的语句
 4         if year == -1: break
 5         if year % 400 == 0:
 6             isLeapYear = True
 7         elif year % 100 == 0:
 8             isLeapYear = False
 9         elif year % 4 == 0:
10             isLeapYear = True
11         else:
12             isLeapYear = False
13         if isLeapYear:
14             print(year, " is a leap year.")
15         else:
16             print(year, " is not a leap year.")
17     except ValueError:  # 捕获值错误
18         print("Please input a correct year.")
19 |
                                                    Ln: 19  Col: 0
```

图 5-13　判定闰年（加入循环和错误处理）

运行程序如图 5-14 所示。第一次输入错误，程序给出提示信息；第二、三次输入正确，程序给出是否为闰年的判断；第四次输入“-1”，结束程序运行。对比图 5-12 和图 5-14 可以看出，加入错误处理后，即使出现错误，程序也可以继续执行。

```
IDLE Shell 3.11.1
File  Edit  Shell  Debug  Options  Window  Help
    Python 3.11.1 (tags/v3.11.1:a7a450f, Dec  6 2022, 19:58:39) [MSC v.1934 64 bit (AMD64)] on win32
    Type "help", "copyright", "credits" or "license()" for more information.
>>> 
    ==================== RESTART: C:\Python311\leap_year_try.py ====================
    Year (-1 for exit): abcd
    Please input a correct year.
    Year (-1 for exit): 2000
    2000  is a leap year.
    Year (-1 for exit): 2022
    2022  is not a leap year.
    Year (-1 for exit): -1
>>> |
                                                                  Ln: 12  Col: 0
```

图 5-14　处理值错误

本章案例中，如果文件"constituents_financials.csv"不在默认路径下，则会出现"FileNotFoundError"（文件找不到错误），这时候可以使用文件对话框来让用户来选择要打开的文件。

【例 5-8】　本章案例的实现。

编写程序如图 5-15 所示。执行 try 语句块中的第 5 行语句时，如果在默认路径下找到文件"constituents_financials.csv"，则以只读形式打开它，然后继续 try-except 之后语句的执行，即跳到第 11 行。如果在默认路径下没有找到这个文件，则跳到捕获该错误类型的 except 子句中的语句块，即第 7 行。为了确保用户通过文件对话框选择一个 CSV 文件并打开，而非单击对话框上的"取消"按钮，这里设计了一个 while 循环。只有用户选择了 CSV 文件，变量 *filename* 才不为空，while 循环才会终止，然后以只读形式打开这个文件。

运行程序，尝试将文件"constituents_financials.csv"复制到不同路径下来进行测试，如果文件没有找到，则出现图 5-1 所示的界面让用户来进行文件的选择。打开文件并进行行业数据分析之后，可以选择查看行业的股票只数占比情况或是总市值占比情况，结果如图 5-2 和图 5-3 所示。

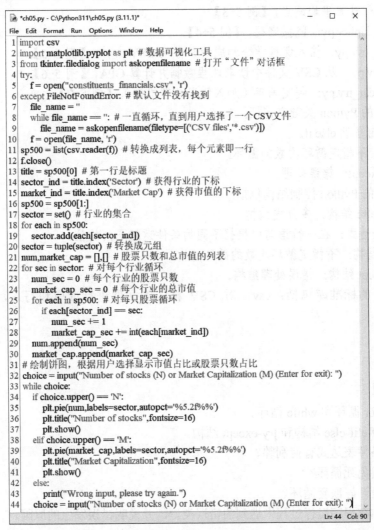

```
1  import csv
2  import matplotlib.pyplot as plt # 数据可视化工具
3  from tkinter.filedialog import askopenfilename # 打开"文件"对话框
4  try:
5      f = open("constituents_financials.csv", 'r')
6  except FileNotFoundError: # 默认文件没有找到
7      file_name = ''
8      while file_name == '': # 一直循环，直到用户选择了一个CSV文件
9          file_name = askopenfilename(filetype=[('CSV files','*.csv')])
10     f = open(file_name, 'r')
11 sp500 = list(csv.reader(f)) # 转换成列表，每个元素即一行
12 f.close()
13 title = sp500[0]  # 第一行是标题
14 sector_ind = title.index('Sector') # 获得行业的下标
15 market_ind = title.index('Market Cap') # 获得市值的下标
16 sp500 = sp500[1:]
17 sector = set() # 行业的集合
18 for each in sp500:
19     sector.add(each[sector_ind])
20 sector = tuple(sector) # 转换成元组
21 num,market_cap = [],[] # 股票只数和总市值的列表
22 for sec in sector: # 对每个行业循环
23     num_sec = 0 # 每个行业的股票只数
24     market_cap_sec = 0 # 每个行业的总市值
25     for each in sp500: # 对每只股票循环
26         if each[sector_ind] == sec:
27             num_sec += 1
28             market_cap_sec += int(each[market_ind])
29     num.append(num_sec)
30     market_cap.append(market_cap_sec)
31 # 绘制饼图，根据用户选择显示市值占比或股票只数占比
32 choice = input("Number of stocks (N) or Market Capitalization (M) (Enter for exit): ")
33 while choice:
34     if choice.upper() == 'N':
35         plt.pie(num,labels=sector,autopct='%5.2f%%')
36         plt.title("Number of stocks",fontsize=16)
37         plt.show()
38     elif choice.upper() == 'M':
39         plt.pie(market_cap,labels=sector,autopct='%5.2f%%')
40         plt.title("Market Capitalization",fontsize=16)
41         plt.show()
42     else:
43         print("Wrong input, please try again.")
44     choice = input("Number of stocks (N) or Market Capitalization (M) (Enter for exit): ")
```

图 5-15　本章案例的实现

5.6　本章小结

本章以"标准普尔 500 行业数据分析"案例的实现为主线，将多分支结构、while 循环结构、CSV 文件、错误处理等知识点全部贯穿，还介绍了条件表达式。至此，各种数据类型、控制结构、数据文件都已经学习完了。通过使用不同的数据文件和数据类型，设计逻辑清晰的控制结构，借助于 Python 提供的标准库和第三方库，我们已经能够完成基本的数据分析和处理工作。本书的第 8～10 章将会更深入地介绍功能强大的第三方库，以实现 Python 在数据分析和处理上的专业应用。接下来的两章将在前 5 章基础之上，分别介绍两种基本的编程思想——结构化程序设计和面向对象的程序设计。

本章创建的 Python 程序文件包括：

- ch05.py："标准普尔 500 行业数据分析"案例，【例 5-8】。
- leap_year.py：判定闰年，【例 5-1】。
- constellation.py：查询星座，【例 5-2】。
- gpa.py：计算平均绩点，【例 5-3】。
- caesar_cipher.py：凯撒密码，【例 5-4】。
- course_csv.py：输入课程学分和成绩并存入 CSV 文件，【例 5-5】。
- gpa_csv.py：从 CSV 文件中读取课程数据并计算 GPA，【例 5-6】。
- leap_year_try.py：判定闰年（加入错误处理机制），【例 5-7】。

本章学习的 Python 关键字包括：

- elif：相当于 else if。
- while：不指定循环次数的循环。
- try、except：错误处理。

本章学习的 Python 控制结构包括：

- if-elif-else 结构：多分支结构。
- 条件表达式：在一行语句中根据不同的条件返回不同的值。
- while 结构：不指定循环次数的循环结构。
- try-except 结构：错误处理结构。

本章引入的标准库包括：csv，对 CSV 格式的文件进行读取和写入，如 reader()、writer()。

5.7　习题

1. 讨论题

1）比较 for 循环和 while 循环。

2）比较 if-elif-else 结构和 try-except 结构。

3）使用条件表达式有何利弊？

4）如何避免死循环？

5）如何设计好嵌套循环？

6）列举你在程序运行过程中遇到的错误类型，并说明错误发生的原因。

2. 编程题

1）计算体重指数 BMI。计算方法为 BMI=体重(kg)÷身高$(m)^2$。BMI<18.5：过轻；18.5≤BMI<24：正常；24≤BMI<28：过重；BMI≥28：肥胖。

2）查询生肖，加入循环和错误处理。以下为一个 12 年的周期：鼠（1996）、牛（1997）、虎（1998）、兔（1999）、龙（2000）、蛇（2001）、马（2002）、羊（2003）、猴（2004）、鸡（2005）、狗（2006）、猪（2007）。

3）求两个正整数 n 和 m 的最大公约数。如果用户输入的 n 和 m 无法转换成整数，则提示"输入错误"。

4）水仙花数是指一个 n 位数 $(n≥3)$，它的每个位上的数字的 n 次幂之和等于它本身。例如，153 是一个 3 位水仙花数，$153=1^3+5^3+3^3$。找出所有的 3 位水仙花数。

5）猜数字游戏。随机产生一个 0～1000 的整数，让用户来猜测这个数字，如果猜错了，那么给出"太大"或"太小"的提示，让用户继续猜，直到猜对为止。

6）打印九九乘法表并保存至 CSV 文件。

第6章
结构化程序设计

随着程序越来越复杂，编写、阅读、修改和调试都变得越来越困难，这就需要好的编程思想来指导我们进行程序设计。在 6.1 节案例的指引下，本章将深入学习结构化程序设计思想。在编程实践中，还将学习如何调试程序，发现和找到程序的错误并修正它们是成为一个合格程序员应具备的基本功。

6.1　案例：模拟乒乓球比赛

计算机模拟，也称为计算机仿真，是用计算机程序来对现实世界进行建模以解决现实世界中的问题，如用计算机仿真来预测天气、设计飞行器、制作电影特效等。第 2 章中学习过蒙特卡罗算法，本章用来模拟乒乓球比赛。不同实力的选手对阵，赢的概率有多大呢？在现实世界中，两位选手对阵的机会是有限的，实力差距不是很大的选手之间也有赢有输，很难确切地说赢的概率有多大。而用计算机模拟就不同了，我们可以用循环来模拟两位选手之间的很多场比赛，看看最终各胜负多少场。

在用计算机模拟之前，先看一下现实世界中乒乓球比赛的计分规则。一场乒乓球比赛通常采用 11 分制，即先达到 11 分的一方赢得这一局比赛，但如果双方打成 10 平，那么需要有 2 分的差距才能决出胜负，例如 12-10 或 13-11 等。比赛双方轮流发球，每人连续发两次球后，交换发球权，但当比分达到 10 平时，双方每发一球便交换发球权，直至分出胜负。假设有两位选手 A 和 B，且总是 A 先发球。在计算机模拟中，一个选手的技能水平用其发球时能得分的可能性来表示，比如，0.6 表示该选手发球时有 60%的机会能得分。

运行程序，首先对模拟情景进行简要介绍，如图 6-1 所示。然后用户分别输入两位选手 A 和 B 的技能水平（0~1）和要模拟的比赛场数，输入 0.8、0.4、5000，运行结果显示选手 A 赢的概率为 98.1%，B 赢的概率仅为 1.9%，说明在两位选手实力差距较大的情况下，一方几乎完胜另一方。再次运行程序，这次输入 0.6、0.5、10000，运行结果显示 A 赢的概率为 68.7%，B 赢的概率为 31.3%，可见在两位选手实力差距不大的情况下，实力稍强的选手赢的概率还是比较大的。第三次运行程序，输入 0.7、0.7、20000，运行结果显示 A 和 B 赢的概率分别为 49.8%和 50.2%，可见实力相当的选手输赢各半。如果还想看在较低水平实力相当的选手比赛的情况，则可以假定双方技能水平都在 0.1，这次模拟 30000 次，可以看到双方输赢也正好各半。

程序还进行了错误处理和数据有效性检验，当用户输入错误时，程序提示"Input

Error!"，如图 6-2 所示。当用户输入的数值不在有效范围内时，程序也会给出相应提示，如
"The prob. player B wins should be between 0 and 1"。只有输入正确时，程序才会开始进行模
拟，避免了程序运行时发生错误。

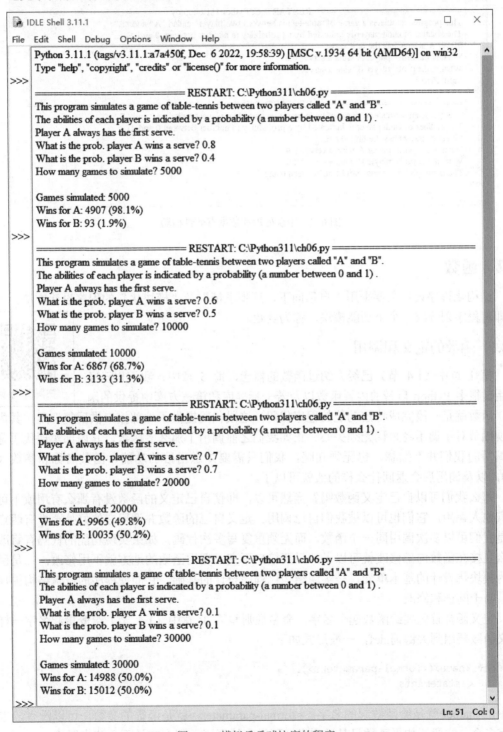

图 6-1　模拟乒乓球比赛的程序

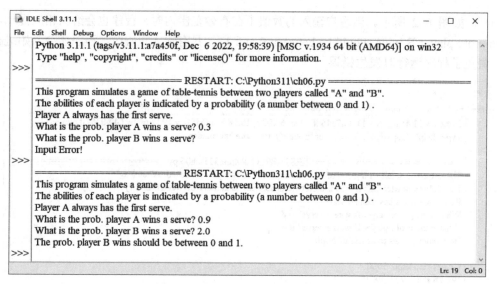

图 6-2　错误处理和数据有效性检验

6.2　函数

结构化程序设计主要采用"自顶向下、逐步求精"及"模块化"的程序设计方法。模块化即将程序划分成一个个功能模块,称为函数。

6.2.1　函数的定义和调用

第 1 章中(1.4 节)已经介绍过函数的概念,前 5 章中,我们也已经调用过很多 Python 自带的内置函数以及若干标准库和第三方库中提供的函数。函数就是一段完成特定功能的程序代码,这段代码提供了外部接口供反复调用,其内部实现细节对于调用者来说无须关心。正如我们之前调用了那么多函数,其内部实现代码是如何编写的我们并不知晓,也无须知晓,我们只需要知道函数的功能、函数名称和参数(接口),以及调用后会返回什么样的值就可以了。

扫码看视频

那么我们可以自己定义函数吗?当然可以。即使自己定义的函数没有那么有用或不可以供其他人调用,它们也可以被我们自己调用。定义自己的函数并调用它的好处至少有两点:一是我们可以多次调用同一个函数,而无须重复写多次代码,如果实现功能的代码有修改,那么直接在函数内部修改就可以了,只要接口不变,调用函数的地方就不用修改;二是函数作为模块化设计的基本单元,是实现结构化程序设计的基础,它能使程序的逻辑结构更加清晰,易于阅读和修改。

定义函数首先要给函数起个名字,命名规则和第 1 章中(1.4 节)给变量起名字一样。定义函数要用到关键词 def,一般形式如下:

```
def <name>(<formal-parameters>):
    < statements>
```

其中,<name>就是给函数起的名字;<formal-parameters>就是函数的参数,可以没有,也可以有多个。注意:如果函数只是被定义,而没有被调用,那么它是不会被执行的。

调用自己定义的函数和我们之前调用别人定义的函数一样，只需要写上函数的名字，并将函数的参数传递给它即可，一般形式如下：

```
<name>(<actual-parameters>)
```

定义函数时的参数被称为形式参数（简称形参），调用函数时的参数被称为实际参数（简称实参），一般来说二者一一对应。此外，使用 return 语句可以让函数返回值，函数执行完毕后将返回值返回到调用它的地方。比如，input()函数返回用户输入的内容，在调用时一般将返回值赋值给某个变量。

习惯上，我们会定义一个叫作 main()的主函数，然后调用它作为程序的执行入口。一般来说，主函数用来处理输入和输出，数据处理则可以调用其他函数来完成。

📖 在 C 语言中，main()函数是程序的唯一入口，Python 语言并没有这个强制要求，只是习惯上程序员会编写一个 main()函数作为程序入口。

【例 6-1】 定义一个函数来判定某年是否为闰年，通过主函数来调用它。

编写程序如图 6-3 所示。和图 5-13 相比，程序的行数虽然多了几行，但逻辑结构清晰了很多。定义的 leap()函数只是用来判定是否是闰年，输入和输出交给主函数 main()去处理。leap()函数有一个形式参数 *year*，在判断它是否为闰年后，return 语句将变量 *isLeapYear* 的值返回。定义的 main()函数用来处理输入和输出，在输入部分加入了循环和错误处理，在调用 leap()函数得到返回值后，就可以输出结果了。

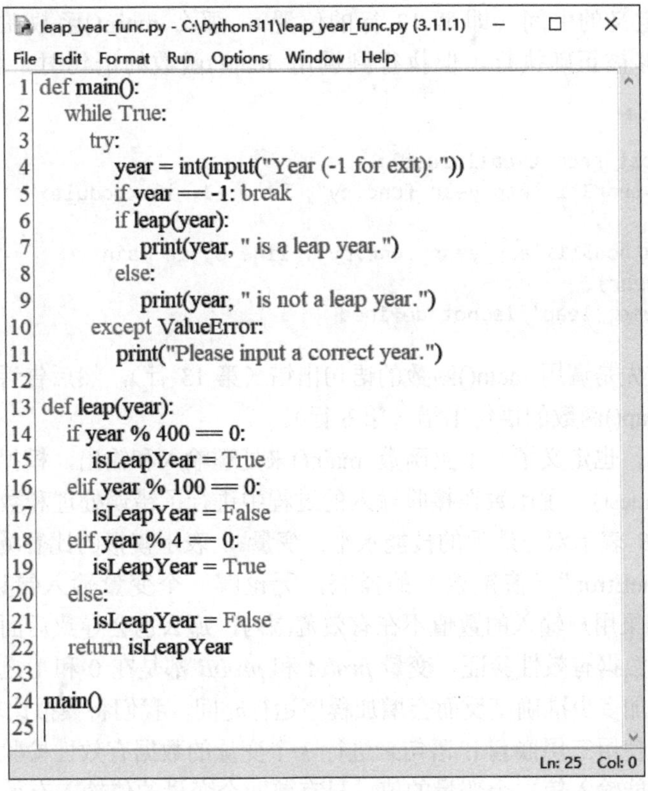
leap_year_func.py - C:\Python311\leap_year_func.py (3.11.1)
File Edit Format Run Options Window Help
def main():
    while True:
        try:
            year = int(input("Year (-1 for exit): "))
            if year == -1: break
            if leap(year):
                print(year, " is a leap year.")
            else:
                print(year, " is not a leap year.")
        except ValueError:
            print("Please input a correct year.")

def leap(year):
    if year % 400 == 0:
        isLeapYear = True
    elif year % 100 == 0:
        isLeapYear = False
    elif year % 4 == 0:
        isLeapYear = True
    else:
        isLeapYear = False
    return isLeapYear

main()
Ln: 25 Col: 0

图 6-3　用函数来判定闰年

在 main()函数中调用 leap()函数的过程实际上分为 4 步：

1）main()函数在调用 leap()函数的位置（第 6 行）停止执行。

2）leap()函数的形式参数获得了 main()函数中实际参数的值。注意，虽然本例中的形参和实参使用了相同的名字 *year*，但由于作用域不同，它们实际上是两个不同的变量。

3）开始执行 leap()函数中的语句。

4）leap()函数执行完毕后，回到 main()函数中调用 leap()函数的位置继续执行，由于 leap()函数有返回值，因此可直接用于第 6 行语句的执行。

📖 在调用一个函数的时候，要确保该函数在调用之前已经被定义，否则程序会报错，错误类型为 "NameError"（名字错误）。

本例中 main()函数在被调用之前就已经定义好了，如果将调用 main()函数的语句放在定义之前，程序就会报如下错误：

```
Traceback (most recent call last):
  File "C:\Python311\leap_year_func.py", line 1, in <module>
    main()
NameError: name 'main' is not defined. Did you mean: 'min'?
```

那么读者可能会问，main()函数中有对 leap()函数的调用，但是对 leap()函数的定义却在 main()函数之后，为什么没有报错呢？这是因为对 main()函数的调用是在程序的最后，执行到调用 leap()函数语句时，leap()函数已经被定义了。但如果把调用 main()的语句放在两个函数定义的中间（即第 13 行的位置），那么 main()函数在调用 leap()函数之前的输入部分能够被正确执行，但执行到调用 leap()函数的语句时，程序仍然会报错，代码如下：

```
Traceback (most recent call last):
  File "C:\Python311\leap_year_func.py", line 13, in <module>
    main()
  File "C:\Python311\leap_year_func.py", line 6, in main
    if leap(year):
NameError: name 'leap' is not defined
```

可以看到，首先是调用 main()函数的语句出错（第 13 行），然后告诉你在执行 main()函数的过程中调用 leap()函数的语句出错（第 6 行）。

在本章案例中，也定义了一个主函数 main()来处理输入和输出，模拟比赛的任务交给另一个函数 simNGames()。主函数在接收输入的过程中进行了错误处理和数据有效性检验。变量 *probA* 和 *probB* 表示双方选手的技能水平，变量 *n* 表示模拟的比赛场次。首先，用 try-except 进行 "ValueError"（值错误）的捕获，无论哪一个变量输入错误，都提示 "Input Error!"。其次，如果用户输入的数值不在有效范围内，那么也会导致后面模拟比赛时发生错误，因此需要进行数据有效性验证。变量 *probA* 和 *probB* 都是在 0 和 1 之间，考虑到模拟过多场比赛并不会增加多少准确度反而会增加程序运行时间，我们将模拟比赛场次 *n* 限定在 0 和 1000000 之间。使用三层嵌套 if 语句来进行 3 个变量的数据有效性检验。只有第一个变量的值输入有效，才能输入第二个变量的值；只有前两个变量的值输入有效，才能输入第三个变量的值；只有 3 个变量的值输入都有效，才能进行数据的处理和输出，否则给出相应的数据无效提示信息。实现代码如下：

```python
def main():
    print('This program simulates a game of table-tennis between two players.')
    print("The abilities of each player is indicated by a probability (between 0
and 1) .")
    print("Player A always has the first serve.")
    try:
        probA = float(input("What is the prob. player A wins a serve? "))
        if probA <= 0 or probA >= 1:
            print("The prob. player A wins should be between 0 and 1.")
        else:
            probB = float(input("What is the prob. player B wins a serve? "))
            if probB <= 0 or probB >= 1:
                print("The prob. player B wins should be between 0 and 1.")
            else:
                n = int(input("How many games to simulate? "))
                if n <= 0 or n >= 1000000:
                    print("Games to simulate should be between 0 and 1000000.")
                else:
                    winsA, winsB = simNGames(n, probA, probB)
                    print("\nGames simulated:", n)
                    print("Wins for A: {0} ({1:0.1%})".format(winsA, winsA/n))
                    print("Wins for B: {0} ({1:0.1%})".format(winsB, winsB/n))
    except ValueError:
        print("Input Error!")
```

主函数 main()中调用了模拟 *n* 场比赛的函数 simNGames()。该函数有 3 个参数，分别是模拟的场次和两位选手的技能水平；返回值有两个，分别是两位选手赢了的场次，即 *winsA* 和 *winsB*。该函数的定义较为复杂，我们先定义好接口，内部实现细节后续进行补充，先用不会执行任何操作的 pass 语句作为占位符，代码如下：

```python
def simNGames(n, probA, probB):
    # 模拟 n 场比赛
    winsA = winsB = 0  # 赢的场次
    pass
    return winsA, winsB  # 模拟结束，返回双方赢的场次
```

main()函数在调用 simNGames()之后得到了双方选手各赢了多少场次的结果，就可以将结果输出了。程序的最后加上对 main()函数的调用。

试一试：本章案例的初步版本已经形成，将程序文件保存为 ch06.py，运行程序，如果有错误则进行修正。

6.2.2　参数的传递

在函数的定义和调用过程中，参数的传递尤为重要。前面提到，函数定义中的参数被称为形参，调用函数时传递过去的参数被称为实参。形参和实参的名字可以不同，也可以相同，即使名字相同，它们也是不同的变量。【例 6-1】中的形式参数 *year* 在 leap()函数内有

效，而实际参数 *year* 在 main()函数内有效，二者的作用域不同。

1. 位置参数

位置参数要求实参和形参一一对应且参数个数和顺序完全相同，有默认值的形参除外。在函数定义时，要求有默认值的形参放在没有默认值的形参后面。在函数调用时，可以不给有默认值的形参传递实参，如果没有相应实参，那么形参将取默认值。

如下代码定义了一个计算终值的函数：

```
def fut_val(principal, year, rate=0.02):
    future_value = principal
    for i in range(year):
        future_value = future_value*(1+rate)
    return future_value
```

形式参数 *rate* 被赋予了默认值 0.02，在定义时被放在了最后，如果试图将其放在其他两个形参的前面，那么程序会出现如下语法错误：

```
SyntaxError: non-default argument follows default argument
```

下面来调用 fut_val()函数，假设本金为 1000，想看一下 10 年以后的终值。输入 fut_val(1000)，程序出现"TypeError"（类型错误），代码如下：

```
Traceback (most recent call last):
  File "<pyshell#14>", line 1, in <module>
    fut_val(1000)
TypeError: fut_val() missing 1 required positional argument: 'year'
```

以上代码中，调用 fut_val 函数时遗漏了一个必须提供的位置参数 *year*，1000 作为实参仅传递给了第一个位置参数 *principal*。输入 fut_val(1000,10)，返回利率为默认值 0.02 时的终值：1218.9944199947574。再输入 fut_val(1000,10,0.05)，返回利率为 0.05 时的终值：1628.8946267774422。

2. 关键字参数

如果在调用 fut_val()函数时记错了形参的位置，如输入 fut_val(10,1000)，那么 10 就成了本金，1000 就成了年，结果自然也就是错误的。使用关键字参数可以解决这个问题，在调用函数时传递形参-实参对，直接将形参和实参关联起来，无须考虑形参在函数定义中的位置。以上函数调用改为关键字参数的代码如下：

```
fut_val(year=10, principal=1000)
```

关键字参数虽然不要求记住形参的位置，但需要记住形参的名字。

3. 可变长度的参数

有时候，我们预先并不知道函数需要接收多个参数，也就是说参数列表的长度是可变的。这种情况下，在定义函数时无法确定参数的个数，要到调用函数的时候根据实际参数传递的情况来确定。在函数定义中，可变长度的参数实际上是一个元组，要在参数名字前加上"*"，并且要放在所有位置参数的后面，表示位置参数后面传递多少个参数它都接收，如果后面没有参数，则元组为空。

回忆一下第 1 章中（1.4 节）介绍过的 print()函数的完整形式：

```
print(*args, sep=' ', end='\n', file=None, flush=False)
```

*args 就是一个可变长度的参数，它使得我们在调用 print()函数时可以输出任意多个参数的内容，不同参数间用逗号分隔。后面还有几个有默认值的形参，在调用时都可以不传递实参给它们，直接取默认值。如果想要传递实参给它们，就不能用位置参数的形式，因为前面参数的长度是可变的。这时候就需要用关键字参数，比如：

```
for i in range(3):
    print(i, end='\t')
```

形参 end 的默认值是换行符，即每次输出后都要换行，这里将其改成了制表符，输出结果如下：

```
0       1       2
```

Python 的数字运算函数 max()能够找出若干个数字中的最大值，之前我们调用它时并没有考虑过其内部实现细节。下面来定义一个类似的函数（见图 6-4），增加一个初值，默认为 100，代码如图 6-4 所示。values 是一个可变长度的参数，即元组，用 for 循环遍历即可找出最大值。init 是有默认值的形参，调用时如果不指定即取值 100。

```
IDLE Shell 3.11.1                                            —  □  ×
File  Edit  Shell  Debug  Options  Window  Help
     Python 3.11.1 (tags/v3.11.1:a7a450f, Dec  6 2022, 19:58:39) [MSC v.1934 64 bit (AMD64)] on win32
     Type "help", "copyright", "credits" or "license()" for more information.
>>> def max_init(*values, init=100):
...     max_value = init
...     for value in values:
...         if value > max_value:
...             max_value = value
...     return max_value
...
>>> max_init()
100
>>> max_init(20,50,80)
100
>>> max_init(20,50,80,init=50)
80
>>>
                                                           Ln: 16 Col: 0
```

图 6-4 带初值的求最大值的函数

试一试：如果将两个形参的位置对调，即 def max_init(init=100,*values)，结果会产生什么样的变化？为什么？

6.2.3 变量的作用域

变量的作用域是指变量在程序中定义的位置及其能被访问的范围。变量的作用域包括局部和全局两类。在函数内部定义的变量称为

扫码看视频

局部变量，其作用范围仅限于函数内部，而在整个程序范围内可见的变量称为全局变量。不同函数内部定义的变量即使同名，也互不干扰，因为它们只在各自函数范围内有效。函数的形式参数也是函数内部定义的局部变量。

还是以带初值的求最大值的函数为例，如图 6-5 所示。在定义函数后，我们又定义了 *max_value* 和 *init* 两个全局变量并分别赋值为 10 和 20，这两个全局变量和 max_init()函数中定义的局部变量重名。再调用 max_init()函数，执行过程中遇到 *max_value* 和 *init*，仅把它们当作函数内部的局部变量即可，执行结束时 *max_value* 和 *init* 的值分别为 80 和 50，函数的返回值即为 *max_value* 的值。这个时候再查看 *max_value* 和 *init* 两个全局变量的值，仍然是 10 和 20，并没有受同名的局部变量的影响。而此时如果想查看在 max_init()函数中定义的形式参数 values 的值，那么程序会报错，错误类型是"NameError"（名字错误），提示 *values* 没有被定义，因为它在函数外部不可见。

```
IDLE Shell 3.11.1                                              —    □    ×
File  Edit  Shell  Debug  Options  Window  Help
       Python 3.11.1 (tags/v3.11.1:a7a450f, Dec  6 2022, 19:58:39) [MSC v.1934 64 bit (AMD64)] on win32
       Type "help", "copyright", "credits" or "license()" for more information.
>>>  def max_init(*values, init=100):
...      max_value = init
...      for value in values:
...          if value > max_value:
...              max_value = value
...      return max_value
...
>>>  max_value = 10
>>>  init = 20
>>>  max_init(20,50,80,init=50)
     80
>>>  max_value
     10
>>>  init
     20
>>>  values
     Traceback (most recent call last):
       File "<pyshell#7>", line 1, in <module>
         values
     NameError: name 'values' is not defined
>>>  |
                                                                    Ln: 23  Col: 0
```

图 6-5　变量的作用域

【**例 6-2**】　将【例 5-5】和【例 5-6】合并成一个程序文件，用两个函数分别实现课程的录入和 GPA 的计算，通过主函数来调用它们。

编写程序如图 6-6 所示。由于定义了函数，两个程序合并为一个，逻辑结构仍然非常清晰，且功能更为完整。course()函数用来录入课程的学分和成绩，并写入 CSV 文件中；gpa()函数用来读取 CSV 文件，计算 GPA 的值并返回。这两个函数都只有一个参数，即文件名，且赋予了默认值"credit_score.csv"。主函数 main()中仅有两条调用这两个函数的语句，由于唯一的参数有默认值，因此调用时可不传递任何参数。可以看出，course()函数和 gpa()函数有很多局部变量都是重名的，它们互不干扰。

```
course_gpa_func.py - C:\Python311\course_gpa_func.py (3.11.1)          —    □    ×
File  Edit  Format  Run  Options  Window  Help
1   import csv
2
3   def main():
4       course()
5       print("%d courses; %d credits; GPA is %.2f." % gpa())
6
7   def course(file="credit_score.csv"):
8       courses = []
9       more = True   # 是否继续输入
10      while more:
11          credit = input("Credit: ")   # 输入课程学分
12          score = input("Score: ")   # 输入课程成绩
13          course = (credit, score)
14          courses.append(course)
15          cont = input("More courses? (Y/N) ")
16          if cont.upper() == 'N': more = False   # 不再继续输入
17      f = open(file,'a',newline='')
18      csvWriter = csv.writer(f)
19      csvWriter.writerows(courses)
20      f.close()
21
22  def gpa(file="credit_score.csv"):
23      f = open(file,'r')
24      courses = list(csv.reader(f))
25      f.close()
26      totalCourses = 0   # 课程门数
27      totalCredits = 0   # 总学分数
28      totalGradePoints = 0   # 总绩点
29      for each in courses:
30          credit = int(each[0])   # 获取课程学分
31          score = int(each[1])   # 获取课程成绩
32          if score >= 95: gradePoint = 4.5
33          elif score >= 90: gradePoint = 4.0
34          elif score >= 85: gradePoint = 3.5
35          elif score >= 80: gradePoint = 3.0
36          elif score >= 75: gradePoint = 2.5
37          elif score >= 70: gradePoint = 2.0
38          elif score >= 65: gradePoint = 1.5
39          elif score >= 60: gradePoint = 1.0
40          else: gradePoint = 0
41          totalCourses += 1
42          totalCredits += credit
43          totalGradePoints += credit*gradePoint
44      return totalCourses, totalCredits, totalGradePoints/totalCredits
45
46  main()
                                                                    Ln: 46  Col: 6
```

图 6-6　用函数来分别录入课程、计算 GPA

　　本章案例中，*winsA* 和 *winsB* 这两个变量在 main()函数和 simNGames()函数中都有，意义也相同，但它们都是局部变量，在各自的函数内起作用。simNGames()函数的返回值即是这两个变量的值，在 main()函数中调用 simNGames()函数时用自己内部的这两个变量来接收返回值，从而使它们的值相同。simNGames()函数内部的这两个变量仅在函数执行期间有效，执行完毕即消失。

初学者常常觉得定义函数没什么用，程序缩进还多了一层，还要考虑参数的定义和传递，程序不是变简单了，而是更加复杂了。实际上，结构化程序设计思想对于培养逻辑思维大有好处，学会将复杂的任务进行分解，而不是像一锅粥一样理不清头绪，程序出错时也找不到哪里错了。

6.3　模块

程序文件也被称为模块（Module），Python 自带的标准库就是已经写好的程序文件，通过引入模块就可以使用它们。

6.3.1　模块的执行和引入

模块是一个可以被分享的 Python 代码，它既可以自己单独被执行，也可以被其他程序引入。一个模块被其他程序引入，其定义的函数就可以被其他程序所调用。如果写的程序都是直接执行的代码，那么被引入时这些代码也会被执行。经过上一节的学习，我们将程序划分成若干个函数，程序执行入口就是最后调用主函数 main()的语句，如果这个程序作为模块被其他程序引入，那么调用主函数 main()的语句仍然会被执行。以【例 6-1】为例，在 IDLE 解释器中直接引入它，仍然会调用 main()函数，让用户输入年份，如图 6-7 所示。

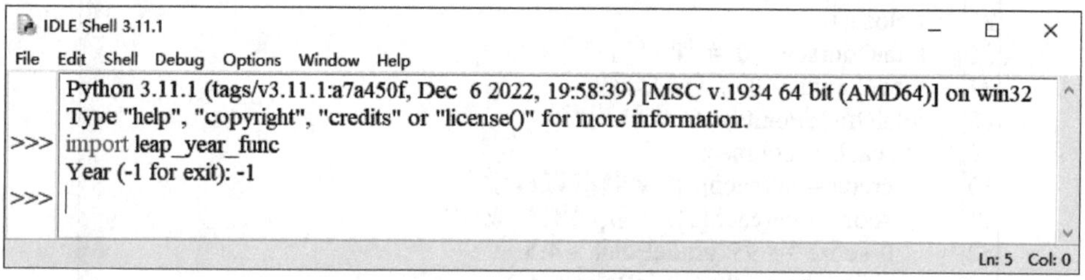

图 6-7　引入模块也会执行 main()函数

如前所述，我们引入一个模块的目的是使用其中定义的常量、函数或者类，而不是为了执行其中的所有代码。为了解决这个问题，可以把程序中最后调用主函数 main()的语句删掉，这样程序中就只包含函数的定义而没有可执行的语句。但如果我们想直接执行这个程序，那么也没有执行入口了。

使用 Python 的系统变量 __name__ 可以解决这个问题，当一个程序直接被执行的时候，这个变量的值是 "__main__"，而如果这个程序作为模块被其他程序引入，那么这个变量的值就是这个模块的名字。因此，只要将调用 main()函数的语句改为如下的判断语句即可：

```
if __name__ == '__main__':
    main()
```

第 1 章中（1.4 节）曾经提到，在 Python 中，以下画线开头的变量有特殊含义。系统变量就是以两个下画线开头和以两个下画线结尾的特殊变量，系统变量也是全局变量，在整个程序范围内均可访问。修改程序文件后再引入，就不会执行 main()函数了，正如在程序中引入其他模块一样。接下来就可以调用其中定义的 leap()函数来判断是否是闰年了，直接输入

leap(2000)，系统会报错，出现"NameError"（名字错误），因为 leap()函数所属的名空间（Namespace）并不是当前模块，而是 leap_year_func 模块，需要加上模块名才能访问和调用，如图 6-8 所示。

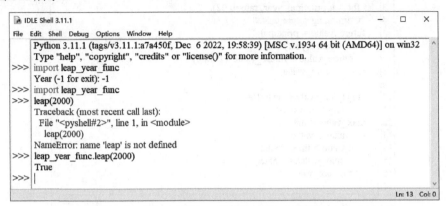

图 6-8　引入模块不再执行 main()函数

名空间与变量的作用域类似。名空间的存在使得程序结构层次分明，不同名空间内的变量和函数可以重名，互不影响。

6.3.2　模块的结构

一个模块的典型结构如表 6-1 所示，这些部分都是可选的，（4）～（6）中至少要有一个，其中定义类的部分（4）将在下一章中学习。

表 6-1　模块的典型结构

序号	形式	说明
（1）	"This is a model."	模块文档
（2）	import \<module name\>	引入模块
（3）	\<variable name\> = \<value\>	定义全局变量
（4）	class \<class name\>: 　　\<method definitions\>	定义类
（5）	def \<function name\>(\< parameters\>): 　　\< statements\>	定义函数
（6）	if __name__ == '__main__': 　　\<function name\>(parameters)	执行主体

模块的第一行是文档字符串（Docstring），一般是对模块的功能介绍。前面学习过用"#"标注的注释语句，注释语句也可以对模块的功能进行说明，以增加程序的可读性，但注释的内容在程序外部是无法获取的。文档字符串则可以通过系统变量__doc__来获取，也可以通过调用内置函数 help()来获取。不仅模块可以有文档字符串，类、函数都可以有文档字符串，都放置在第一行的位置。文档字符串可以帮助我们从程序外部了解模块、类、函数的功能。

【例 6-3】　将计算终值和求最大值的两个函数写入一个程序文件，加入文档字符串，在 IDLE 解释器中引入这个模块，查看相关信息，并调用这两个函数。

编写程序如图 6-9 所示，我们为模块和两个函数都添加了文档字符串。从结构上看，这个程序（模块）只包含第（1）部分和第（5）部分。

```
fut_max_func.py - C:\Python311\fut_max_func.py (3.11.1)          —    □    ×
File  Edit  Format  Run  Options  Window  Help
 1  "This module has two functions: fut_val() and max_init()."
 2
 3  def fut_val(principal, year, rate=0.02):
 4      "Computing future value"
 5      future_value = principal
 6      for i in range(year):
 7          future_value = future_value*(1+rate)
 8      return future_value
 9
10  def max_init(*values, init=100):
11      "Finding max value"
12      max_value = init
13      for value in values:
14          if value > max_value:
15              max_value = value
16      return max_value
17
                                                              Ln: 17  Col: 0
```

图 6-9　包含计算终值、求最大值函数的模块

在 IDLE 解释器中引入这个模块，由于模块名字较长，为了方便，引入时给它起了一个别名为 "futmax"。分别查看模块和两个函数的 __doc__ 值，再调用 Python 的内置函数 help()查看模块的帮助信息，如图 6-10 所示。在模块的帮助信息中，可以看到所有文档字符串的内容，还可以看到所有函数的形式。有了帮助信息，就可以了解函数的作用以及如何调用这个函数。接下来分别调用模块中的 fut_val()函数和 max_init()函数，都得到了正确的结果。

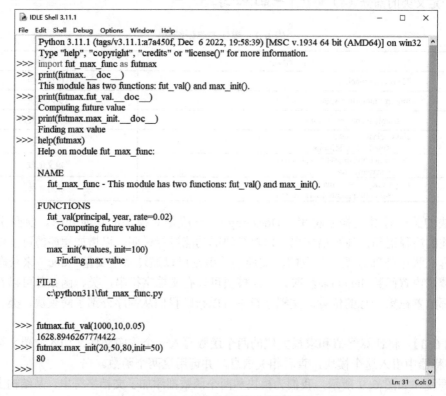

```
IDLE Shell 3.11.1                                              —    □    ×
File  Edit  Shell  Debug  Options  Window  Help
    Python 3.11.1 (tags/v3.11.1:a7a450f, Dec  6 2022, 19:58:39) [MSC v.1934 64 bit (AMD64)] on win32
    Type "help", "copyright", "credits" or "license()" for more information.
>>> import fut_max_func as futmax
>>> print(futmax.__doc__)
    This module has two functions: fut_val() and max_init().
>>> print(futmax.fut_val.__doc__)
    Computing future value
>>> print(futmax.max_init.__doc__)
    Finding max value
>>> help(futmax)
    Help on module fut_max_func:

    NAME
        fut_max_func - This module has two functions: fut_val() and max_init().

    FUNCTIONS
        fut_val(principal, year, rate=0.02)
            Computing future value

        max_init(*values, init=100)
            Finding max value

    FILE
        c:\python311\fut_max_func.py


>>> futmax.fut_val(1000,10,0.05)
    1628.8946267774422
>>> futmax.max_init(20,50,80,init=50)
    80
>>>
                                                              Ln: 31  Col: 0
```

图 6-10　查看文档字符串并调用模块中的函数

上面的例子在 IDLE 解释器中引入我们自己编写的模块，实际上也可以在其他的程序中引入自己编写的模块，只要这个模块和其他程序在同一个路径下或者在系统的默认路径中就可以。

6.4 自顶向下和自底向上

前面的例子在逻辑结构上都比较简单，定义的函数之间也没有复杂的层次关联。本章案例的实现比较复杂，本节通过自顶向下的设计方法来解决这个复杂的问题。自顶向下（Top-down）的设计就是把复杂的问题分解为更小、更简单的问题，如果分解出来的问题仍然比较复杂，那么继续分解，直到分解出来的问题足够小、足够简单。实施时，则是自底向上（Bottom-up），先解决底层最小、最简单的问题，然后一层一层地向上组装起来，直到最后形成对原始复杂问题的解决方案。

6.4.1 自顶向下设计

6.2 节中已经完成了主函数 main() 的编写。这个函数的功能较为简单，主要用于实现输入、输出和对 simNGames() 函数的调用，由于加入了错误处理和数据有效性检验，因此看上去也不是太简单，但是也没有必要再进一步分解了。simNGames() 函数的功能是模拟 n 场比赛，可以用一个指定次数的 for 循环来实现，把 *winsA* 和 *winsB* 这两个变量定义为累加变量，每赢一场比赛就加 1。再分解出来一个模拟一场比赛的 simOneGame() 函数，根据模拟比赛结果，如果 A 赢，那么 *winsA* 就加 1，如果 B 赢，那么 *winsB* 就加 1。此时需要传递给 simOneGame() 函数哪些参数呢？显然还是需要 *probA* 和 *probB*，即双方的技能水平。进一步考虑，是否需要 simOneGame() 函数返回值呢？如果需要，则根据返回值，simNGames() 函数能够确定谁赢。如何能够确定谁赢呢？那就是这场比赛双方的分数，谁得的分高，谁就赢了。因此，定义 *scoreA* 和 *scoreB* 两个变量来接收 simOneGame() 函数的返回值。定义 simNGames() 函数的完整代码如下：

```
def simNGames(n, probA, probB):
    # 模拟 n 场比赛
    winsA = winsB = 0  # 赢的场次
    for i in range(n):
        scoreA, scoreB = simOneGame(probA, probB)  #调用模拟一场比赛的函数
        if scoreA > scoreB:
            winsA += 1
        else:
            winsB += 1
    return winsA, winsB  # 模拟结束，返回双方赢的场次
```

至此，自顶向下已经到了第 3 层，如图 6-11 所示。一场比赛能对打多少次是不固定的，因此 simOneGame() 函数中需要一个不指定次数的 while 循环。在这个循环中，乒乓球比赛的计分规则是需要重点考虑的，包括每次该谁发球、打完一球后比赛是否结束，因此再分解出来 whoServe() 和 gameOver() 两个函数，前者确定谁发球，后者判断比赛是否结束。

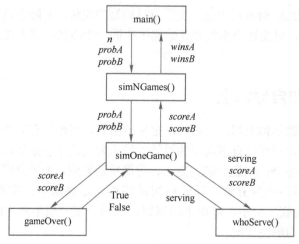

图 6-11　自顶向下设计结构图

gameOver()函数的返回结果作为 while 循环停止的条件，即为 True 或 False，需要的参数就是双方的得分 *scoreA* 和 *scoreB*。根据发球规则，whoServe()函数相对复杂一些，需要考虑发球方和双方发球的次数，还要考虑双方的得分（10 平之后规则发生变化）。发球方和双方发球的次数都与发球相关，我们定义一个列表变量 *serving* 来存放，调用 whoServe()函数的时候作为参数之一传递给它。列表是可以修改的数据类型，在 whoServe()函数中对这个列表进行的修改，回到 simOneGame()函数时变量 *serving* 也跟着发生了变化，而无论 whoServe()函数中相应的形参的名字叫什么，因为二者只是指向同一个值的不同的黄色的小便笺而已，即使形参在回到 simOneGame()函数后消失不见，这个值也已经被 whoServe()函数修改。

📖 如果希望被调用函数对形参的值的修改能够同时更新到对应的实参，那么可以将这个参数定义为列表类型，因为列表是可以修改的类型。注意，数值、字符串、元组都不可以，因为它们是不可修改的数据类型。

在确定每次谁发球后，就可以根据生成的随机数来判定发球方是否赢得了这一分，具体判定方法是：如果生成的随机数（0～1）小于发球方的技能水平，那么发球方赢得这一分，因为发球方的技能水平代表了其发球时赢的概率；如果生成的随机数（0～1）大于或等于发球方的技能水平，那么对方赢得这一分。由于要生成随机数，因此引入 random 模块中的 random()函数，代码如下：

```
from random import random
```

6.4.2　自底向上实施

扫码看视频

自底向上的实施过程从底层开始，逐层向上。实施除写代码外，还包括测试。

1. 写代码

先来定义底层最小、最简单的 gameOver()函数：

```
def gameOver(a, b):
    "Determine whether game is over or not"
```

```
# 判断比赛是否结束
if abs(a-b) >= 2 and (a >= 11 or b >= 11):
    return True
else:
    return False
```

函数体内第一行是文档字符串，第二行是注释，都是描述函数功能的。一般来说，文档字符串是给外部查看的，注释是给程序员看的。形参 *a* 和 *b* 对应传递过来的 *scoreA* 和 *scoreB*，比赛结束的条件是必须有一方的分数超过 11 分，同时双方的分数差距至少为 2 分。gameOver()函数足够小、足够简单了，再来定义复杂一些的 whoServe()函数，代码如下：

```
def whoServe(s, a, b):
    "Determine who has the right to serve"
    # 确定谁发球，参数 s 是一个列表，可以修改其中的值后返回
    if abs(a-b) < 2 and (a >10 or b >10):  # 如果是 10 平之后
        if s[0] == 'A':
            s[0] = 'B'
        else:
            s[0] = 'A'
    else:
        if s[0] == '':
            s[0] = 'A'            #  假设总是 A 先发球
        elif s[0] == 'A':         # 如果上一个球是 A 发球
            if s[1] % 2 == 0:     # 如果 A 的发球次数是偶数
                s[0] = 'B'        # 换成 B 发球
        else:
            if s[2] % 2 == 0:
                s[0] = 'A'
```

和 gameOver()函数一样，形参 *a* 和 *b* 对应传递过来的 *scoreA* 和 *scoreB*，*s* 对应传递过来的 *serving*，这个列表变量包含 3 个元素，第一个是发球方，第二个是选手 A 在这场比赛的累计发球次数，第三个是选手 B 的累计发球次数。先根据当前双方得分判定是否是 10 平，如果不是，那么每两个球换发，通过累计的发球次数是否是偶数来判定是否已经发了两个球，如果是，则换发。如果出现 10 平的情况，那么按此规则，发球方累计的发球次数已达偶数，换发。但到了 10 平之后，即从 11∶10 开始，就是每一个球都换发，这种情况下双方的得分差距必定少于 2 分，否则比赛结束。代码中还考虑了比赛刚开始的情况，即假设总是选手 A 先发球。

实现了底层的 gameOver()和 whoServe()函数，再来看上一层的 simOneGame()函数。首先对 *serving*、*scoreA*、*scoreB* 这 3 个变量赋初值，while 循环的条件就是比赛没有结束，这里调用了 gameOver()函数。每一次对打都要确定谁发球，所以循环体内首先调用 whoServe()函数，由于实参 *serving* 是列表，whoServe()函数内对相应形参 *s* 所做的修改也会返回给 *serving*，因此 whoServe()函数不需要返回值。确定谁发球后，要把其累计发球次数加 1，然后用生成的随机数和发球方的技能水平去比较，来判定谁赢得这一分。循环结束（比赛结束）后，返回 *scoreA* 和 *scoreB* 两个变量的值给调用它的函数 simNGames()。代码如下：

```
def simOneGame(probA, probB):
    "Simulate one game"
```

```
# 模拟一场比赛
serving = ['', 0, 0]  # 谁发球以及双方发球的次数
scoreA = scoreB = 0  # 双方得分
while not gameOver(scoreA, scoreB):  # 只要没有达到比赛结束的条件
    whoServe(serving, scoreA, scoreB)  # 调用确定谁发球的函数
    if serving[0] == "A":
        serving[1] += 1
        if random() < probA:
            scoreA += 1
        else:
            scoreB += 1
    else:
        serving[2] += 1
        if random() < probB:
            scoreB += 1
        else:
            scoreA += 1
return scoreA, scoreB  # 比赛结束，返回双方得分
```

在经过分解之后，simNGames()和 main()函数的功能实现起来比较简单，我们在设计过程中就把代码写出来了。至此，本章案例的程序已编写完成（ch06.py），编写完成的代码还需要经过测试，同样遵循自底向上的原则。

2. 测试

在 IDLE 解释器中引入本章案例模块（ch06），为了测试方便，使用如下语句：

```
>>> from ch06 import *
```

首先测试底层的 gameOver()函数，先后输入 gameOver(0,0)、gameOver(6,5)、gameOver(11,9)、gameOver(10,11)、gameOver(11,13)，观察返回结果是否正确。如果不正确，则找出程序错误并进行修正。

然后测试 whoServe()函数，首先测试比赛刚开始的情况：

```
>>> s = ['',0,0]
>>> whoServe(s,0,0)
```

whoServe()函数没有返回结果，观察 s 的值，结果是['A', 0, 0]。下面重点测试 10 平前后的情况，假设现在 A 与 B 的比分是 9：10，B 刚发完一个球，下面该谁发球呢？

```
>>> s = ['B',10,9]
>>> whoServe(s,9,10)
```

观察 s 的值，结果是['B',10,9]，即仍然是 B 发球。这时候让 B 的累计发球次数加 1，假设 A 赢得一分，比分变成 10：10，下面该谁发球呢？

```
>>> s[2] += 1
>>> whoServe(s,10,10)
```

观察 s 的值，结果是['A',10,10]，即换 A 发球。这时候让 A 的累计发球次数加 1，假设 B 赢得一分，比分变成 10：11，下面该谁发球呢？

```
>>> s[1] += 1
>>> whoServe(s,10,11)
```

观察 s 的值，结果是['B',11,10]，即换 B 发球。这时候让 B 的累计发球次数加 1，假设 A 又赢得一分，比分变成 11：11，下面该谁发球呢？

```
>>> s[2] += 1
>>> whoServe(s,11,11)
```

观察 s 的值，结果是['A',11,11]，即换 A 发球。这时候让 A 的累计发球次数加 1，假设 B 又赢得一分，比分变成 11：12，下面该谁发球呢？

```
>>> s[1] += 1
>>> whoServe(s,11,12)
```

观察 s 的值，结果是['B',12,11]，即换 B 发球。这时候让 B 的累计发球次数加 1，假设 B 又赢得一分，比分变成 11：13，比赛结束。如果你测试的情况和上面不一致，那么请找出程序错误并进行修正。

接下来测试 simOneGame()函数，由于这个函数只返回一场比赛结束后双方选手的得分，很难判断结果是否正确，因此，我们在每一次循环迭代后加入一条测试语句，即 print(serving,scoreA,scoreB)，以观察循环过程中的结果是否正确。

📖 对已经引入的模块程序做出修改，要重新启动 Shell（Shell 菜单下的 Restart Shell 或者按下快捷键〈Ctrl+F6〉）并重新引入模块，否则还是按旧程序执行。

假设双方选手的技能水平分别为 0.6 和 0.5，以下是随机生成的一次结果：

```
>>> simOneGame(0.6,0.5)
['A', 1, 0] 1 0
['A', 2, 0] 2 0
['B', 2, 1] 3 0
['B', 2, 2] 4 0
['A', 3, 2] 5 0
['A', 4, 2] 6 0
['B', 4, 3] 7 0
['B', 4, 4] 7 1
['A', 5, 4] 7 2
['A', 6, 4] 7 3
['B', 6, 5] 7 4
['B', 6, 6] 7 5
['A', 7, 6] 8 5
['A', 8, 6] 9 5
['B', 8, 7] 9 6
['B', 8, 8] 9 7
['A', 9, 8] 10 7
['A', 10, 8] 11 7
(11, 7)
```

这是一次没有达到 10 平以后的结果，最终比分是 11：7，可以看出，结果是正确的。如果你的测试结果不正确，那么请找出程序错误并进行修正。

再测试 simNGames()函数，假设模拟 10000 场比赛，由于模拟的比赛场次很多，因此删除刚刚加入的测试语句或者将其改成注释语句，以下是随机生成的一次结果：

```
>>> simNGames(10000,0.6,0.5)
(6893, 3107)
```

最后测试 main()函数，3 个变量的值都由用户输入：

```
>>> main()
This program simulates a game of table-tennis between two players called "A" and
"B".
The abilities of each player is indicated by a probability (a number between 0
and 1) .
Player A always has the first serve.
What is the prob. player A wins a serve? 0.6
What is the prob. player B wins a serve? 0.5
How many games to simulate? 10000

Games simulated: 10000
Wins for A: 6822 (68.2%)
Wins for B: 3178 (31.8%)
```

至此，程序测试完毕。如果测试结果不正确，那么找出程序错误并修正。

6.5 编程实践：调试程序

我们在编写程序的时候可能会出现各种各样的错误，主要分为 3 类。

第一类是语法错误（Syntax Error），典型的错误有缩进错误、遗漏错误等，如图 6-12 所示。这类错误发生时程序不能运行，系统直接提示出错的位置，因此修正起来相对容易。

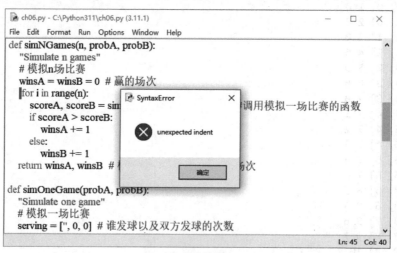

a）缩进错误

图 6-12 语法错误

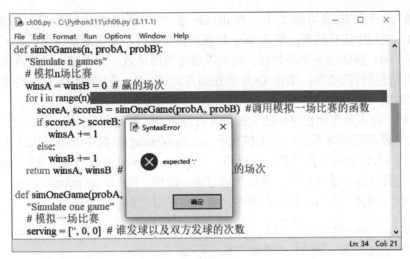

b）遗漏错误

图 6-12　语法错误（续）

第二类错误是运行时错误，也就是程序运行起来以后发生的错误。运行时错误会导致程序运行后崩溃，系统会给出明确的"Traceback"报错，帮助程序员了解在什么位置出现了什么类型的错误，从而能够快速定位到错误，并进行修正。有些错误可能是由于用户输入错误造成的，这些错误程序员无法避免，可以通过第 5 章中（5.5 节）介绍的错误处理机制进行捕获和处理。

第三类错误是逻辑错误，即程序可以运行且没有发生任何错误，但运行结果是错误的。这类错误最难发现，也最难修正。比如本章案例中，确定谁发球或者判断比赛是否结束的逻辑错了，程序照样可以运行，但结果就不对了。上一节介绍的程序测试，可以帮助程序员确定程序有没有逻辑错误。测试过程中需要设计不同的数据来测试不同的情况，以保证每一条路径都是正确的。即使通过测试发现了逻辑错误，找到错误的根源并修正它也是不容易的，这时候就需要用到程序的调试（Debug）功能。

在 Python Shell 中选择 Debug→Debugger 菜单选项，打开调试器，调试器窗口如图 6-13 所示。

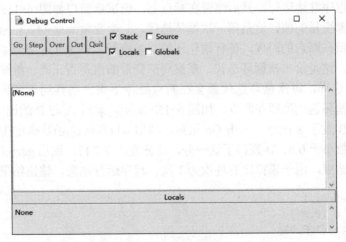

图 6-13　调试器窗口

　　左上角 5 个按钮的功能如下：单击 Go 按钮，可继续运行程序，直到碰到断点（Breakpoint）或程序运行结束；单击 Step 按钮可单步执行，如果遇到调用函数，则进入函数内部；单击 Over 按钮也可单步执行，但如果遇到调用函数，并不进入函数内部；单击 Out 按钮可跳出当前执行的函数；单击 Quit 按钮结束调试。Go 按钮和设置断点经常一起使用，用于跟踪和观察程序的运行情况。

　　【例 6-4】　在本章案例程序中的关键位置设置断点，跟踪和观察程序的运行情况。

　　本章案例程序逻辑是否正确的关键在于 simOneGame() 函数中的每一次对打情况，因此将断点设置在 while 循环体内的第一行语句，即对 whoServe() 函数的调用语句，如图 6-14 所示。将鼠标指针停留在第 48 行，单击鼠标右键，选择 "Set Breakpoint" 命令，该行语句背景为黄色。打开调试器窗口，再运行程序，调试器停留在程序的第一行。

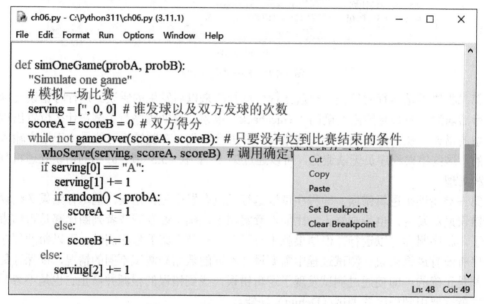

图 6-14　在本章案例程序中设置断点

　　单击 Go 按钮，程序开始运行，输入双方技能水平，如 0.6 和 0.5，因为要调试，模拟比赛场次输入 1，程序继续运行，然后停留在断点上，调试器窗口如图 6-15a 所示。在窗口的下方可以看到局部变量的值，这是第一次循环迭代，3 个变量 *scoreA*、*scoreB*、*serving* 都是初值。注意，停留在断点的时候，该行语句还没有被执行。单击 Go 按钮程序继续运行，又在断点处停下来，这是第二次循环迭代，观察局部变量的值是否正确。继续单击 Go 按钮让循环继续下去，这样，每次循环迭代都会在断点处停下来，观察局部变量的值是如何变化的。到最后一次循环迭代停留在断点，如图 6-15b 所示，此时 A 与 B 的比分是 7:10，A 已经发了 9 次球，B 发了 8 次球，单击 Go 按钮，调用 whoServe() 函数确定接下来仍然是 A 发球，随机生成的数小于 0.6，B 赢得了这一分，比分变成 7:11。调用 gameOver() 函数判断循环（比赛）是否结束，由于模拟比赛场次为 1 次，程序运行结束，输出结果为：

```
Games simulated: 1
Wins for A: 0 (0.0%)
Wins for B: 1 (100.0%)
```

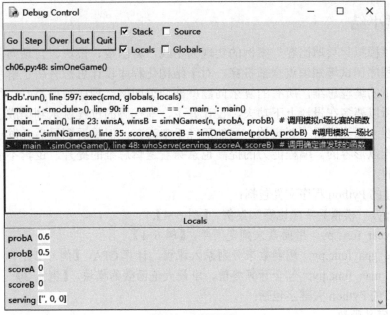

a）第一次循环迭代

b）最后一次循环迭代

图 6-15　在调试器窗口中跟踪程序的执行状态

在 IDLE 解释器中可以看到如下语句：

```
>>> [DEBUG ON]
```

即调试器处于打开的状态，如果关掉调试器窗口，可以看到如下语句：

```
>>> [DEBUG OFF]
```

6.6　本章小结

本章以"模拟乒乓球比赛"案例的实现为主线，将函数、模块、自顶向下设计、自底向上实施、程序调试等知识点全部贯穿。对于结构化程序设计思想有所了解后，有了这样一种自顶向下的编程思维，所有的复杂问题就能迎刃而解。程序写得不好，往往是顶层设计得不好，所以要多在设计上下功夫，设计好了，写代码的过程就水到渠成了。程序的测试也非常重要，遇到错误不要害怕，虽然历经千辛万苦，但是看到最后开发出来的完美程序，喜悦是难以形容的。编程能力的提高也意味着逻辑思维的提升，逻辑不清楚，是写不出好的程序的。

本章创建的 Python 程序文件包括：

- ch06.py："模拟乒乓球比赛"案例，【例 6-4】。
- leap_year_func.py：用函数来判定闰年，【例 6-1】。
- course_gpa_func.py：用函数来分别录入课程、计算 GPA，【例 6-2】。
- futval_max_func.py：包含计算终值、求最大值函数的模块，【例 6-3】。

本章学习的 Python 关键字包括：

- def：定义函数。
- pass：占位符，不执行任何操作。

本章学习的系统内部变量包括：

- __name__：当前模块名。
- __doc__：文档字符串。

本章学习的 Python 内置函数包括：help()，帮助函数，查看模块或函数的详细说明。

6.7　习题

1. 讨论题

1）输入的错误处理和数据有效性检验有何不同？

2）主函数是否必须命名为 main()？

3）有默认值的参数和关键字参数有何区别？

4）一个模块包含哪几个部分？分别用来做什么？

5）结构化程序设计的核心思想是什么？

6）程序错误分为哪几种类型？举例说明。

2. 编程题

1）定义一个函数来计算体重指数 BMI 并判断体重状况，在主函数中接收输入，调用它，并输出结果。

2）分别定义两个函数以用来查询星座和生肖，在主函数中接收输入（出生日期：MM/DD/YYYY），调用这两个函数，并输出结果。

3）定义一个函数，求两个正整数的最大公约数，在主函数中接收输入，调用它，并输出结果。

4）定义一个函数，找出任意位数（3～8）的水仙花数，在主函数中输入位数，调用它，并输出找出的水仙花数。

5）创建一个包含 4 个函数的模块，分别是带初值（默认值为 0）的求最大值、求最小值、求和、求平均数，要求调用 Python 的数字运算函数实现，并加入文档字符串。在 IDLE 解释器中引入这个模块，查看文档字符串的内容，分别调用其中的 4 个函数。

6）创建一个关于学生的程序文件 student_query_func.py。定义 student()函数，用来输入学生信息，包括学号、姓名、出生日期、身高、体重，并写入"students.csv"。定义 query() 函数，用来根据学号从文件"students.csv"中查询该学生的信息。在主函数中调用 student() 函数，输入学生信息并存入 CSV 文件。

再编写一个主程序，同时引入上述模块和【例 6-2】的模块，在主函数中让用户输入想要录入学分和成绩的学生学号，调用上述模块中的 query()函数查询该学生的信息，如果查询不到该学生信息，则给出提示信息，程序终止。如果可以查询到，则输出该学生的信息，调用【例 6-2】模块中的 course()函数来录入该学生的学分和成绩。注意，文件名要在"credit_score.csv"前面加上学号以记录不同学生的课程情况。最后调用【例 6-2】的模块中的 gpa()函数，计算该学生的 GPA 并输出结果。

第 7 章
面向对象的程序设计

相较于结构化程序设计方法，面向对象的程序设计方法更为复杂一些，更适合用来解决复杂的现实问题。在 7.1 节案例的指引下，本章将深入学习面向对象的程序设计思想，其中的发现并定义类是最基础也是最重要的。在编程实践中，还将学习如何用弹出对话框来处理输入和输出。

7.1　案例：模拟乒乓球比赛

本案例采用面向对象的程序设计方法来模拟乒乓球比赛。对象的概念更符合现实世界中的复杂情况，每个对象既有静态的属性，也有动态的行为。每位乒乓球赛选手都有自己的技能水平，可以在一场比赛中发球、得分，如图 7-1 所示。

图 7-1　乒乓球比赛

在输入/输出部分，用弹出对话框来处理。运行程序，出现图 7-2a 所示的消息提示框，对模拟情景进行简要介绍。单击"确定"按钮后，出现图 7-2b 所示的获取输入的对话框，等待用户输入选手 A 的技能水平。获取输入时可能出现 4 种情况：一是用户单击"Cancel"按钮，退出程序；二是用户输入的数据非法（如不是小数），出现图 7-2c 所示的消息提示框，单击"确定"按钮后，重新回到图 7-2b 所示的对话框，等待用户重新输入；三是用户输入的数据无效（如不为 0~1），则出现图 7-2d 所示的消息提示框，单击"确定"按钮后退出程序；四是

126

用户输入的数据有效，程序继续执行。选手 B 的技能水平和比赛场数的输入过程与此类似，如遇错误，则给出提示信息，或是退出程序，或是让用户重新输入。假设还是输入 0.6、0.5、10000，模拟结果显示在图 7-2e 所示的消息提示框里，与第 6 章的模拟结果相近。

a）显示模拟情景的消息框

b）获取输入的对话框

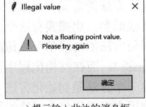
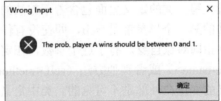

c）提示输入非法的消息框　　　　　d）提示输入无效的消息框

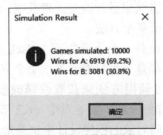

e）显示模拟结果的消息框

图 7-2　用弹出对话框来处理输入/输出

7.2　类和对象实例

在结构化程序设计中，程序被分解为若干个函数。在面向对象的程序设计中，程序被分解为若干个类，面向对象的程序设计过程就是发现并定义一系列类的过程。

扫码看视频

7.2.1　类的定义

第 3 章中（3.2 节）介绍过对象和类的概念，对象是独立的个体，包含属性和方法，属性其实就是变量，方法就是隶属于这个对象的函数，每一个对象都是一个类的实例。在类中定义其属性和方法，所有根据这个类创建的对象实例就有了这些属性和方法。**Python** 的每一种数据类型都是类，前 4 章中，也已经使用了不少标准库和第三方库中提供的类。在使用过程中，我们并不知道这些类是如何被定义的，但知道这些类提供了哪些可以被调用的方法，比如表 3-3～表 3-6 给出了 str 类中对字符串进行操作的常用方法。调用方法与调用函数类似，但还需要在前面加上对象名，即\<object\>.\<method\>，这里的\<object\>是根据类创建出来的一个实例化对象。

在面向对象的程序设计中，我们需要根据问题来定义自己的类，而不仅是使用别人定义好的类。使用关键词 class 来定义类，其一般形式如下：

```
class <class-name>():
    def __init__(self, <formal-parameters>):
        self.<attribute-name> = <value>
        …
    def <method-name>(self, <formal-parameters>):
        <statements>
    …
```

其中，\<class-name\>就是类的名字，命名规则和变量、函数一样。习惯上，为了区分，类名的首字母一般大写。类的定义里面包含若干方法的定义，方法的定义和函数的定义类似。不同的是，方法的第一个形参都是 self，即使没有任何其他形参，也需要有这个参数，它有着特殊的含义，指向对象自身。有了这个参数，在定义任何方法的时候都可以访问对象的属性（self.\<attribute-name\>）或者其他方法（self.\<method-name\>）。而在结构化程序设计中，一个函数内部定义的变量在外部是不可见的。类中定义的第一个方法是初始化方法__init__()，每次根据类创建对象实例的时候都会调用这个方法，通常用来对类所包含属性的初始化赋值。这些属性的值可以通过调用其他方法来进行改变或者获取，从而使得对象的属性在对象实例存续期间都是可见的，而不仅限于某个方法。

结构化程序设计中的函数就像是一个个黑盒子（Black Box），面向对象的程序设计中的类也像是一个个黑盒子，在这个黑盒子里只能看见一个个方法的接口，其中的属性一般情况下也不是直接可见的，可以通过调用方法来获取或修改属性的值。这种特性叫作封装性（Encapsulation），将在下一节中详细介绍。第 6 章中（6.3 节）介绍模块的结构时讲过，类的定义也是模块的组成部分，在面向对象的程序设计中也是最重要的组成部分。

【例 7-1】 定义课程类 *Course*，用来记录学生所学课程的名称、学分和成绩，并定义课程信息的输入、输出、统计等方法。

编写程序如图 7-3 所示。在初始化方法__init__()中，定义属性 self.*courses*，初始化为空列表，这个列表将记录多门课程的名称、学分和成绩，如图 7-3a 所示。self.*courses* 定义的是对象的属性，如果去掉"self."，那么只是定义了__init__()方法中的一个局部变量，*Course* 类中的其他方法无法访问。然后定义一个从用户那里获取课程名称、学分和成绩的方法，命名为 *get_input*()。和前两章中的例子相比，这里增加了课程名称，记录信息更为完整。在 *get_input*()方法中，self.*courses* 的值被修改，同时还定义了多个仅在内部有效的局部变量，如 *more*、*credit*、*score*、*cont*。再定义一个输出课程信息的方法 *print_courses*()，课程名称、学分和成绩之间用制表符分隔。

接下来定义几个用来进行数据统计的方法，分别是统计课程门数的 *total_courses*()、统

计总学分的 *total_credits*()、计算 GPA 的 *gpa*()，如图 7-3b 所示。这几个方法在第 6 章中被定义在了同一个函数中，这里做了进一步分解，使得每个方法完成的任务更加明确、简洁。这几个方法中都访问了对象的属性 self.*courses*，在 *gpa*()方法中还调用了另一个方法 *total_credits*()。注意，调用方法时也要加上“self.”。

在第 6 章中，将课程信息写入 CSV 文件的功能直接写在了获取课程信息的函数中，从 CSV 文件读取课程信息的功能写在了计算 GPA 的函数中。这里将对 CSV 文件的访问独立出来，分别定义 *write_csv*()方法和 *read_csv()*方法来完成课程信息的写入和读取功能，如图 7-3c 所示。无论是写入还是读取，都访问了属性 self.*courses*。独立出来以后，是否将课程信息存入 CSV 文件取决于是否调用这两个方法。

course.py - C:\Python311\course.py (3.11.1)

File　Edit　Format　Run　Options　Window　Help

```python
import csv

class Course():

    def __init__(self):
        self.courses = []

    def get_input(self):
        more = True  # 是否继续输入
        while more:
            name = input("Course: ") # 输入课程名称
            credit = input("Credit: ")  # 输入课程学分
            score = input("Score: ")  # 输入课程成绩
            course = (name, credit, score)
            self.courses.append(course)
            cont = input("More courses? (Y/N) ")
            if cont.upper() == 'N': more = False  # 不再继续输入

    def print_courses(self):
        for each in self.courses:
            print("%20s" % each[0],end = '\t')
            print(each[1],each[2],sep='\t')

```

Ln: 23　Col: 0

a）初始化及输入/输出方法

course.py - C:\Python311\course.py (3.11.1)

File　Edit　Format　Run　Options　Window　Help

```python
    def total_courses(self):
        return len(self.courses)

    def total_credits(self):
        totalCredits = 0  # 总学分数
        for each in self.courses:
            credit = int(each[1])  # 获取课程学分
            totalCredits += credit
        return totalCredits

    def gpa(self):
        totalGradePoints = 0  # 总绩点
        for each in self.courses:
            credit = int(each[1])  # 获取课程学分
            score = int(each[2])  # 获取课程成绩
            if score >= 95: gradePoint = 4.5
            elif score >= 90: gradePoint = 4.0
            elif score >= 85: gradePoint = 3.5
            elif score >= 80: gradePoint = 3.0
            elif score >= 75: gradePoint = 2.5
            elif score >= 70: gradePoint = 2.0
            elif score >= 65: gradePoint = 1.5
            elif score >= 60: gradePoint = 1.0
            else: gradePoint = 0
            totalGradePoints += credit*gradePoint
        return totalGradePoints / self.total_credits()
```

Ln: 49　Col: 54

b）数据统计方法

图 7-3　定义 *Course* 类

c）访问 CSV 文件的方法

图 7-3 定义 *Course* 类（续）

现实世界中的对象往往都可以定义成类，比如每个人都是一个对象，可以为所有人定义一个类。本章案例模拟现实世界中的乒乓球比赛，比赛选手也是对象，可以为所有参加比赛的选手定义一个类，命名为 *Player*。首先考虑为了模拟比赛，选手类需要有哪些属性呢？基本属性就是他们的技能水平（self.*prob*），还有他们参加比赛时的得分（self.*score*），以及在一场比赛中已经发了多少次球（self.*serve*）。再考虑为了模拟比赛，选手类还需要哪些方法呢？首先是初始化方法__init__()，然后是根据选手的技能水平来模拟在一次发球中能否赢得一分，为此定义 *winServe*()，代码如下：

```
from random import random
class Player:
    def __init__(self, prob):
        self.prob = prob        # 技能水平
        self.score = 0          # 比赛得分
        self.serve = 0          # 发球次数
    def winServe(self):
        return random() <= self.prob
```

初始化方法__init__()为属性赋初值，除 self 之外，还有一个形参 *prob*，初始化时将其赋值给对象的属性 self.*prob*。其他两个属性 self.*score* 和 self.*serve* 的初值均为 0。

再定义修改和返回属性值的方法，定义 *incScore*()和 *incServe*()方法来对比赛得分和发球次数进行累加，定义 *getScore*()和 *getServe*()方法来返回某个时刻的比赛得分和发球次数，这些方法的代码都非常简单，功能定位都非常明确、简洁。代码如下：

```
def incScore(self):
    self.score = self.score + 1
def incServe(self):
    self.serve = self.serve + 1
def getScore(self):
    return self.score
def getServe(self):
    return self.serve
```

📖 一般来说，对象的属性不对外，也就是说在对象的外部并不知道属性的名字，而是通过调用对象提供的方法来获取或修改属性的值。

试一试：本章案例的初步版本已经形成，将程序文件保存为 ch07.py，运行程序，如果有错误则进行修正。

7.2.2　对象实例

正如在结构化程序设计中定义一个函数并不会执行任何代码一样，在面向对象的程序设计中定义一个类也不会执行任何代码。类只是一个模板，需要根据类来创建一个具体的对象，对这个对象进行操作，这个过程就是实例化。实例化过程其实就是调用类的初始化方法 __init__()来构造一个对象，但与调用其他方法不同，我们使用类名而不是方法名来调用。之前都是在使用别人定义好的类来创建一个对象实例，比如：

```
n = int(input("How many games to simulate? "))
```

每一种数据类型都是一个类，这里的 int 就是整型类的类名，n 就是根据整型类创建的一个整型对象。下面根据自己定义的类来创建对象实例并进行操作。

【例 7-2】　在 IDLE 解释器中创建课程类 Course 的对象实例并对其进行操作。

首先从 course 模块引入 Course 类。然后用 Course 类名调用初始化方法来构造一个对象实例并赋值给变量 stud_course，用这个变量来记录某个学生所学课程的名称、学分和成绩。调用其 get_input()方法来获取课程信息，如图 7-4a 所示。注意：形参 self 会自动传递。输入完毕后调用 print_courses()方法查看课程信息，然后分别调用 3 个数据统计方法 total_courses()、total_credits()和 gpa()，输出返回结果。最后调用 write_csv()方法将课程信息存入 CSV 文件中，由于没有指定文件名，因此将存入默认文件名"course.csv"中。第一次创建并使用 Course 类的对象实例的过程就结束了。

重新启动 Shell（Shell→Restart Shell），再次创建 Course 类的对象实例并赋值给 stud_course，此时调用 print_courses()方法可以看到没有任何课程信息，因为这是一个新的被初始化的对象变量。调用 get_input()方法来获取课程信息，如图 7-4b 所示。输入完毕后调用 write_csv()方法将课程信息存入 CSV 文件，由于仍旧使用默认文件名，因此新输入的信息将会被添加至"course.csv"中。调用 read_csv()方法将文件中保存的课程信息读取出来，再次调用 print_courses()方法，可以看到上一次输入和这一次输入的课程信息，最后分别调用 total_courses()、total_credits()和 gpa()查看统计结果。

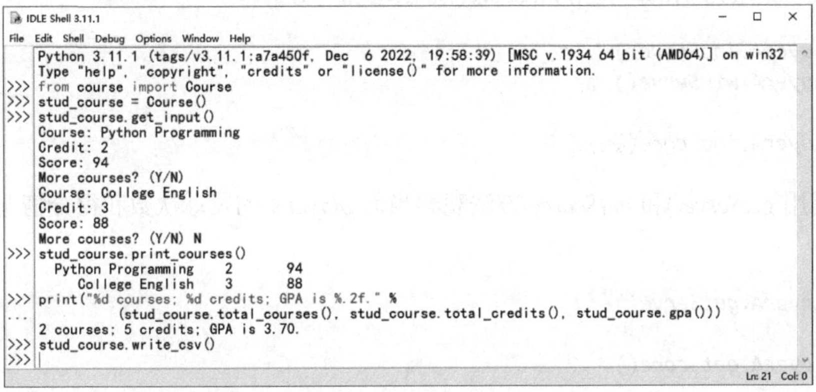

a）输入课程信息、查看统计结果并存入CSV 文件

图 7-4　创建 Course 类的对象实例并进行操作

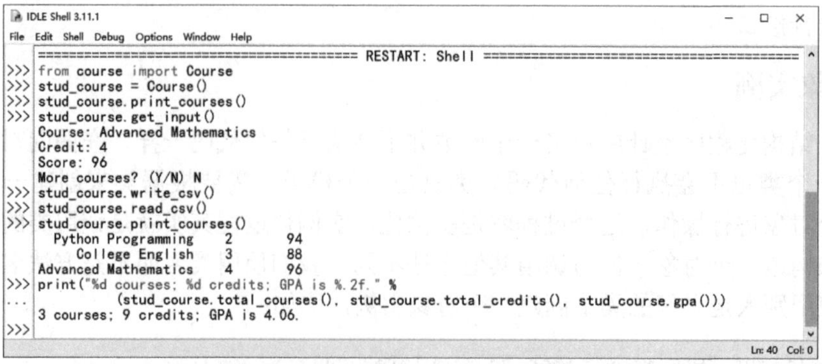

b）输入课程信息、读取CSV 文件并查看统计结果

图 7-4 创建 *Course* 类的对象实例并进行操作（续）

注意：本例中，*write_csv*()，方法使用添加模式打开文件，在每次创建并使用 *Course* 类的对象实例的过程中，不要多次调用该方法，也不要在调用 *read_csv*()方法后再调用该方法，否则会造成数据的重复写入。

在本章案例中，已经定义好了选手类 *Player*，下面在 IDLE 解释器中创建其对象实例并进行操作。从 ch07 模块引入 *Player* 类，然后用 *Player* 类名调用初始化方法来构造一个对象实例并赋值给变量 *playerA*，其技能水平为 0.6。

```
>>> from ch07 import Player
>>> playerA = Player(0.6)
```

比赛刚开始时，*playerA* 先发球，调用 *incServe*()方法增加一次发球，调用 *winServe*()方法来模拟一次 *playerA* 发球时能否赢得一分，结果为 False，不得分。

```
>>> playerA.incServe()
>>> playerA.winServe()
False
```

接下来仍然是 *playerA* 发球，调用 *incServe*()方法再增加一次发球，调用 *winServe*()方法再模拟一次，结果为 True，调用 *incScore*()方法增加一分。

```
>>> playerA.incServe()
>>> playerA.winServe()
True
>>> playerA.incScore()
```

最后调用 *getServe*()和 *getScore*()方法观察当前 *playerA* 的发球次数和得分情况，分别为 2 和 1。

```
>>> playerA.getServe()
2
>>> playerA.getScore()
1
```

试一试：一场乒乓球比赛需要两位选手，再创建另一个选手对象 *playerB*，继续至少两个回合的比赛，观察双方的发球次数和得分情况。

7.3　面向对象的基本特性

面向对象的基本特征包括封装性、继承（Inheritance）和多态性（Polymorphism），其中，多态性和继承密切相关。

7.3.1　封装性

当使用别人定义的类或函数的时候，很容易理解什么是封装性，因为我们并不知道这些类或函数的实现细节。封装把"what"和"how"区分开，在使用对象时，我们只需要知道它是什么（即"what"），并不需要知道它是怎么实现的（即"how"）。在使用自己定义的类或函数的时候，我们既知道它是什么，也知道它是怎么实现的，但是仍然要区分开实现和使用。对于类和对象来说，实现细节都被封装在类的定义中，一旦定义好，就只需要考虑如何使用它，即如何创建对象实例并进行操作。

在第 6 章中（6.2 节）介绍过定义函数的好处，其实就是由于函数的封装性带来的。而对象封装的是一个整体，既包括数据，也包括对数据进行的操作，这些操作也是通过函数来实现的，因此对象的封装性是以函数的封装性为基础的。将实现和使用分离，只要外部接口不变，内部实现细节如何变化也不会影响外部的使用。封装性的另一个好处就是支持代码重用（Code Reuse），我们在一个模块里定义的类，可以很方便地在其他模块中引入，而无须重复写一遍代码，对类的定义修改了，所有引入它的模块就都修改了。

在现实世界中，我们很容易把周边的人或事物看成相互交互的对象，对象之间的交互就是消息的传递。调用对象的方法就是给这个对象发送一条消息，请求它按照这个方法的功能执行相应的操作。

【例 7-3】 定义一个 *Person* 类，用来记录人的唯一的身份识别号码（ID）、姓名、出生地等信息，并定义一个用来进行自我介绍的方法 *self_intro*()。

编写程序如图 7-5 所示。*Person* 类定义了 3 个属性和 3 个方法，一般做自我介绍时不会介绍 ID，所以单独定义一个返回 ID 的 *get_id*()方法。

图 7-5　定义 *Person* 类

程序还定义了一个 main()函数，创建 *Person* 类的对象实例并赋值给变量 *personA*，初始化过程传递了相应的属性值作为参数，然后给 *personA* 发送一条消息，请他做一个自我介绍。程序运行结果如下：

```
My name is Zhang San, I'm from Beijing.
```

这个例子中可以这样理解封装性，在 main()函数中并不知道 *Person* 类是如何定义的，也不知道它有哪些属性，但知道要用什么参数来构造一个对象实例（初始化方法的外部接口），也知道有一个 *self_intro*()方法可供调用，但并不知道这个方法是如何进行自我介绍的。对 *self_intro*()方法内部实现细节的修改，并不影响 main()函数对它的调用。

在现实世界中，人是一个很复杂的类，拥有诸多静态属性和动态行为，我们在编写程序的过程中要根据具体问题进行设计，不可能做到大而全。

7.3.2　继承和多态性

多态性和继承密切相关，首先来看类之间的继承关系。

1．继承

在定义一个类时，可以从已有的类中继承其属性和方法，这个新定义的类称为子类（Sub Class），被继承的类称为父类（Parent Class）或超类（Super Class）。利用继承关系，子类无须重复定义父类中已有的属性和方法，也有利于代码重用。

定义继承关系的形式如下：

```
class <sub-class-name>(<parent-class-name>):
```

本章案例已经定义了选手类 *Player*，其中的属性和方法都是与比赛有关的。显然，比赛选手也是人，在引入 *Person* 类之后，可以基于 *Person* 类来定义 *Player* 类，使得 *Player* 类能够继承 *Person* 类中定义的所有属性和方法。实现代码如下：

```
from person import Person
class Player(Person):
    def __init__(self, iden,name,birth,prob):
        Person.__init__(self,iden,name,birth)
        self.prob = prob        # 技能水平
        self.score = 0          # 比赛得分
        self.serve = 0          # 发球次数
    …
def main():
    playerA = Player('01','Zhang San','Beijing',0.6)
    playerA.self_intro()
if __name__ == "__main__": main()
```

首先从 *person* 模块中引入 *Person* 类，在定义 *Player* 类的括号内加上父类的名字 *Person*，就可以继承来自于 *Person* 类的属性和方法了。需要修改的是初始化方法，初始化一个选手对象时也需要传递 *Person* 类的属性值作为参数，在初始化方法中首先调用父类的初始化方法，并将参数传递给它。main()函数中创建（构造）一个选手对象时，除技能水平外，也传递了 ID、姓名、出生地的参数值，然后调用父类中定义的 *self_intro*()方法，输出结果和前面相同。

Player 类中并没有重复定义 *Person* 类中的属性和方法，而是通过继承自动获得，提高了效率，结构上也更加分明，易于理解。

2. 多态性

上例中，子类的对象直接继承了父类中定义的方法并调用了它。实际上，子类还可以对父类中定义的方法进行重写，以满足自身的特殊化需求。如果一个父类有多个子类，那么这些子类可以对从父类继承来的同一个方法进行重写，也就是同一个方法在父类和不同子类中的实现代码不同，这种特性就称为多态性。

【例 7-4】　定义学生类 *Student*，用来记录学生的学号、学校、专业等信息，其父类是 *Person* 类，重写 *self_intro*()方法，使其包含学生信息。

编写程序如图 7-6 所示。初始化方法的定义与 *Player* 类类似，然后重写父类中定义的 *self_intro*()方法，除了基本信息介绍外，还增加了学生信息的介绍，最后定义一个获取学号的方法 *get_stu_id*()。

```
1  "This module contains definition of Student class"
2
3  from person import Person
4
5  def main():
6      stud = Student('01','Zhang San','Beijing','202301','CUFE','finance')
7      stud.self_intro()
8      print("ID:",stud.get_id())
9      print("Student ID:",stud.get_stu_id())
10
11 class Student(Person):        # 继承Person类
12
13     def __init__(self,iden,name,birth,stu_id,univ,major):
14         Person.__init__(self,iden,name,birth)
15         self.stu_id = stu_id    # 学号
16         self.univ = univ        # 就读高校
17         self.major = major      # 就读专业
18
19     def self_intro(self):       # 对父类的方法进行重写
20         # 自我介绍
21         Person.self_intro(self) # 先执行父类的方法
22         print("I study at %s, my major is %s." % (self.univ,self.major))
23
24     def get_stu_id(self):
25         # 获取学号
26         return self.stu_id
27
28 if __name__ == "__main__": main()
29
```

图 7-6　定义 *Student* 类

main()函数中创建一个学生对象 *stud*，传递基本信息和学生信息作为实参，调用子类中重写的 *self_intro*()方法，调用父类中的 *get_id*()方法，调用子类中的 *get_stu_id*()方法。程序运行结果如下：

```
My name is Zhang San, I'm from Beijing.
I study at CUFE, my major is finance.
ID: 01
Student ID: 202301
```

这里的 *self_intro*()方法就具有多态性，在 *Student* 类和 *Person* 类中的定义不同。调用 *self_intro*()方法时究竟是调用 *Student* 类中的还是 *Person* 类中的，取决于调用哪个对象的方法。如果是 *Student* 类的对象实例，则调用 *Student* 类中定义的 *self_intro*()方法；而如果是

Person 类的对象实例，则调用 *Person* 类中定义的 *self_intro*()方法。

试一试：定义 *Person* 类的另一个子类，即教师类 *Teacher*，用来记录教师的工号、学校、学院等信息，重写 *Person* 类的 *self_intro*()方法，使其包含教师信息。

7.4　面向对象的程序设计过程

面向对象的程序设计过程就是发现并定义一系列类的过程，具体步骤如表 7-1 所示。在设计的每一个步骤，尽可能采取最简单的方法，除非发现必须采用更复杂的方法才能够解决问题。

表 7-1　面向对象的程序设计步骤

序号	步骤	说明
（1）	寻找候选对象	从问题描述开始仔细分析，对象通常是名词，且具有较为复杂的属性和行为
（2）	识别属性	识别对象所包含的信息，一些属性可以用简单的数据类型表示，另一些则可能指向复杂的对象/类
（3）	设计接口	对象类需要哪些操作，问题描述中有哪些描述行为的动词，列出类所需要的方法
（4）	设计重要方法	采用自顶向下、逐步求精的方法对较为复杂的方法进行详细设计，进一步分解
（5）	不断迭代	设计过程并非是线性的，设计新类、给现有类添加属性和方法都是不断迭代的
（6）	尝试替代方案	好的设计都是不断试错（Try and Error）的，不要害怕放弃不可行的方案，也不要害怕尝试新的想法

本节将遵循面向对象的设计过程来完成本章案例。

7.4.1　寻找候选对象

本章案例的问题描述是：模拟两位选手之间的很多场比赛，看看最终各胜负多少场。不难发现，"比赛""选手"都是关键的名词，将它们作为对象进行设计。同时，要模拟很多场比赛，并对结果进行统计，这个动作是"比赛"和"选手"无法完成的，因此，将"统计结果"也作为对象进行设计。

解决问题的思路是：两位有着各自技能水平的选手打比赛，每打完一场比赛，就更新统计结果，打完 N 场比赛后输出最终统计结果。

7.4.2　设计并定义类

选手类 *Player* 已经设计并定义好了，其中的方法设计和实现代码都非常简单。下面来设计并定义比赛类 *Game* 和统计结果类 *SimStats*。需要说明的是，设计过程也是不断迭代和不断试错的，这里呈现的是最终设计结果。

1. Game 类

"比赛"有哪些属性呢？首先需要两位选手，其次是每一个回合的发球方是谁，根据乒乓球计分规则，发球方输球，对手方要得分。因此，在 __init__()方法中对 4 个属性赋初值，分别是 self.*playerA*、self.*playerB*、self.*server*、self.*opponent*，代码如下：

```
class Game:
    def __init__(self, probA, probB):
        # 初始化一场比赛
        self.playerA = Player(probA)
        self.playerB = Player(probB)
```

```
        self.server = self.playerA        # 发球方
        self.opponent = self.playerB      # 对手方
```

构造一个 *Game* 对象，需要传递的参数就是双方选手的技能水平 *probA* 和 *probB*。
self.*playerA* 和 self.*playerB* 都是 *Player* 对象，初始化时传递的参数是各自的技能水平。假设
总是 self.*playerA* 先发球，那么对手方就是 self.*playerB*。可以看到，*Game* 类的属性都指向另
外的对象，并不是简单的数据类型。这种关系通常被称为对象之间的组成关系，也就是一场
"比赛"由两位"选手"组成。

📖 一个对象的属性可以指向另一个对象，构成了对象间的组成关系（Composition）。

"比赛"中最重要的操作就是"打"了，为此定义了 *play*()方法，采用自顶向下、逐步求
精的方法进行进一步分解。"打"的过程需要循环，终止条件是比赛结束，可以分解出另一
个方法 *isOver*() 来进行判断。每个回合都需要确定谁发球，可以分解出另一个方法
checkServer()来确定。*play*()方法的实现代码如下：

```
def play(self):
    while not self.isOver():
        self.checkServer()
        self.server.incServe()
        if self.server.winServe():
            self.server.incScore()
        else:
            self.opponent.incScore()
```

确定谁发球后，发球方的发球次数累加一次，如果赢了则得一分，否则对手方得一分。
这个过程需要调用"选手"的多种操作，其中 *incScore*()用来增加一分，*incServe*()用来增加
一次发球，*winServe*()用来模拟这个回合的发球方是否赢球。

isOver()方法需要根据双方选手的得分来判断比赛是否结束，可以设计并调用 *Game* 类
的另一个方法 *getScores*()来获取双方选手的得分。实现代码如下：

```
def isOver(self):
    a,b = self.getScores()
    return abs(a-b) >= 2 and (a >= 11 or b >= 11)
```

getScores()方法的实现代码就非常简单了，分别调用两位选手的 *getScore*()方法即可，代
码如下：

```
def getScores(self):
    return self.playerA.getScore(), self.playerB.getScore()
```

确定谁发球的 *checkServer*()方法相对复杂，要根据双方选手的得分和发球方的发球次数来
确定。如果是 10 平之后，那么每发一个球都要换发，否则发球方累计发球次数为偶数且不为 0
时换发。分解出另一个方法 *changeServer*()来完成换发球。*checkServer*()方法的实现代码如下：

```
def checkServer(self):
    a,b = self.getScores()
    if abs(a-b) < 2 and (a >10 or b >10):  # 如果是 10 平之后
```

```
        self.changeServer()
    elif self.server.getServe() % 2 == 0 and self.server.getServe() != 0:
        self.changeServer()
```

changeServer()方法的实现代码也比较简单，代码如下：

```
def changeServer(self):
    if self.server == self.playerA:
        self.server = self.playerB
        self.opponent = self.playerA
    else:
        self.server = self.playerA
        self.opponent = self.playerB
```

至此，*Game* 类设计并定义完成。

2．SimStats 类

"统计结果"的属性就是双方选手各赢了多少场，即 self.*winsA* 和 self.*winsB*，在__init__()
方法中对它们赋初值，代码如下：

```
class SimStats:
    def __init__(self):
        self.winsA = 0
        self.winsB = 0
```

"统计结果"中最重要的操作就是"更新"了，为此定义了 *update*()方法。该方法有一个
形参，是一个 *Game* 对象，即根据一场比赛的结果来更新统计结果。将这个形参命名为
aGame，调用其 *getScores*()方法来获取双方选手一场比赛结束后的得分，代码如下：

```
def update(self, aGame):
    a, b = aGame.getScores()
    if a > b:                              # 选手 A 赢了
        self.winsA = self.winsA + 1
    else:                                  # 选手 B 赢了
        self.winsB = self.winsB + 1
```

再定义一个返回统计结果的方法 *getResult*()，代码如下：

```
def getResult(self):
    return self.winsA, self.winsB
```

至此，*SimStats* 类设计并定义完成。模拟比赛过程还需要执行代码，我们将这些代码定
义在 main()函数中，输入/输出部分用弹出对话框来处理。

7.5　编程实践：tkinter 中的弹出对话框

第 3 章中（3.5 节）介绍过 tkinter 第三方库中的 filedialog 包。
simpledialog 和 messagebox 也是 tkinter 中的两个包，前者用来弹出输入
对话框，后者用来弹出消息对话框。引入方式如下：

扫码看视频

```
from tkinter import simpledialog, messagebox
```

表 7-2 和表 7-3 列出了两个包中的常用函数。

表 7-2　simpledialog 包中的常用函数

函数	功能
askfloat(title=None, prompt=None)	从用户那里获取一个小数，若不是，提示"非法值"，要求用户重新输入
askinteger(title=None, prompt=None)	从用户那里获取一个整数，若不是，提示"非法值"，要求用户重新输入
askstring(title=None, prompt=None)	从用户那里获取一个字符串，若不是，提示"非法值"，要求用户重新输入

表 7-3　messagebox 包中的常用函数

函数	功能
showerror(title=None, message=None)	打开一个错误提示对话框
showinfo(title=None, message=None)	打开一个信息提示对话框
showwarning(title=None, message=None)	打开一个警告提示对话框
askyesno(title=None, message=None)	打开一个"是/否"对话框，返回 True 或 False
askretrycancel(title=None, message=None)	打开一个"重试/取消"对话框，返回 True 或 False

【例 7-5】 修改【例 7-1】中课程类 *Course* 的定义，采用弹出对话框来处理输入/输出。

修改程序如图 7-7 所示。在 *get_input*()方法中，接收课程名称、学分和成绩的输入分别调用 simpledialog 包中的 askstring()和 askinteger()函数，询问用户是否继续输入则调用 messagebox 包中的 askyesno()函数，如果用户选择"否"，则返回值为 False，循环结束。使用对话框省去了用户手动输入的麻烦，且界面相较于 IDLE Shell 环境来说更加友好。在 *print_courses*()方法中，将所有要输出的字符串合并在变量 *info* 中，然后将其作为参数调用 messagebox 包中的 showinfo()函数，将结果输出到消息框中，除了通过循环包含每门课程的信息外，最后还增加了统计结果的信息。

图 7-7　修改 *Course* 类的定义

在模块中增加 main()函数的定义，首先创建一个 *Course* 类的对象实例并赋值给变量 *stud_course*，然后调用该对象的一些方法进行操作，包括接收输入、将输入的课程信息写入 CSV 文件、从 CSV 文件中读取所有课程信息、输出所有课程信息和统计结果。main()函数的实现代码和调用代码如下：

```python
def main():
    stud_course = Course()
    stud_course.get_input()
    stud_course.write_csv()
    stud_course.read_csv()
    stud_course.print_courses()
if __name__ == "__main__": main()
```

运行程序，首先输入一门新的课程信息，如图 7-8a 所示。然后程序询问是否需要输入更多的课程，如图 7-8b 所示，单击"否"按钮，输入结束，将这门新课程的信息保存在"course.csv"文件中。【例 7-2】中已经输入了 3 门课程，本次输入后共有 4 门课程，一并从 CSV 文件中读取出来，调用数据统计方法进行统计，并将结果按照指定的格式和内容输出，结果如图 7-8c 所示。

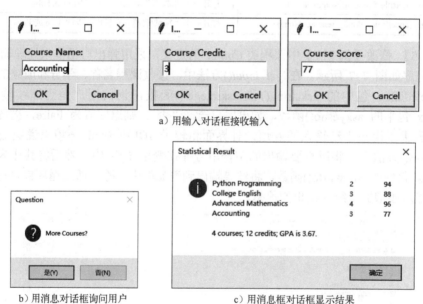

a）用输入对话框接收输入

b）用消息对话框询问用户　　　　　　c）用消息框对话框显示结果

图 7-8　采用对话框处理输入、输出

【例 7-6】　本章案例主函数的实现。

编写程序如图 7-9 所示。首先通过调用 messagebox 包中的 showinfo()函数来显示模拟情景，结果如图 7-2a 所示。

然后调用 simpledialog 包中的 askfloat()函数来获取双方选手的技能水平，如图 7-2b 所示，调用 askinteger()函数来获取模拟比赛场数。由于这两个函数已经保证了输入必须是小数和整数，因此无须再用 try-except 语句来捕获输入错误。但仍然需要考虑两种可能出错的情况：一是用户在图 7-2b 所示的输入对话框中单击了"Cancel"按钮，这时返回的就是 None，这种情况一般意味着用户不想输入，也不想继续运行程序，所以在嵌套的 if 语句中增加了 if *probA* 这样的判断，返回值为 None 时 if 条件为假，什么也不再做了；二是用户输入的数据不在有效范围内，比如 *probA* 不为 0～1，这时调用 messagebox 包中的 showerror()函数给出提示信息，如图 7-2d 所示。对要输入的 3 个变量值都做如此处理，只有全部输入正确有效时才开始模拟比赛，也即开始执行嵌套 if 语句中最里层的语句块。

在循环 *n* 场比赛之前，先初始化一个统计结果对象 *stats*。进入每次循环时，先初始化一场比赛 *theGame*，然后调用这个对象最重要的 *play*()方法，执行结束后就有了双方选手的最终得分，再调用 *stats* 的 *update*()方法对统计结果进行更新。*n* 场比赛结束后，统计也已经完成，调用 *stats* 的 *getResult*()方法获取双方赢的比赛场数。最后调用 messagebox 包中的 showinfo()函数显示结果，如图 7-2e 所示。

```
1  "This module simulates table-tennis games"
2  # 模拟乒乓球比赛——面向对象设计
3
4  from random import random
5  from tkinter import simpledialog, messagebox
6
7  def main():
8      info = 'This program simulates a game of table-tennis between two players called "A" and "B".'
9      info += " The abilities of each player is indicated by a probability (a number between 0 and 1) ."
10     info += " Player A always has the first serve."
11     messagebox.showinfo("Problem Statement",info)
12     probA = simpledialog.askfloat("Input","What is the prob. player A wins a serve?")
13     if probA:
14         if probA <= 0 or probA >= 1:
15             messagebox.showerror("Wrong Input","The prob. player A wins should be between 0 and 1.")
16         else:
17             probB = simpledialog.askfloat("Input","What is the prob. player B wins a serve?")
18             if probB:
19                 if probB <= 0 or probB >= 1:
20                     messagebox.showerror("Wrong Input","The prob. player A wins should be between 0 and 1.")
21                 else:
22                     n = simpledialog.askinteger("Input","How many games to simulate?")
23                     if n:
24                         if n <= 0 or n >= 1000000:
25                             messagebox.showerror("Wrong Input","Games to simulate should be between 0 and 1000000.")
26                         else:
27                             stats = SimStats()
28                             for i in range(n):
29                                 theGame = Game(probA, probB)   # 创建一场新比赛
30                                 theGame.play()                 # 打这场比赛
31                                 stats.update(theGame)          # 更新这场比赛后的统计结果
32                             # 输出模拟n场比赛后的统计结果
33                             winsA, winsB = stats.getResult()
34                             info = "Games simulated: {0}".format(n)
35                             info += "\nWins for A: {0} ({1:0.1%})".format(winsA, winsA/n)
36                             info += "\nWins for B: {0} ({1:0.1%})".format(winsB, winsB/n)
37                             messagebox.showinfo("Simulation Result", info)
38
```

图 7-9　本章案例主函数的实现

7.6　本章小结

本章以"模拟乒乓球比赛"案例的实现为主线，将类和对象实例、面向对象的基本概念、面向对象的设计过程等知识点全部贯穿，还使用了图形化用户界面工具包 tkinter 中的弹出对话框来处理输入和输出。至此，Python 编程基础部分已经全部学习完，我们已经可以开发各种各样的程序。程序设计是一门艺术，也是一门科学，只有不断练习，自己动手解决问

题，才能形成编程思维，提高编程能力，成为编程高手。在前 7 章所学知识的基础上，我们可以继续深入学习和自己专业相关的 Python 第三方类库，使用其中的类和函数来解决专业问题。

本章创建的 Python 程序文件包括：

- ch07.py："模拟乒乓球比赛"案例，【例 7-6】。
- course.py：定义课程类，【例 7-1】。
- person.py：定义 Person 类，【例 7-3】。
- student.py：定义学生类，【例 7-4】。
- course_dialog.py：采用对话框的课程类，【例 7-5】。

本章学习的 Python 关键字包括：class，定义类。

本章学习的系统内部方法包括：__init__()，对象的初始化。

7.7　习题

1. 讨论题

1）属性变量和局部变量有何区别？

2）方法和函数有何异同？

3）初始化方法也称为构造函数，它有什么作用？

4）对象之间如何传递消息？

5）什么是对象之间的组成关系？如何实现？

6）什么是类之间的继承关系？如何实现？

7）面向对象的设计过程包括哪些步骤？

8）面向对象程序设计的核心思想是什么？

2. 编程题

1）定义球类 *Ball*，提供两个方法分别计算球体的表面面积和体积。定义一个主函数 main()，创建一个 *Ball* 的对象实例并输出其表面面积和体积。

2）定义正多边形类 *RegularPolygon*，提供 4 个方法分别计算其周长、半径、边心距和面积。定义一个主函数 main()，创建一个 *RegularPolygon* 的对象实例并输出其周长、半径、边心距和面积。设边长为 *a* 的正 *n* 多边形，周长为 *p*，半径为 *R*，边心距为 *r*，面积为 *S*，计算公式如下：

$$p = a \times n; \quad R = \frac{a}{2 \times \sin(\pi/n)}; \quad r = R \times \cos\frac{\pi}{n}; \quad S = \frac{p \times r}{2}$$

3）修改【例 7-3】中 *Person* 类的定义，增加出生日期、身高、体重等属性，增加一个方法用来计算体重指数 BMI，增加一个方法来查询生肖，增加一个方法来查询星座。

4）修改【例 7-4】中学生类 *Student* 的定义，增加课程属性，该属性的值是【例 7-5】中课程类 *Course* 的对象实例；增加一个方法来输入课程信息；增加一个方法来输出课程信息和统计结果；增加一个方法把课程信息存入 CSV 文件中，注意要在文件名前面加上学号以区分不同学生的课程信息，比如"202301_course.csv"；增加一个方法从相应学号的

CSV 文件中读取课程信息。修改 *self_intro*()方法，采用消息对话框来进行自我介绍。

　　定义一个函数来创建学生对象，让学生进行自我介绍并将学生信息保存至文件"students.csv"中，同时输入该学生的课程信息，并保存至 CSV 文件中，输出课程信息和统计结果。再定义一个函数，用来根据学号从文件"students.csv"中查询该学生的信息，创建一个该学生的对象，让该学生进行自我介绍，并从 CSV 文件中读取其课程信息并输出；如果查询不到该学生信息，则给出提示信息，程序终止。

第 2 部分　Python 专业应用

第 8 章
数据分析基础

现代社会，当面对海量而又看似杂乱无章的数据时，常常需要将其中蕴含的有用信息集中和提炼出来，找出所研究对象的内在规律。数据分析就是一个用适当的统计分析手段提取有用信息和形成结论，进而对数据加以详细研究和概括总结的过程。比如，研究商品的出售情况、用户的特征、产品的黏性可以帮助我们制定更好的营销策略和手段；通过对企业年度财务数据及其指标综合分析，对上市公司的投资价值做出判断，从而为投资者提供有用的参考。数据分析以发现业务价值为终极目标，主要的步骤包括数据获取、数据清洗、数据处理、数据建模、分析结果呈现等。本章围绕 Python 中的重要数据分析模块 NumPy 和 Pandas 展开介绍，针对它们在数据分析流程中的主要功能进行说明，希望帮助读者初步搭建起利用 Python 进行数据分析的操作基础。请大家参考附录 A，对本章后续内容进行环境配置。

8.1 案例：苹果公司股票价格数据的典型技术指标分析

对证券市场的历史数据进行梳理，应用数学和逻辑方法，归纳总结出典型的行为，从而预测未来的变化趋势，是数据分析的典型应用。不同的技术指标都可以从其特定的角度对市场进行观察，反映市场某一方面深层的内涵。本案例主要选择 KDJ 随机指标、RSI 相对强弱指数指标等。

8.2 科学计算包 NumPy

NumPy 是 Python 用于科学计算的基础包，也是大量 Python 数学和科学计算包的基础。许多数据处理及分析包都是在 NumPy 的基础上开发的，如后面介绍的 Pandas 包等。NumPy 的核心基础是 Ndarray（N-dimensional array，N 维数组），即由数据类型相同的元素组成的 N 维数组。本节主要介绍有关数组的创建、运算、切片、连接、数据存取、矩阵运算及线性代数运算等内容。

8.2.1 数组导入与创建

1. 数组导入

NumPy 中提供的 loadtxt() 函数可以从数据文件中导入数据，函数及主要参数如下：

```
numpy.loadtxt(fname, dtype = <class 'float'>, comments = '#', delimiter = None,
```

```
converters = None, skiprows = 0, usecols = None, unpack = False, ndmin = 0, encoding
= 'bytes', max_rows = None, *, like = None)
```

  fname：被读取的文件名（文件的相对地址或者绝对地址）。

  dtype：指定读取后数据的数据类型。

  delimiter：指定读取文件中数据的分隔符。

  skiprows：选择跳过的行数。

  usecols：指定需要读取的列。

  在图 8-1 所示的代码及结果中，通过调用 loadtxt() 函数，可以读取数据文件 financial_loan.csv 中的数据，*dtype*=str 将数据类型设置为字符串，并采用分隔符 “,”，*usecols*=(1,6)指定读取索引为 1 和 6 的数据列（即 “rare” 和 “credit” 字段）。

```
import numpy as np
myarr = np.loadtxt("data/financial_loan.csv",dtype=str,delimiter=',',usecols=(1,6))
myarr

array([['rate', 'credit'],
       ['22', 'D'],
       ['13', 'AA'],
       ...,
       ['13', 'AA'],
       ['13', 'AA'],
       ['22', 'F']], dtype='<U6')
```

图 8-1　loadtxt()函数示例

2．数组创建

  array()函数可以将列表、元组、嵌套列表、嵌套元组等给定的数据结构转换为数组。array()函数的语法格式为：

```
numpy.array(object, dtype = None, copy = True, order = None, ndmin = 0)
```

  object：表示数组序列。

  dtype：可选参数，表示数组的数据类型。

  copy：可选参数，表示数组能否被复制，默认为 True。

  order：用来定义以何种内存布局创建数组。

  ndmin：用于指定数组的维度。

  对比 Python 的基本数据类型（列表、元组、字典等），数组具有更灵活的数据存储方式，如一维数组和二维数组等，特别是对于数值型数据来说更有优势。如图 8-2 所示，使用 array()函数可以通过已知列表 L1、L3、L4 以及元组 L2、L5 等创建新的数组。

```
import numpy as np
```

```
L1=[1,2,3,4,5,6]              #根据列表创建数组
a1=np.array(L1)
a1

array([1, 2, 3, 4, 5, 6])
```

```
L2=(1,2,3,4,2.3)             #根据元组创建数组
a2=np.array(L2)
a2

array([1. , 2. , 3. , 4. , 2.3])
```

图 8-2　array()函数使用示例

```
L3=[[1,2,3,4],[5,6,7,8]]          #根据嵌套列表创建数组
a3=np.array(L3)
a3
```

```
array([[1, 2, 3, 4],
       [5, 6, 7, 8]])
```

```
L4=[(1,2,3,4),(5,6,7,8)]          #嵌套列表,元素为元组
a4=np.array(L4)
a4
```

```
array([[1, 2, 3, 4],
       [5, 6, 7, 8]])
```

```
L5=((1,2,3,4),(5,6,7,8))          #根据嵌套元组创建数组
a5=np.array(L5)
a5
```

```
array([[1, 2, 3, 4],
       [5, 6, 7, 8]])
```

图 8-2　array()函数使用示例（续）

8.2.2　数组属性

在 NumPy 数组中，秩（Rank）表示轴的数量，即数组的维度，一维数组的秩为 1，二维数组的秩为 2，以此类推。例如，二维数组是两个一维数组，其中第一个一维数组中的每个元素又是一个一维数组。NumPy 数组中的主要属性如表 8-1 所示。

表 8-1　NumPy 数组中的主要属性

属性	说明
ndim	数组维度数
shape	数组的形状，即几行几列
size	数组元素的个数，相当于 shape 中行列数的乘积
dtype	数组元素的数据类型
itemsize	数组中每个数组元素的大小，以字节为单位

如图 8-3 所示，当导入示例数据文件 financial_loan.csv 为数组后，即可通过访问数据属性了解该数组的基本情况。数据类型对象（Data Type Object）又称 dtype 对象，主要用来描述数组元素的数据类型、大小以及字节顺序。同时，它也可以用来创建结构化数据，比如，常见的 int64、float64 都是 dtype 对象。

```
#此时,导入数组后的数据类型为float32
myarr = np.loadtxt("data/financial_loan.csv",dtype=np.float32,delimiter=',',usecols=(1,2,3,4,5),skiprows=1)
```

```
myarr.ndim          # 数组的秩 (维数) 为2
```

```
2
```

```
myarr.shape         # 数组的大小为20000行, 5列
```

```
(20000, 5)
```

```
myarr.size
```

```
100000
```

```
myarr.dtype
```

```
dtype('float32')
```

```
myarr.itemsize      #每个数组元素长度为4个字节
```

```
4
```

图 8-3　访问数组属性示例

8.2.3 数组访问

在 NumPy 中，如果想要访问或修改数组中的元素，则可以采用索引或切片的方式，例如，使用从 0 开始的索引依次访问数组中的元素或者按照规则切取原数组中的部分数据等，与列表操作相同。

图 8-4 所示为使用索引和切片访问数组的示例。首先通过索引和切片访问 8.2.2 小节中导入的 myarr 数组的数据，并逐次实现：

1）访问 myarr 中的第 1 行数据。

2）访问 myarr 中的列索引为 3 和 4 的数据。

3）访问 myarr 中行索引为 2、列索引为 4 的数据。

4）访问 myarr 中满足第 0 列（rate）等于 10 的所有列数据。

5）访问 myarr 中满足第 0 列（rate）等于 10 的两列（age）数据。

图 8-4　使用索引和切片访问数组示例

8.2.4 数组操作

1. 数组变换

在数据分析中，有时需要根据需要对数组进行变换操作。数组的变换主要包括维度变换和类型变换。数组维度变换可以使用到的方法包括 reshape()、resize() 以及 flattern() 等。其中，reshape()、resize() 可以修改原来的数组为给定形状参数，区别在于：reshape() 方法返回修改后的新数组，而 resize() 方法直接在原数组上进行修改；flattern() 方法则是将原数组压缩为新的一维数组，原数组标尺不变。数组类型变换可以使用 astype() 方法，将原数组数据类型转换为新的指定数据类型，并返回一个新数组。

如图 8-5 所示，获取 8.2.2 小节的 *myarr* 数组中的部分数据定义为 *myarr_new*，通过调用相关函数实现维度变换和类型变换。

```
myarr_new=myarr[0:5,0:4]
myarr_new
```

```
array([[22.,  3.,  0., 31.],
       [13.,  5.,  2., 29.],
       [20.,  7.,  6., 28.],
       [13.,  4.,  0., 71.],
       [13.,  1.,  2., 21.]], dtype=float32)
```

```
myarr_new.reshape(1,-1)                                    # 变换成1行
```

```
array([[22.,  3.,  0., 31., 13.,  5.,  2., 29., 20.,  7.,  6., 28., 13.,
         4.,  0., 71., 13.,  1.,  2., 21.]], dtype=float32)
```

```
myarr_new.reshape(2,-1)                                    # 变换成2行
```

```
array([[22.,  3.,  0., 31., 13.,  5.,  2., 29., 20.,  7.],
       [ 6., 28., 13.,  4.,  0., 71., 13.,  1.,  2., 21.]], dtype=float32)
```

```
myarr_new.flatten()                                        #返回一维数组
```

```
array([22.,  3.,  0., 31., 13.,  5.,  2., 29., 20.,  7.,  6., 28., 13.,
        4.,  0., 71., 13.,  1.,  2., 21.], dtype=float32)
```

```
arr1=myarr_new.flatten()                                   #重新转换为二维数组
arr1.resize(5,4)
arr1
```

```
array([[22.,  3.,  0., 31.],
       [13.,  5.,  2., 29.],
       [20.,  7.,  6., 28.],
       [13.,  4.,  0., 71.],
       [13.,  1.,  2., 21.]], dtype=float32)
```

```
myarr_new.astype(int)                                      #变换数据类型
```

```
array([[22,  3,  0, 31],
       [13,  5,  2, 29],
       [20,  7,  6, 28],
       [13,  4,  0, 71],
       [13,  1,  2, 21]])
```

图 8-5　数组变换示例

2. 数组排序

NumPy 提供了多种排序函数，这些排序函数可以实现不同的排序算法，主要的排序函数如表 8-2 所示。

表 8-2　主要的排序函数

函数名	主要功能描述
numpy.sort()	对输入数组执行排序，并返回一个数组副本
numpy.argsort()	沿着指定的轴，对输入数组的元素值进行排序，并返回排序后的元素索引数组
numpy.lexsort()	按键序列对数组进行排序，返回一个已排序的索引数
numpy.argmax()	返回最大值的索引
numpy.argmin()	返回最小值的索引

同样，对 8.2.2 小节中导入的 myarr 数组进行排序操作：

1）使用 sort() 函数按行排序。

2）使用 sort() 函数按列排序。

3）使用 argsort() 函数按照第 1 列进行排序。

4）使用 lexsort() 按照多列进行排序，排序先后为第 4 列、第 2 列和第 1 列。

按行、按列进行数组排序示例如图 8-6 所示。

```
np.sort(myarr,axis=1)           # 按行排序
```

```
array([[ 0.,   1.,   3.,  22.,  31.],
       [ 0.,   2.,   5.,  13.,  29.],
       [ 1.,   6.,   7.,  20.,  28.],
       ...,
       [ 0.,   1.,   1.,  13.,  27.],
       [ 1.,   1.,   2.,  13.,  36.],
       [ 1.,   1.,   3.,  22.,  26.]], dtype=float32)
```

```
np.sort(myarr,axis=0)           # 按列排序
```

```
array([[  8.,    1.,    0.,   15.,    0.],
       [  8.,    1.,    0.,   16.,    0.],
       [  8.,    1.,    0.,   16.,    0.],
       ...,
       [ 24.,  100.,   14.,   80.,    1.],
       [ 24.,  107.,   15.,   80.,    1.],
       [ 24.,  650.,   16.,   80.,    1.]], dtype=float32)
```

```
np.argsort(myarr, axis=1)       # 按行排序
```

```
array([[2, 4, 1, 0, 3],
       [4, 2, 1, 0, 3],
       [4, 2, 1, 0, 3],
       ...,
       [2, 1, 4, 0, 3],
       [2, 4, 1, 0, 3],
       [2, 4, 1, 0, 3]])
```

```
np.lexsort((myarr[:,4],myarr[:,2],myarr[:,1]))  # 多级排序：按照第4列、第2列和第1列排序
```

```
array([   45,   118,   188, ..., 10636,  3338,  8593])
```

图 8-6　按行、按列进行数组排序示例

3．数组条件筛选

在 NumPy 中，提供了 where()函数按照给定条件进行筛选，其返回值是满足给定条件的元素索引。按照条件筛选 8.2.2 小节中导入的 myarr 数组，查找 rate=12 的元素索引，示例代码如下：

```
np.where(myarr[:,0]==12)            #单条件筛选
```

使用此代码可以得到 myarr 数组中 rate=12 的元素索引，如图 8-7 所示。

```
np.where(myarr[:,0]==12)
```

```
(array([    7,    10,    11,    13,    19,    21,    79,   112,   114,
          146,   148,   166,   176,   182,   219,   320,   350,   358,
          385,   452,   490,   545,   628,   629,   643,   709,   716,
          771,   813,   869,   906,   922,   924,  1007,  1009,  1039,
         1042,  1088,  1108,  1126,  1163,  1222,  1240,  1246,  1278,
         1279,  1287,  1292,  1299,  1317,  1332,  1336,  1346,  1347,
         1349,  1366,  1389,  1480,  1486,  1510,  1592,  1638,  1641,
         1654,  1665,  1696,  1697,  1700,  1747,  1811,  1815,  1834,
         1840,  1874,  1887,  1931,  1984,  1999,  2000,  2036,  2039,
         2082,  2102,  2169,  2178,  2224,  2229,  2239,  2290,  2307,
         2336,  2393,  2448,  2479,  2540,  2565,  2566,  2577,  2582,
         2585,  2670,  2695,  2711,  2798,  2832,  2890,  2974,  2984,
         3060,  3068,  3118,  3138,  3143,  3150,  3151,  3180,  3238,
         3276,  3277,  3307,  3317,  3323,  3326,  3333,  3384,  3417,
         3420,  3449,  3458,  3477,  3493,  3548,  3665,  3716,  3734,
         3749,  3803,  3832,  3875,  3880,  3885,  4020,  4052,  4068,
         4073,  4104,  4205,  4228,  4230,  4296,  4370,  4385,  4511,
         4520,  4526,  4615,  4646,  4679,  4756,  4799,  4812,  4887,
         4910,  4933,  4973,  5013,  5050,  5137,  5167,  5190,  5195,
```

图 8-7　数组条件筛选示例

8.2.5　数组运算

数组运算主要包含数组和标量之间的运算以及数组和数组之间的运算。

1. 数组和标量之间的运算

如果一个数组和标量进行运算，则不需要在公式书写时遍历每一个列表元素，这被称为向量化。向量化可以让代码更加简洁，示例如图 8-8 所示。

```
myarr_new=myarr_new+1
myarr_new
```

```
array([[23.,  4.,  1., 32.],
       [14.,  6.,  3., 30.],
       [21.,  8.,  7., 29.],
       [14.,  5.,  1., 72.],
       [14.,  2.,  3., 22.]], dtype=float32)
```

图 8-8　数组和标量运算示例

2. 数组和数组之间的运算

NumPy 变快的关键是利用向量化操作。NumPy 数组之间的运算可以通过算术函数来实现，由于利用了向量化操作，对数组的操作会应用于数组中的每一个元素中，主要函数及其功能如表 8-3 所示。

表 8-3　主要函数及其功能

函数名	主要功能描述
add()	加法运算
substract()	减法运算
negtive()	取反运算
multiply()	乘法运算
divid()	除法运算
pow()	幂运算
mod	求模运算

📖 做算术运算时，输入数组必须具有相同的形状，或者符合数组的广播规则，才可以执行运算。

3. 数组统计函数

NumPy 提供了许多统计函数，主要功能如表 8-4 所示。

表 8-4　统计函数及其功能

函数名	主要功能描述
amin()、amax()	计算数组最小值与最大值
ptp()	计算数组中最大值与最小值的差值
percentile()	计算数组中任意百分比分位数
median()	计算数组元素的中位数
mean()	计算数组元素的算术平均值
std()	计算数组元素的标准差
var()	计算数组元素的方差

如图 8-9 所示，使用以上函数对导入的 myarr 数组求解"age"字段（第 3 列）的平均

值、中位数和标准差。

```
np.mean(myarr[:,3])
```
32.5726

```
np.median(myarr[:,3])
```
30.0

```
np.std(myarr[:,3])
```
11.771491

图 8-9 数组统计函数示例

8.3 数据处理包 Pandas

Pandas 是基于 NumPy 开发的一个 Python 数据分析包，提供了大量的数据分析函数，包括数据处理、数据抽取、数据集成、数据计算等基本的数据分析手段。Pandas 核心数据结构包括序列和数据框，序列存储一维数据、二维数据等，而数据框则可以存储更复杂的多维数据。除此之外，Pandas 还提供了众多有用的函数，比如滚动计算函数、数据框之间的合并与关联函数。

在 Anaconda 发行版中，Pandas 包已经集成在系统中，无须再另外安装。在使用过程中直接导入该包即可，导入的方法为 import pandas as pd，其中 import 和 as 为关键词，pd 为其简称。

本节主要介绍 Pandas 中两个基本的数据对象：Series（一维数据对象）和 DataFrame（二维数据对象）。Series 是 Pandas 中非常重要的一个数据结构，由两部分组成，一部分是索引（Index），另一部分是对应的值（Value）。Series 不仅能实现一维数组的功能，还增加了丰富的数据操作与处理功能。DataFrame 的每一行数据都可以看成是一个 Series 结构，并为行中的每个数据值增加了一个列标签。同 Series 一样，DataFrame 自带行标签索引，默认为"隐式索引"，即从 0 开始依次递增，行标签与 DataFrame 中的数据项一一对应，如图 8-10 所示。

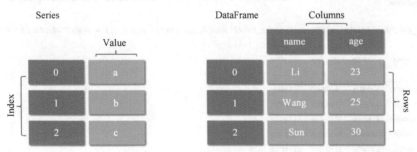

图 8-10 Pandas 数据类型示例

8.3.1 数据导入

Pandas 提供了较多的文件读取函数，读取 CSV 文件常使用 read_csv()函数，由于其参数较多，下面仅介绍常用的参数：

filepath_or_buffer：用来指定数据输入的路径，可以是文件路径，也可以是一个链接，读取 CSV 文件时，默认读取第一个 sheet 的内容。

sep：用来指定读取 CSV 文件时的分隔符，默认为逗号。特别需要注意，CSV 文件本身的分隔符和读取 CSV 文件时指定的分隔符需要保持一致。

header 和 *name*：用来指定导入数据后的列标题，当 names 没有被赋值时，并且 header 也没有被赋值时，选取数据文件的第一行作为列标题；当 names 被赋值，但 header 没有被赋值时，那么 header 会变成 None；如果都赋值，就会实现两个参数的组合功能。

index_col：用来指定列索引，默认是 0、1、2……。

usecols：用来指定需要导入的列，默认为 None。

dtype：指定列属性的字段类型，默认为 None。

skiprows：指定导入时需要跳过的行，默认为 None。

nrows：指定读取的行数，通常用于较大的数据文件中，默认是 None，读取全部数据。

read_csv()函数返回的是 DataFrame 数据形式，如图 8-11 所示，可以通过设置不同的参数获取不同形式的 DataFrame 数据。图 8-11 所示的是通过 read_csv()读取 CSV 文件 dow30_origin.csv（道琼斯指数 30 成分股数据）。

```python
import pandas as pd
df = pd.read_csv("data/dow30_origin.csv") #按默认参数读取文件
df
```

	Unnamed: 0	date	open	high	low	close	volume	tic
0	0	2008-12-31	3.070357	3.133571	3.047857	2.598351	607541200	AAPL
1	1	2008-12-31	57.110001	58.220001	57.060001	43.289661	6287200	AMGN
2	2	2008-12-31	17.969999	18.750000	17.910000	14.745289	9625600	AXP
3	3	2008-12-31	41.590000	43.049999	41.500000	32.005886	5443100	BA
4	4	2008-12-31	43.700001	45.099998	43.700001	30.214792	6277400	CAT
...	...	...	...	...	...	...	...	...
94355	94355	2021-10-29	454.410004	461.390015	453.059998	453.169403	2497800	UNH
94356	94356	2021-10-29	209.210007	213.669998	208.539993	209.810745	14329800	V
94357	94357	2021-10-29	52.500000	53.049999	52.410000	49.462273	17763200	VZ
94358	94358	2021-10-29	46.860001	47.279999	46.770000	44.510620	4999000	WBA
94359	94359	2021-10-29	147.910004	150.100006	147.559998	146.517654	7340900	WMT

94360 rows × 8 columns

```python
df = pd.read_csv("data/dow30_origin.csv",index_col=['date'],usecols=[1,2,3,4,5]) # 在读取时将date设置为索引列
df
```

date	open	high	low	close
2008-12-31	3.070357	3.133571	3.047857	2.598351
2008-12-31	57.110001	58.220001	57.060001	43.289661
2008-12-31	17.969999	18.750000	17.910000	14.745289
2008-12-31	41.590000	43.049999	41.500000	32.005886
2008-12-31	43.700001	45.099998	43.700001	30.214792
...	...	...	...	...
2021-10-29	454.410004	461.390015	453.059998	453.169403
2021-10-29	209.210007	213.669998	208.539993	209.810745
2021-10-29	52.500000	53.049999	52.410000	49.462273
2021-10-29	46.860001	47.279999	46.770000	44.510620
2021-10-29	147.910004	150.100006	147.559998	146.517654

94360 rows × 4 columns

图 8-11　数据导入示例

```
df = pd.read_csv("data/dow30_origin.csv",
                usecols=[2,3,4,5],header=0,names=['开盘价','最高价','最低价',"收盘价"],) # 读取指定列，按要求设置标题
df
```

	开盘价	最高价	最低价	收盘价
0	3.070357	3.133571	3.047857	2.598351
1	57.110001	58.220001	57.060001	43.289661
2	17.969999	18.750000	17.910000	14.745289
3	41.590000	43.049999	41.500000	32.005886
4	43.700001	45.099998	43.700001	30.214792
...	...	...	...	...
94355	454.410004	461.390015	453.059998	453.169403
94356	209.210007	213.669998	208.539993	209.810745
94357	52.500000	53.049999	52.410000	49.462273
94358	46.860001	47.279999	46.770000	44.510620
94359	147.910004	150.100006	147.559998	146.517654

94360 rows × 4 columns

图 8-11　数据导入示例（续）

8.3.2　数据创建

8.3.1 节演示了如何通过外部文件来导入 Pandas 数据框对象，还可以利用已有的数据内容，通过 DataFrame()函数创建新的数据框对象，其语法格式为：

```
pd.DataFrame(data, index, columns, dtype, copy)
```

主要的参数包括：

data：指定数据来源对象，可以是 ndarray、list 或者 dict 等。

index：指定列索引，与来源数据的长度相同，默认值为 np.arange(n)，n 代表 data 中的元素个数。

columns：指定列标签，默认值为 np.arange(n)。

dtype：指定数据类型，如果没有定义，那么 Python 会根据输入进行判断。

copy：是否复制数据，默认为 False。

Series 作为特殊的数据框，由索引（Index）和对应的值构成。Pandas 提供了可以直接创建序列对象的 Series()函数，其语法格式为：

```
pandas.Series(data, index, dtype, copy)
```

有关参数设置可以参考 DataFrame()函数。

相关代码如图 8-12 所示。

```
Namelst = ['AAPL', 'AMGN', 'AXP', 'BA','CAT', 'CRM', 'CSCO','CVX']
Namedf = pd.DataFrame(Namelst)                          #根据列表创建数据框对象
Namedf
```

	0
0	AAPL
1	AMGN
2	AXP
3	BA

图 8-12　数据创建示例

```
4    CAT
5    CRM
6    CSCO
7    CVX
```

```
type(Namedf)                                                    # 查看数据类型
```
```
pandas.core.frame.DataFrame
```

```
Namedic ={'name': ['AAPL', 'AMGN', 'AXP', 'BA','CAT', 'CRM', 'CSCO','CVX'],
          'open':[3.070357084,57.11000061,17.96999931,41.59000015,43.70000076,7.712500095,16.18000031,72.90000153],
          'close':[2.598351479,43.28966141,14.74528885,32.00588608,30.21479225,8.00249958,11.48336601,42.59493637]
} #根据字典创建数据框对象
```

```
Dowdf = pd.DataFrame(Namedic)
Dowdf
```

	name	open	close
0	AAPL	3.070357	2.598351
1	AMGN	57.110001	43.289661
2	AXP	17.969999	14.745289
3	BA	41.590000	32.005886
4	CAT	43.700001	30.214792
5	CRM	7.712500	8.002500
6	CSCO	16.180000	11.483366
7	CVX	72.900002	42.594936

```
Nameseries= pd.Series(Namelst)          #根据列表创建序列对象
Nameseries
```
```
0       AAPL
1       AMGN
2       AXP
3       BA
4       CAT
5       CRM
6       CSCO
7       CVX
dtype: object
```

```
type(Nameseries)                               # 查看数据类型
```
```
pandas.core.series.Series
```

图 8-12　数据创建示例（续）

在创建上述数据框对象和序列对象时，索引均由系统默认值 $np.arange(n)$ 分配。如果需要自定义索引，则可以通过设置函数中的 index 参数进行，如图 8-13 所示。

```
date=['2022-1-1', '2022-1-2', '2022-1-3', '2022-1-4', '2022-1-5', '2022-1-6', '2022-1-7', '2022-1-8']
Dowdf = pd.DataFrame(Namedic,index=date)
Dowdf
```

	name	open	close
2022-1-1	AAPL	3.070357	2.598351
2022-1-2	AMGN	57.110001	43.289661
2022-1-3	AXP	17.969999	14.745289
2022-1-4	BA	41.590000	32.005886
2022-1-5	CAT	43.700001	30.214792
2022-1-6	CRM	7.712500	8.002500
2022-1-7	CSCO	16.180000	11.483366
2022-1-8	CVX	72.900002	42.594936

```
Nameseries = pd.Series(Dowdf['name'].values,index=Dowdf.index)          #可以将数据框对象转换为序列对象
Nameseries
```

图 8-13　设置 index 的数据创建示例

```
2022-1-1    AAPL
2022-1-2    AMGN
2022-1-3    AXP
2022-1-4    BA
2022-1-5    CAT
2022-1-6    CRM
2022-1-7    CSCO
2022-1-8    CVX
dtype: object
```

图 8-13　设置 index 的数据创建示例（续）

8.3.3　数据预览

在获得数据框数据或序列数据之后，往往需要通过其自带的一些属性或者方法来查看数据，通过这些操作，可以了解数据的一些静态特征。数据框和序列的主要属性基本相同，如表 8-5 所示。

表 8-5　数据框和序列的主要属性

属性名	主要功能描述
axes	返回行轴标签列表
dtypes	返回序列数据类型
empty	如果系列为空，则返回 True
ndim	返回序列维数
size	返回序列元素个数
values	将序列作为数组返回
index	将索引作为数组返回

数据框和序列主要属性的使用示例如图 8-14 所示。

```
df = pd.read_csv("data/dow30_origin.csv",usecols=[1,2,3,4,5],index_col=['date']) # 导入数据
df.axes

[Index(['2008-12-31', '2008-12-31', '2008-12-31', '2008-12-31', '2008-12-31',
        '2008-12-31', '2008-12-31', '2008-12-31', '2008-12-31', '2008-12-31',
        ...
        '2021-10-29', '2021-10-29', '2021-10-29', '2021-10-29', '2021-10-29',
        '2021-10-29', '2021-10-29', '2021-10-29', '2021-10-29', '2021-10-29'],
       dtype='object', name='date', length=94360),
 Index(['open', 'high', 'low', 'close'], dtype='object')]
```

```
df.empty

False
```

```
df.ndim

2
```

```
df.index

Index(['2008-12-31', '2008-12-31', '2008-12-31', '2008-12-31', '2008-12-31',
       '2008-12-31', '2008-12-31', '2008-12-31', '2008-12-31', '2008-12-31',
       ...
       '2021-10-29', '2021-10-29', '2021-10-29', '2021-10-29', '2021-10-29',
       '2021-10-29', '2021-10-29', '2021-10-29', '2021-10-29', '2021-10-29'],
      dtype='object', name='date', length=94360)
```

```
df.head(10)                                               #读取df中的前10行数据

              open      high       low      close
    date
```

图 8-14　数据预览相关函数示例

2008-12-31	3.070357	3.133571	3.047857	2.598351
2008-12-31	57.110001	58.220001	57.060001	43.289661
2008-12-31	17.969999	18.750000	17.910000	14.745289
2008-12-31	41.590000	43.049999	41.500000	32.005886
2008-12-31	43.700001	45.099998	43.700001	30.214792
2008-12-31	7.712500	8.130000	7.707500	8.002500
2008-12-31	16.180000	16.549999	16.120001	11.483366
2008-12-31	72.900002	74.629997	72.900002	42.594936
2008-12-31	22.570000	22.950001	22.520000	19.538343
2008-12-31	82.239998	86.150002	81.120003	67.842323

```
df.describe()                                                    #查看有关统计量指标
```

	open	high	low	close
count	94360.000000	94360.000000	94360.000000	94360.000000
mean	92.840789	93.681550	91.987575	80.766122
std	64.612381	65.218986	63.991950	62.123624
min	2.835357	2.928571	2.792857	2.380682
25%	45.599998	46.020744	45.200001	36.984837
50%	76.337936	77.000000	75.739998	63.312920
75%	125.972502	127.102499	124.830002	110.613993
max	454.640015	461.390015	453.480011	453.169403

图 8-14　数据预览相关函数示例（续）

8.3.4　数据访问

在对有关数据进行操作之前，需要先将满足条件的数据查找出来，数据访问可以借助 loc 属性或者 iloc 属性来完成。loc 属性可以指定待查找数据的列标签和行标签，iloc 属性则需要指定待查找数据的行索引和列索引。此外，loc 属性和 iloc 属性均支持通过切片和布尔索引的方式来选择数据。使用 loc 属性的数据访问示例如图 8-15 所示。

```
df = pd.read_csv("data/dow30_origin.csv",usecols=[1,2,3,4,5,6,7]) # 导入数据
df
```

	date	open	high	low	close	volume	tic
0	2008-12-31	3.070357	3.133571	3.047857	2.598351	607541200	AAPL
1	2008-12-31	57.110001	58.220001	57.060001	43.289661	6287200	AMGN
2	2008-12-31	17.969999	18.750000	17.910000	14.745289	9625600	AXP
3	2008-12-31	41.590000	43.049999	41.500000	32.005886	5443100	BA
4	2008-12-31	43.700001	45.099998	43.700001	30.214792	6277400	CAT
...	...	...	...	...	...	...	...
94355	2021-10-29	454.410004	461.390015	453.059998	453.169403	2497800	UNH
94356	2021-10-29	209.210007	213.669998	208.539993	209.810745	14329800	V
94357	2021-10-29	52.500000	53.049999	52.410000	49.462273	17763200	VZ
94358	2021-10-29	46.860001	47.279999	46.770000	44.510620	4999000	WBA
94359	2021-10-29	147.910004	150.100006	147.559998	146.517654	7340900	WMT

94360 rows × 7 columns

图 8-15　使用 loc 属性的数据访问示例

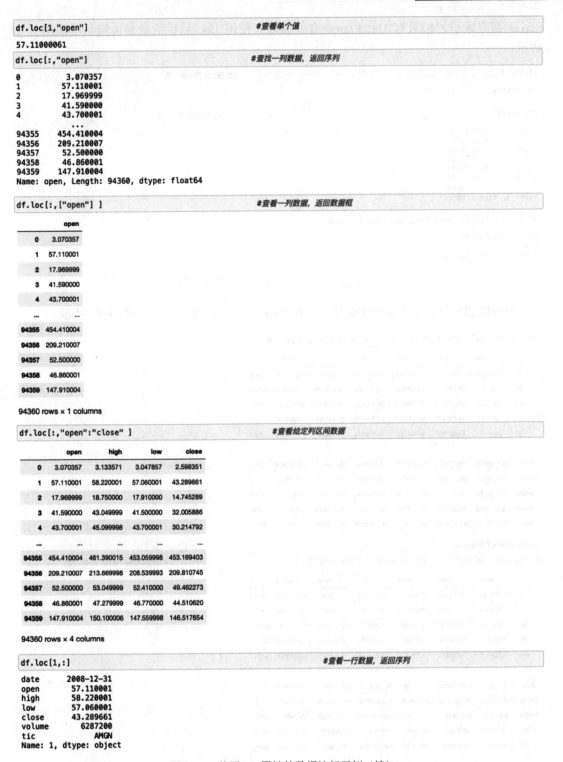

图 8-15　使用 loc 属性的数据访问示例（续）

可以看出，在使用标签切片时，标签的区间包含区间首尾的两个标签。此外，即使只有一行或一列数据的 DateFrame 是二维数据，Series 数据也永远都是一维的。DateFrame 和

Series 都有索引，但只有 DateFrame 有列标题。使用 iloc 属性的数据访问示例如图 8-16 所示。

```
df.iloc[1,2]                                    #根据位置查看单个值
58.22000122
```

```
df.iloc[1]                                      #根据位置查看某一行
date       2008-12-31
open         57.110001
high         58.220001
low          57.060001
close        43.289661
volume         6287200
tic               AMGN
Name: 1, dtype: object
```

```
df.iloc[2,[1,3]]    #根据位置查看指定行和指定列的数据
open      17.969999
low           17.91
Name: 2, dtype: object
```

图 8-16　使用 iloc 属性的数据访问示例

也可以通过设置相关参数实现特定条件下的数据访问，相关示例如图 8-17 所示。

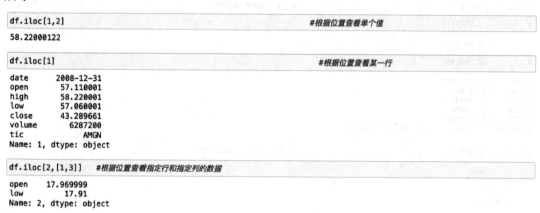

```
df.loc[df.date>"2009-1-1",:]        #根据索引表达式查看指定数据
```

	date	open	high	low	close	volume	tic
29	2009-1-2	3.067143	3.251429	3.041429	2.762747	746015200	AAPL
30	2009-1-2	58.590000	59.080002	57.750000	44.219196	6547900	AMGN
31	2009-1-2	18.570000	19.520000	18.400000	15.365299	10955700	AXP
32	2009-1-2	42.799999	45.560001	42.779999	33.941105	7010200	BA
33	2009-1-2	44.910000	46.980000	44.709999	31.729950	7117200	CAT
...	...	...	...	...	...	...	...
94355	2021-10-29	454.410004	461.390015	453.059998	453.169403	2497800	UNH
94356	2021-10-29	209.210007	213.669998	208.539993	209.810745	14329800	V
94357	2021-10-29	52.500000	53.049999	52.410000	49.462273	17763200	VZ
94358	2021-10-29	46.860001	47.279999	46.770000	44.510620	4999000	WBA
94359	2021-10-29	147.910004	150.100006	147.559998	146.517654	7340900	WMT

94331 rows × 7 columns

```
df.loc[(df["volume"]>6000000) & (df["tic"]=="AAPL"),:]          #查看满足复合条件的股票数据
```

	date	open	high	low	close	volume	tic
0	2008-12-31	3.070357	3.133571	3.047857	2.598351	607541200	AAPL
29	2009-1-2	3.067143	3.251429	3.041429	2.762747	746015200	AAPL
58	2009-1-5	3.327500	3.435000	3.311071	2.879345	1181608400	AAPL
87	2009-1-6	3.426786	3.470357	3.299643	2.831854	1289310400	AAPL
116	2009-1-7	3.278929	3.303571	3.223571	2.770663	753048800	AAPL
...	...	...	...	...	...	...	...
94210	2021-10-25	148.679993	149.369995	147.619995	147.566940	50720600	AAPL
94240	2021-10-26	149.330002	150.839996	149.009995	148.242035	60893400	AAPL
94270	2021-10-27	149.360001	149.729996	148.490005	147.775436	56094900	AAPL
94300	2021-10-28	149.820007	153.169998	149.720001	151.468567	100077900	AAPL
94330	2021-10-29	147.220001	149.940002	146.410004	148.718552	124953200	AAPL

3231 rows × 7 columns

图 8-17　设置特定条件的 loc 数据访问示例

8.3.5　数据操作

在数据分析过程中，经常需要对数据框或序列数据进行新增、删除和修改的操作。

1. 新增数据

Pandas 中，DataFrame 新增数据主要包括新增列或新增行。新增列有多种方式，以下是新增一列的几种方法：

新列赋值：df['列名'] = '值'

insert()函数：在指定位置新增列。

Pandas 中，DataFrame 新增行的操作与新增列类似，下面是新增一行的几种方法：

append()函数：通过调用 df.append('行')在 DataFrame 中直接添加一行。

concat()函数：合并行数据。

相关代码如图 8-18 所示。

```
df = pd.read_csv("data/dow30_origin.csv",usecols=[1,2,3,4,5,6,7]) # 导入数据
```

```
df['type'] = 'origin'                                          #增加一列数据
```

```
df['difference']=df['high']-df['low']            #新增一列为最高价和最低价的差值
df
```

	date	open	high	low	close	volume	tic	type	difference
0	2008-12-31	3.070357	3.133571	3.047857	2.598351	607541200	AAPL	origin	0.085714
1	2008-12-31	57.110001	58.220001	57.060001	43.289661	6287200	AMGN	origin	1.160000
2	2008-12-31	17.969999	18.750000	17.910000	14.745289	9625600	AXP	origin	0.840000
3	2008-12-31	41.590000	43.049999	41.500000	32.005886	5443100	BA	origin	1.549999
4	2008-12-31	43.700001	45.099998	43.700001	30.214792	6277400	CAT	origin	1.399998
...	...	...	...	...	...	...	...	...	...
94355	2021-10-29	454.410004	461.390015	453.059998	453.169403	2497800	UNH	origin	8.330017
94356	2021-10-29	209.210007	213.669998	208.539993	209.810745	14329800	V	origin	5.130005
94357	2021-10-29	52.500000	53.049999	52.410000	49.462273	17763200	VZ	origin	0.639999
94358	2021-10-29	46.860001	47.279999	46.770000	44.510620	4999000	WBA	origin	0.509998
94359	2021-10-29	147.910004	150.100006	147.559998	146.517654	7340900	WMT	origin	2.540008

94360 rows × 9 columns

```
df_new = pd.DataFrame([[i for i in range(len(df.columns))]], columns=df.columns)   #在末尾增加一行新的数据
```

```
pd.concat([df, df_new])
```

	date	open	high	low	close	volume	tic	type	difference
0	2008-12-31	3.070357	3.133571	3.047857	2.598351	607541200	AAPL	origin	0.085714
1	2008-12-31	57.110001	58.220001	57.060001	43.289661	6287200	AMGN	origin	1.160000
2	2008-12-31	17.969999	18.750000	17.910000	14.745289	9625600	AXP	origin	0.840000
3	2008-12-31	41.590000	43.049999	41.500000	32.005886	5443100	BA	origin	1.549999
4	2008-12-31	43.700001	45.099998	43.700001	30.214792	6277400	CAT	origin	1.399998
...	...	...	...	...	...	...	...	...	...
94356	2021-10-29	209.210007	213.669998	208.539993	209.810745	14329800	V	origin	5.130005
94357	2021-10-29	52.500000	53.049999	52.410000	49.462273	17763200	VZ	origin	0.639999
94358	2021-10-29	46.860001	47.279999	46.770000	44.510620	4999000	WBA	origin	0.509998
94359	2021-10-29	147.910004	150.100006	147.559998	146.517654	7340900	WMT	origin	2.540008
0	0	1.000000	2.000000	3.000000	4.000000	5	6	7	8.000000

94361 rows × 9 columns

图 8-18　新增数据示例

```
df1 = df.iloc[:3, :]
df2 = df.iloc[3:, :]
df3 = pd.DataFrame([[i for i in range(len(df.columns))]], columns=df.columns)
df_new=pd.concat([df1, df3, df2], ignore_index=True)        #在指定位置增加一行新的数据
df_new
```

	date	open	high	low	close	volume	tic	type	difference
0	2008-12-31	3.070357	3.133571	3.047857	2.598351	607541200	AAPL	origin	0.085714
1	2008-12-31	57.110001	58.220001	57.060001	43.289661	6287200	AMGN	origin	1.160000
2	2008-12-31	17.969999	18.750000	17.910000	14.745289	9625600	AXP	origin	0.840000
3	0	1.000000	2.000000	3.000000	4.000000	5	6	7	8.000000
4	2008-12-31	41.590000	43.049999	41.500000	32.005886	5443100	BA	origin	1.549999
...	...	...	...	...	...	...	...	...	...
94356	2021-10-29	454.410004	461.390015	453.059998	453.169403	2497800	UNH	origin	8.330017
94357	2021-10-29	209.210007	213.669998	208.539993	209.810745	14329800	V	origin	5.130005
94358	2021-10-29	52.500000	53.049999	52.410000	49.462273	17763200	VZ	origin	0.639999
94359	2021-10-29	46.860001	47.279999	46.770000	44.510620	4999000	WBA	origin	0.509998
94360	2021-10-29	147.910004	150.100006	147.559998	146.517654	7340900	WMT	origin	2.540008

图 8-18　新增数据示例（续）

2. 删除数据

Pandas 中，DataFrame 删除数据时，可以使用 drop()函数进行指定位置的数据删除，相关代码如图 8-19 所示。

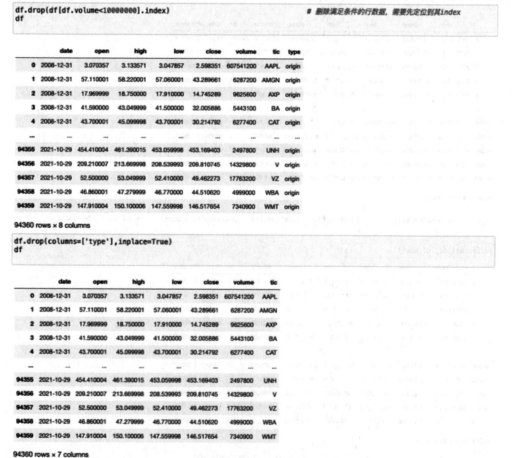

```
df.drop(df[df.volume<10000000].index)          # 删除满足条件的行数据，需要先定位到其index
df
```

	date	open	high	low	close	volume	tic	type
0	2008-12-31	3.070357	3.133571	3.047857	2.598351	607541200	AAPL	origin
1	2008-12-31	57.110001	58.220001	57.060001	43.289661	6287200	AMGN	origin
2	2008-12-31	17.969999	18.750000	17.910000	14.745289	9625600	AXP	origin
3	2008-12-31	41.590000	43.049999	41.500000	32.005886	5443100	BA	origin
4	2008-12-31	43.700001	45.099998	43.700001	30.214792	6277400	CAT	origin
...	...	...	...	...	...	...	...	...
94355	2021-10-29	454.410004	461.390015	453.059998	453.169403	2497800	UNH	origin
94356	2021-10-29	209.210007	213.669998	208.539993	209.810745	14329800	V	origin
94357	2021-10-29	52.500000	53.049999	52.410000	49.462273	17763200	VZ	origin
94358	2021-10-29	46.860001	47.279999	46.770000	44.510620	4999000	WBA	origin
94359	2021-10-29	147.910004	150.100006	147.559998	146.517654	7340900	WMT	origin

94360 rows × 8 columns

```
df.drop(columns=['type'],inplace=True)
df
```

	date	open	high	low	close	volume	tic
0	2008-12-31	3.070357	3.133571	3.047857	2.598351	607541200	AAPL
1	2008-12-31	57.110001	58.220001	57.060001	43.289661	6287200	AMGN
2	2008-12-31	17.969999	18.750000	17.910000	14.745289	9625600	AXP
3	2008-12-31	41.590000	43.049999	41.500000	32.005886	5443100	BA
4	2008-12-31	43.700001	45.099998	43.700001	30.214792	6277400	CAT
...	...	...	...	...	...	...	...
94355	2021-10-29	454.410004	461.390015	453.059998	453.169403	2497800	UNH
94356	2021-10-29	209.210007	213.669998	208.539993	209.810745	14329800	V
94357	2021-10-29	52.500000	53.049999	52.410000	49.462273	17763200	VZ
94358	2021-10-29	46.860001	47.279999	46.770000	44.510620	4999000	WBA
94359	2021-10-29	147.910004	150.100006	147.559998	146.517654	7340900	WMT

94360 rows × 7 columns

图 8-19　删除数据示例

3. 修改数据

Pandas 中，DataFrame 的数据索引一般采用默认值（0,1,2,…），但也可以进行自定义。可以通过 rename()函数、set_index()函数、rename_axis()函数等对列名、索引进行修改，相关代码如图 8-20 所示。

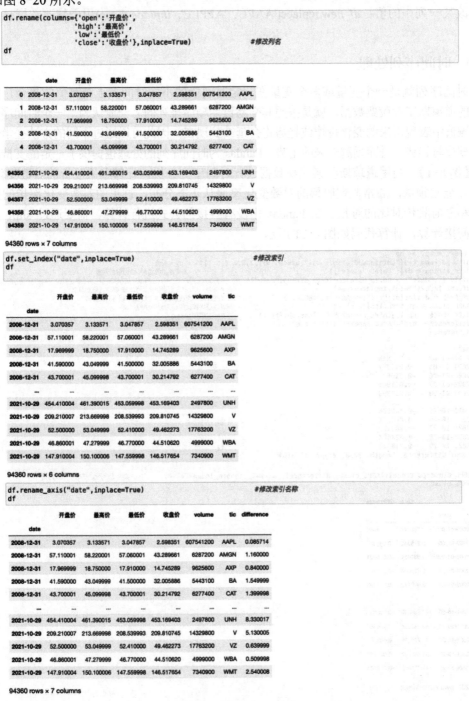

图 8-20　修改数据示例

如果要修改 DataFrame 中的数据，则可以通过以下方法：

直接修改：对于已存在的数据，可以采用直接赋值的方式，例如，*df_new*.iloc[3,-1] = 'AAPL' 用于修改单个值。

replace()函数：替换指定数据，例如，*df_new*['volume'].replace(4, 'Nan', *inplace*=True) 用于修改某一列中的值；*df_new*.replace('AAPL', 'APPLE', *inplace*=True)用于修改数据框中的多个值。

8.3.6　时间序列处理

时间序列就是一个变量或多个变量在一定时间段的不同时间点上观测值的集合，如我们选取的道琼斯工业股票数据，就是按照其交易日期顺序排列的。一般认为，一个时间序列在过去观测值中表现出来的变化规律或趋势将会延续到现在，因此可以通过不同的方法去学习这种变化规律与趋势，进而预测未来的走势。Pandas 为时间序列的处理也提供了一定的支持。

【例 8-1】　利用道琼斯股票交易数据进行时间序列分析，计算苹果股价的对数变化率。

在金融领域，通常假定股票的对数变化率服从正态分布，这里的对数变化率指的是当前股价和之前股价对比的对数。在 Pandas 中没有直接的公式进行计算，需要通过 shift 方法来进行间接计算，计算代码如图 8-21 所示。

```
import numpy as np
df = pd.read_csv("data/dow30_origin.csv",usecols=[1,2,3,4,5,6,7])    # 导入数据
date_string = df[["date","close"]]                    #筛选出收盘价，作为分析对象
df.loc[:,"date"] = pd.to_datetime(date_string["date"])    #将date列转换为datetime，数据类型，并将修改后的列赋值给原始数据
df.set_index("date",inplace=True)    #以(date列为索引可以使后续的数据筛选更加简单
df_APPL = df.loc[df["tic"]=="AAPL"]['2009-1-1':]    #筛选出苹果股票2019年1月1号以后的数据
APPL_close = df_APPL.loc[:,"close"]    #筛选出收盘价作为分析序列对象
difference = np.log(APPL_close/APPL_close.shift(1))    #修改序列namen
difference = difference.rename("difference")
difference
```

```
date
2009-01-02         NaN
2009-01-05    0.041337
2009-01-06   -0.016631
2009-01-07   -0.021845
2009-01-08    0.018399
                ...
2021-10-25   -0.000336
2021-10-26    0.004564
2021-10-27   -0.003153
2021-10-28    0.024684
2021-10-29   -0.018323
Name: difference, Length: 3230, dtype: float64
```

```
APPL_close=pd.concat([APPL_close, difference], axis=1, ignore_index=False)    #将两个序列合并成一个数据框
APPL_close
```

date	close	difference
2009-01-02	2.762747	NaN
2009-01-05	2.879345	0.041337
2009-01-06	2.831854	-0.016631
2009-01-07	2.770663	-0.021845
2009-01-08	2.822112	0.018399
...	...	...
2021-10-25	147.566940	-0.000336
2021-10-26	148.242035	0.004564
2021-10-27	147.775436	-0.003153
2021-10-28	151.468567	0.024684
2021-10-29	148.718552	-0.018323

3230 rows × 2 columns

图 8-21　时间序列处理示例

8.3.7 本章案例实现

【例 8-2】 苹果公司股票价格数据的典型技术指标分析。

1. KDJ 随机指标

KDJ 随机指标是根据统计学原理,通过一个特定的周期(常为 9 日、9 周等)内出现过的最高价、最低价、最后一个计算周期的收盘价及这三者之间的比例关系,来计算最后一个计算周期的未成熟随机值 RSV,然后根据平滑移动均线的方法来计算 K 值、D 值与 J 值,计算公式如式(8-1)~式(8-4)所示:

$$K_t = \frac{2}{3}K_{t-1} + \frac{1}{3}RSV_t \tag{8-1}$$

$$D_t = \frac{2}{3}D_{t-1} + \frac{1}{3}K_t \tag{8-2}$$

$$J_t = 3D_t + 2K_t \tag{8-3}$$

$$RSV_t(n) = \frac{C_t - L_n}{H_n - L_n} \times 100\% \tag{8-4}$$

式中,H_n、L_n 分别表示 n 日内的最高收盘价和最低收盘价,$n = 9$。

Python 计算移动周期内的最大值/最小值的命令为:

```
pd.rolling_max(P, n)
pd.rolling_min(P, n)
```

其中,P 为价格序列值,n 为周期数。比如计算 9 日移动最大值/最小值为:

```
Lₙ = pd.rolling_min(P, 9)
Hₙ = pd.rolling_max(P, 9)
RSV = (L-Lₙ)/(Hₙ-Lₘᵢₙ)
```

则计算 KDJ 指标算法如下:

```
If t=1: then K[t]=RSV[t], D[t]=RSV[t]
If t>1: then [t]=(2/3)K[t-1]+(1/3)RSV[t], D[t]=2/3D[t-1]+1/3K[t], J[t]=3D[t]-2K[t]
```

相关代码如图 8-22 所示。

```
#APPL股票的KDJ指标实现过程
import pandas as pd
import numpy as np
A = pd.read_csv("data/dow30_origin.csv",usecols=[0,1,2,3,4,5,7])
d=A[A.iloc[:,-1].values=="AAPL"]
d=d[d.iloc[:,1].values>='2017-01-01']
d=d[d.iloc[:,1].values<='2018-01-01']

d.index=range(len(d))

Lmin=d['low'].rolling(9).min()      #周期数为9
Lmax=d['high'].rolling(9).max()
rsv=(d['close']-Lmin)/(Lmax-Lmin)

K=np.zeros((len(rsv)))
D=np.zeros((len(rsv)))
J=np.zeros((len(rsv)))
```

图 8-22 APPL 股票的 KDJ 指标实现代码及结果

```
for t in range(9,len(d)):
    K[t]=2/3*K[t-1]+1/3*rsv[t]
    D[t]=2/3*D[t-1]+1/3*K[t]
    J[t]=3*D[t]-2*K[t]

kdj={'D':D,'J':J,'K':K}
kdj=pd.DataFrame(kdj)
date={'交易日期':d['date'].values}
date=pd.DataFrame(date)
KDJ=date.join(kdj)
KDJ
```

	交易日期	D	J	K
0	2017-1-3	0.000000	0.000000	0.000000
1	2017-1-4	0.000000	0.000000	0.000000
2	2017-1-5	0.000000	0.000000	0.000000
3	2017-1-6	0.000000	0.000000	0.000000
4	2017-1-9	0.000000	0.000000	0.000000
...	...	...	...	...
46	2017-12-22	-0.356971	-0.114187	-0.478362
47	2017-12-26	-0.454877	-0.063251	-0.650691
48	2017-12-27	-0.558022	-0.145442	-0.764313
49	2017-12-28	-0.645291	-0.296218	-0.819827
50	2017-12-29	-0.727934	-0.397361	-0.893221

1 rows × 4 columns

图 8-22　APPL 股票的 KDJ 指标实现代码及结果（续）

2. RSI 相对强弱指数指标

RSI 相对强弱指数指标通过比较一段时期内的平均收盘涨数和平均收盘跌数来分析市场买沽盘的意向和实力，从而预测未来市场的走势。

计算公式：

$$RSI_N = \frac{a}{a+b} \times 100\% \tag{8-5}$$

式中，a 表示 N 日内收盘涨幅之和，b 表示 N 日内收盘跌幅之和（正值）。比如，10 天内有 4 天上涨，6 天下跌。a 就是这 4 天收盘涨幅之和，b 就是这 6 天下跌之和。RSI 其实就是在某一时间段内价格上涨所产生的波动占整个波动的百分比。它的取值范围为 0～100。下面通过程序展现 APPL 股票的 RSI 指标实现过程。具体代码如图 8-23 所示。

```
#APPL股票的RSI指标实现过程
A = pd.read_csv("data/dow30_origin.csv",usecols=[0,1,2,3,4,5,7])
data=A[A.iloc[:,-1]=="AAPL"]
data=d[d.iloc[:,1]>='2017-01-01']
data=d[d.iloc[:,1]<='2018-01-01']
z=np.zeros(len(data)-1)

z[data.iloc[1:,5].values-data.iloc[0:-1,5].values>=0]=1 #涨
z[data.iloc[1:,5].values-data.iloc[0:-1,5].values<0]=-1 #跌

#涨情况统计
zhang=pd.Series(z==1) #转换为序列

#6天移动计算涨数
zhang1=zhang.rolling(6).sum()
zhang1=zhang1.values    #转换为数组
#12天移动计算涨数
zhang2=zhang.rolling(12).sum()
zhang2=zhang2.values    #转换为数组
#24天移动计算涨数
zhang3=zhang.rolling(24).sum()
zhang3=zhang3.values    #转换为数组
#跌情况统计
```

图 8-23　APPL 股票的 RSI 指标实现代码及结果

```
die=pd.Series(z==-1)      #转换为序列
#6天移动计算跌数
die1=die.rolling(6).sum()
die1=die1.values          #转换为数组
#12天移动计算跌数
die2=die.rolling(12).sum()
die2=die2.values          #转换为数组
#24天移动计算跌数
die3=die.rolling(24).sum()
die3=die3.values          #转换为数组
```

```
#RSI指标计算
rsi6=np.zeros((len(data)))
rsi12=np.zeros((len(data)))
rsi24=np.zeros((len(data)))
for t in range(6-1,len(data)-1):
    rsi6[t]=zhang1[t]/(zhang1[t]+die1[t])
for i in range(12-1,len(data)-1):
    rsi12[i]=zhang2[i]/(zhang2[i]+die2[i])
for j in range(24-1,len(data)-1):
    rsi24[j]=zhang3[j]/(zhang3[j]+die3[j])
#将计算出的指标与交易日期利用字典整合起来
rsi={'RSI6':rsi6,'RSI12':rsi12,'RSI24':rsi24}
rsi=pd.DataFrame(rsi)
date={'交易日期':data['date'].values}
date=pd.DataFrame(date)
RSI=date.join(rsi)
RSI
```

	交易日期	RSI6	RSI12	RSI24
0	2017-1-3	0.000000	0.000000	0.000000
1	2017-1-4	0.000000	0.000000	0.000000
2	2017-1-5	0.000000	0.000000	0.000000
3	2017-1-6	0.000000	0.000000	0.000000
4	2017-1-9	0.000000	0.000000	0.000000
...	...	...	...	...
246	2017-12-22	0.500000	0.583333	0.500000
247	2017-12-26	0.500000	0.583333	0.500000
248	2017-12-27	0.666667	0.583333	0.500000
249	2017-12-28	0.666667	0.583333	0.458333
250	2017-12-29	0.000000	0.000000	0.000000

251 rows × 4 columns

图 8-23　APPL 股票的 RSI 指标实现代码及结果（续）

8.4　编程实践

根据数据文件 online_con_2022.xlsx，利用本章所介绍的有关内容进行数据分析。

首先，执行下面的代码来读取本项目所用到的源数据，如图 8-24 所示。

```
raw_data = pd.read_excel("data/online_con_2022.xlsx",usecols=[0,1,2,3,4,5,6])
print('Dataframe dimensions:',raw_data.shape)
```

Dataframe dimensions: (3365, 7)

图 8-24　读取数据

将 raw_data 的列名修改为职称、科室、患者评分、患者总数、访问次数、昨日访问次数、文章数量。

```
raw_data.columns = ['职称', '科室', '患者评分', '患者总数', '访问次数', '昨日访问次数',
'文章数量']
```

查看 raw_data 的前 5 行，如图 8-25 所示。

```
raw_data.head()
```

	职称	科室	患者评分	患者总数	访问次数	昨日访问次数	文章数量
0	主任医师	内分泌科	2.9	999	644188	14	23
1	主任医师	内分泌科	3.1	997	1170335	14	58
2	主任医师	内分泌科	3.6	995	776331	69	7
3	主任医师	中医外科	3.4	994	1537773	50	9
4	主任医师	内分泌科	3.5	99	250412	10	4

图 8-25 查看数据示例

对导入的数据进行缺失值的分析和处理，以免影响未来的数据分析效果。首先显示有关列类型和空值数量的信息，如图 8-26 所示。

```
tab_info=pd.DataFrame(raw_data.dtypes).T.rename(index={0:'字段类型'})
tab_info=tab_info.append(pd.DataFrame(raw_data.isnull().sum()).T.rename(index={0:'空值量(nb)'}))
tab_info
```

	职称	科室	患者评分	患者总数	访问次数	昨日访问次数	文章数量
字段类型	object	object	float64	int64	int64	int64	int64
空值量(nb)	8	0	0	0	0	0	0

图 8-26 缺失值分析示例

从上面的缺失值分析结果看到，有 8 行数据中的职称信息为空，可以考虑将其删除，如图 8-27 所示。

```
raw_data.dropna(axis = 0, subset = ['职称'], inplace = True)
```

```
print('Dataframe维度:', raw_data.shape)
```

Dataframe维度: (3357, 7)

```
raw_data
```

	职称	科室	患者评分	患者总数	访问次数	昨日访问次数	文章数量
0	主任医师	内分泌科	2.9	999	644188	14	23
1	主任医师	内分泌科	3.1	997	1170335	14	58
2	主任医师	内分泌科	3.6	995	776331	69	7
3	主任医师	中医外科	3.4	994	1537773	50	9
4	主任医师	内分泌科	3.5	99	250412	10	4
...	...	...	...	...	...	...	...
3360	副主任医师	内分泌科	3.1	1	34845	4	0
3361	副主任医师	内分泌科	2.9	1	19450	2	0
3362	主任医师	中医科	3.2	1	31747	7	0
3363	医师	内分泌科	2.8	1	19234	3	0
3364	副主任医师	中医血液科	3.1	1	20934	7	0

3357 rows × 7 columns

图 8-27 缺失值处理示例

接下来对数据内容进行探索，涉及数据的分类统计、排序等内容。在 Pandas 中，利用 groupby()函数可以先将 df 按照某个字段进行拆分，将相同属性分为一组，最后统计输出各组数据汇总后的统计结果。在本案例中，我们可以根据需要对 raw_data 数据进行分组统计，如图 8-28 和图 8-29 所示。

```
raw_data.groupby(['科室'])['患者总数'].sum()

科室
中医儿科              7
中医免疫内科          916
中医内分泌       109730
中医呼吸科         4997
中医外科           7486
            ...
重症监护室           488
针灸科            8611
骨关节科             7
骨科             4105
高压氧科             1
Name: 患者总数, Length: 67, dtype: int64
```

图 8-28　统计分组（按科室统计）示例

```
raw_group=raw_data.groupby(['科室','职称'])['患者评分'].mean()
raw_group

科室         职称
中医儿科       主任医师      3.300000
中医免疫内科     副主任医师    3.800000
中医内分泌      主任医师      3.475148
            主治医师      3.277083
            副主任医师    3.287179
                       ...
针灸科        副主任医师    3.460000
骨关节科       主治医师      3.000000
骨科         主任医师      3.500000
            副主任医师    4.500000
高压氧科       主治医师      2.900000
Name: 患者评分, Length: 146, dtype: float64
```

图 8-29　统计分组（按科室、职称分别统计）示例

可以看出，在利用 groupby()进行分组后，出现了多级索引的问题。为了便于查看数据，可以使用 reset_index()方法将分组结果变为常规索引。同时，还可以利用 sort_values()方法对输出结果进行排序，例如，按照患者评分均值逆序排列的结果如图 8-30 所示。

```
raw_group.reset_index().sort_values(by=['患者评分'],ascending=False)
```

	科室	职称	患者评分
110	糖尿病专科护理	主管护师	5.000000
57	减肥增重	营养师	5.000000
111	糖尿病足护理	护师	5.000000
20	中医男科	副主任医师	4.900000
123	肿瘤营养	副主任技师	4.700000
...	...	...	...
145	高压氧科	主治医师	2.900000
50	全科	主治医师	2.883333
94	普通内科	医师	2.833333
138	重症监护室	医师	2.800000
106	神经内科	医师	2.800000

146 rows × 3 columns

图 8-30　分组后排序示例

在 Pandas 中，还可以通过数据透视表函数 pivot_table()来实现对数据的动态排布以及分类汇总，其操作性更强，可以实现类似于数据报表的功能。

利用 pivot_table()函数制作各科室的患者总数数据透视表，如图 8-31 所示。

```
pd.pivot_table(raw_data,values = ['患者总数'],index = '科室',aggfunc = sum)
```

	患者总数
科室	
中医儿科	7
中医免疫内科	916
中医内分泌	109730
中医呼吸科	4997
中医外科	7486
...	...
重症监护室	488
针灸科	8611
骨关节科	7
骨科	4105
高压氧科	1

67 rows × 1 columns

图 8-31　各科室的患者总数数据透视表示例

利用 pivot_table()函数制作各科室昨日访问次数总和与文章数量总和的数据透视表，如图 8-32 所示。

```
pd.pivot_table(raw_data,values = ['昨日访问次数','文章数量'],index ='科室',aggfunc = sum)
```

	文章数量	昨日访问次数
科室		
中医儿科	0	4
中医免疫内科	3	47
中医内分泌	3191	7085
中医呼吸科	254	411
中医外科	147	388
...	...	...
重症监护室	5	24
针灸科	487	818
骨关节科	2	6
骨科	9	169
高压氧科	0	2

67 rows × 2 columns

图 8-32　各科室访问数量总和的数据透视表示例

8.5　本章小结

本章围绕数据分析基础，重点介绍了常用的 NumPy 和 Pandas 两个数据处理工具包，通过相关例题对数据导入、数据创建、数据操作、数据访问以及时间序列处理等内容进行了有针对性的讲解。在本章案例部分，以苹果公司股价数据为分析对象，讨论了有关指标的创建。在编程实践部分，展示了如何利用本章内容对在线医疗社区的服务交易数据进行分析与处理。

8.6　习题

1. 简答题

1）请简单描述本章所介绍的 Pandas 的数据对象，描述出这些数据结构间的关系。

2）请简单描述数组可以进行广播的条件。

2. 编程题

1）请利用 pivot_table() 函数和数据文件 online_con_2022.xlsx 创建索引的数据透视表。

2）请参照编程实践，按科室、职称分别统计收到的感谢信总数。

扫码看视频

第 9 章
数据可视化

数据可视化是指通过将数据或信息编码为图形中包含的可视对象来传达数据或信息的技术，目的是向用户清楚有效地传达信息，这是数据分析或数据科学中的重要步骤之一。本章将基于 Matplotlib 和 Pandas 的基础内容进一步介绍数据可视化的方法，并以股票数据可视化为案例，对数据可视化的相关工具与操作展开详细的介绍。

9.1 案例：金融数据可视化

本章以金融数据分析为例，介绍 Python 数据可视化的主要方法与工具。本章主要分析的问题为：

- 投资组合收益分析。
- 股票的 K 线图。

9.2 Matplotlib 进阶：绘图格式的基本设置

Matplotlib 是由 John D. Hunter（1968—2012）发起的一个开源项目，现在已经逐步发展为 Python 生态圈中应用非常广泛的绘图库。Matplotlib 是一个综合库，用于在 Python 中创建静态文件、动画文件和交互式可视化文件。Matplotlib 可以绘制简单的图形，如柱状图、功率谱、条形图、误差图、散点图等，同时也提供了很多可以灵活地处理复杂图形绘制的方法。对于简单的绘图，pyplot 模块提供了一个类似 MATLAB 的界面，特别是与 IPython 结合时。对于复杂的绘图，可以通过面向对象的方法或函数来控制线条样式、字体属性、坐标轴属性等。前面的章节已经使用 pyplot 进行了简单的可视化图形绘制，本章进一步介绍如何使用 plot() 修改图形的格式等基本设置。

Plot() 提供了线条颜色、线型、标记等参数的设置。两种格式的设置语句如下：

- 关键字参数：plt.plot(*x, y, linestyle* = '', *color* = '', *marker* = '')。
- fmt 参数：plt.plot(*x, y, fmt*)，其中 *fmt* = '*marker[color]*'。

两种参数形式可以混合使用，但发生冲突时，优先采纳关键字参数。*fmt* 的每个参数都是可选的，其他的参数组合（如*color[line]*）也可以，但易产生歧义。如果 *fmt* 中的某些参数没有赋值，则使用默认值，例如，"b" 表示带有默认形状的蓝色标记；"or" 表示红色圆圈；"-g" 表示绿色实线；"--" 表示带有默认颜色的虚线；"^k:" 表示用点线连接的黑色上三角形标记。常用的线条颜色、线条风格和线条标记分别在表9-1、表9-2、表9-3中列出。

表9-1 线条颜色示例

颜色	描述	颜色	描述
b	蓝色	m	品红色
g	绿色	y	黄色
r	红色	k	黑色
c	青色	w	白色

表9-2 线条风格示例

线条风格	描述	线条风格	描述
'-'	实线	':'	点线
'--'	虚线	'-.'	虚点线

表9-3 线条标记示例

线条标记	描述	线条标记	描述
.	点	p	五角形
,	像素点	s	正方形
o	实心圆	<	左三角
∨	下三角	>	右三角
^	上三角	h	六边形1
*	星号	H	六边形2
+	加号	x	乘号 x
1	下三叉	X	乘号 x（填充）
2	上三叉	D	菱形
3	左三叉	d	瘦菱形
4	右三叉			竖线
8	八角形	—	横线

【例9-1】 修改苹果公司股票收盘价格波动趋势图的线条格式。

本例中，对股票收盘价格波动折线图的颜色等格式进行修改，将线条颜色修改为红色，将线条宽度修改为 0.5，将线条风格修改为虚线，将线条标记修改为星号，即 plt.plot(*x*, *y*, *color* = 'r', *linewidth* = 0.5, *linestyle* = '--', *marker* = '*')，具体代码如下，图9-1 所示为相应的结果。

```python
import matplotlib.pyplot as plt
import pandas as pd
# 读取 CSV 文件中的数据到列表中
with open('data/dow30_origin.csv', 'r') as f:
    ls = []
    for line in f:
        line = line.replace("\n", "")
```

```
        ls.append(line.split(","))
#去除第一行表头数据
ls = ls[1:]
#读取数据
x = pd.to_datetime([i[1] for i in ls if i[7] == 'AAPL'])     #将日期数据设置为时间戳
格式
y = [float(i[5]) for i in ls if i[7] == 'AAPL']
#图片绘制
plt.plot(x, y, color = 'red', linewidth = 0.5, linestyle = '--', marker = '*')
plt.show()
```

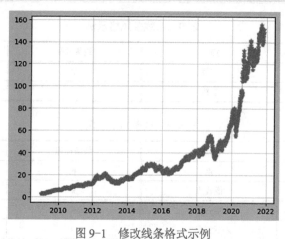

图 9-1　修改线条格式示例

【例 9-2】　添加苹果公司股票收盘价格波动趋势图的坐标轴、图例等。

Matplotlib 除了 plot()方法之外，还提供了其他的方法来设置图形的图例、坐标轴等。常用的标签函数如表 9-4 所示。

表 9-4　常用标签函数

函数	描述	函数	描述
title()	为当前绘图添加标题	legend()	为当前绘图放置图例
xlabel()	设置 x 轴标签	xlticks()	设置 x 轴刻度位置和标签
ylabel()	设置 y 轴标签	ylticks()	设置 y 轴刻度位置和标签
xlim(xmin,xmax)	设置当前 x 轴的取值范围	annotate()	为指定数据点创建注释
ylim(ymin,ymax)	设置当前 y 轴的取值范围		

legend 参数值如表 9-5 所示。

表 9-5　legend 参数值

位置标签	位置编码	位置标签	位置编码
best	0	center left	6
upper right	1	center right	7
upper left	2	lower center	8
lower left	3	upper center	9
lower right	4	center	10
right	5		

本例中，通过 title() 函数设置图形的题目，通过 xlabel() 函数和 ylabel() 函数设置 x 轴和 y 轴的名称，通过 legend() 函数设置图例的位置。具体代码如下，图 9-2 所示为相应的结果。

```
#图片绘制(请替换之前图片绘制对应的代码)
plt.plot(x, y, color = 'r', linewidth = 1.5, linestyle = '--', label = 'Close
Price') #用 label 设置图例
plt.legend(loc = 'upper right')  #设置图例右上
plt.xlabel('Year')              #x 轴设置为 Year
plt.ylabel('Price')             #y 轴设置为 Price
plt.title('Trend of Apple stock closing price')    #设置图形题目
plt.show()
```

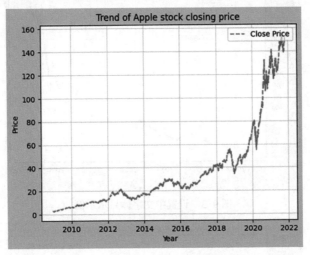

图 9-2 修改坐标轴、图例等示例

在 Matplotlib 中，默认字体不支持中文，如果设置中文，则会显示为乱码。为了显示中文，可以通过 *fontproperties* 参数设置中文字体。注意，Window 系统下的字体可以设置为 SimHei、FangSong 等，Mac 系统下可使用 Heiti TC、Songti SC 或 Arial Unicode MS 等。具体代码如下，图 9-3 所示为相应的结果。

```
#图片绘制
plt.plot(x, y, color = 'r', linewidth = 1.5, linestyle = '--', label = 'Close
Price')
plt.legend(loc = 'upper right')
plt.xlabel('年份', fontproperties = 'SimHei')    #设置中文字体显示
plt.ylabel('价格', fontproperties = 'SimHei')    #设置中文字体显示
plt.title('苹果股票收盘价格变化趋势', fontproperties = 'SimHei')    #设置中文字体显示
plt.show()
```

【例 9-3】 添加苹果公司股票收盘价格波动趋势图中的水平线。

还可以通过 axhline() 和 axvline() 函数设置水平线和垂直线，在 axhline() 和 axvline() 函数中也可以设置格式以改变水平线或垂直线的外观。本例中，我们在价格 100 处添加水平线，具体代码如下，图 9-4 所示为相应的结果。

```
    plt.plot(x, y, color = 'r', linewidth = 1.5, linestyle = '--', label = 'Close
Price')
```

```
plt.legend(loc = 'upper right')
plt.xlabel('年份', fontproperties = 'SimHei')    #设置中文字体显示
plt.ylabel('价格', fontproperties = 'SimHei')    #设置中文字体显示
plt.title('苹果股票收盘价格变化趋势', fontproperties = 'SimHei')   #设置中文字体显示
#添加水平线
plt.axhline(100, linestyle = '--', color = 'b', linewidth = 1)
plt.show()
```

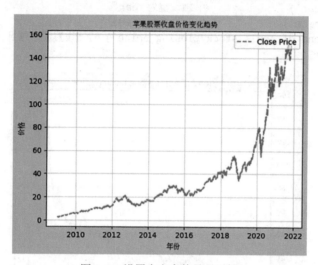

图 9-3　设置中文字体显示示例

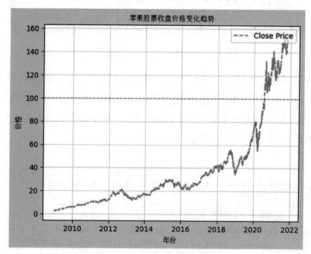

图 9-4　添加水平线示例

　　如果需要高亮显示部分区域，则可以通过 axhspan()和 axvspace()函数设置图形中特定区域的填充。本例中，对 100～110 的收盘价格进行颜色填充。其中，axhspan(y1, y2)表示 y 值的取值区间，axhspan(y1, y2, 0, 0.5)表示取 x 轴前半部分区间，0.5,1.0 表示取后半部分区间。如果填充整个坐标轴，则可不设置此部分参数，具体代码如下，图 9-5 所示为相应的结果。

```
plt.plot(x, y, color = 'r', linewidth = 1.5, linestyle = '--', label = 'Close
Price')
plt.legend(loc = 'upper right')
```

```
plt.xlabel('年份', fontproperties = 'SimHei')    #设置中文字体显示
plt.ylabel('价格', fontproperties = 'SimHei')    #设置中文字体显示
plt.title('苹果股票收盘价格变化趋势', fontproperties = 'SimHei')   #设置中文字体显示
#设置填充区域
plt.axhspan(20, 30, 0, 0.5, color = 'green', alpha = 0.5)
plt.show()
```

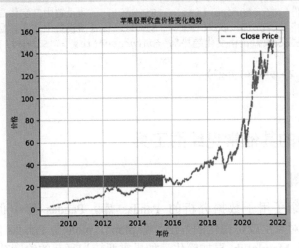

图 9-5　设置水平填充示例（1）

设置水平填充后，具体代码如下，图 9-6 所示为相应的结果。

```
plt.plot(x, y, color = 'r', linewidth = 1.5, linestyle = '--', label = 'Close Price')
plt.legend(loc = 'upper right')
plt.xlabel('年份', fontproperties = 'SimHei')    #设置中文字体显示
plt.ylabel('价格', fontproperties = 'SimHei')    #设置中文字体显示
plt.title('苹果股票收盘价格变化趋势', fontproperties = 'SimHei')   #设置中文字体显示
#设置填充区域
plt.axhspan(100, 110, color = 'green', alpha = 0.5)
plt.show()
```

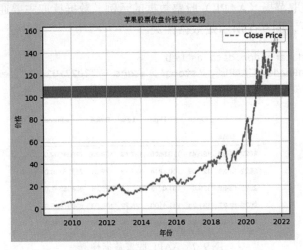

图 9-6　设置水平填充示例（2）

如果需要保存图片文件，则可使用 savefig('文件名')函数。该函数可以保存绘制的图像，但必须置于绘制完成之后和 show() 之前。本例中的代码如下：

```
plt.plot(x, y, color = 'r', linewidth = 1.5, linestyle = '--', label = 'Close
Price')
plt.legend(loc = 'upper right')
plt.xlabel('年份', fontproperties = 'SimHei')        #设置中文字体显示
plt.ylabel('价格', fontproperties = 'SimHei')        #设置中文字体显示
plt.title('苹果股票收盘价格变化趋势', fontproperties = 'SimHei')   #设置中文字体显示
# 保存图片
plt.savefig('9.2.3price.jpg')
plt.show()
```

9.3　Python 中的其他常见绘图工具

扫码看视频

9.3.1　Pandas 绘图

上一章已经介绍了用于数据分析的 Pandas 库，Pandas 库中也提供了可以简化从 DataFrame 和 Series 对象生成可视化的方法，即 plot()。plot()是 Pandas 内置的基于 Matplotlib 的绘图函数，相较于 Matplotlib 更加简化。如果需要较为复杂的绘图功能，则可以选择使用 Matplotlib 进行绘图。如果需要简单绘图且使用 Pandas 数据形式，则可以选择使用 Pandas 中的 plot()函数进行绘图。

本节将以金融产品数据为例讲解 Pandas 的绘图方法，读者可以使用本书提供的数据，通过 Pandas 读取后进行可视化操作。本节还会介绍另一种获得金融数据的方法：通过第三方库 pandas_datareader 下载所需的股票数据。使用此第三方库时，同样需要先使用 pip 进行安装，代码为 pip install pandas_datareader。

该第三方库不仅包含常见的股票、基金等金融资产的交易数据，也包含货币交易数据（FRED），以及常见的宏观经济数据（OECD 和 World Bank）。使用此第三方库获得数据的优势在于，可以直接读取为 DataFrame 的形式，从而便于进行 Pandas 数据分析。以下为使用 pandas_datareader 获取苹果（AAPL）股票数据的示例。数据读取主要通过 DataReader()方法实现，具体代码如下，图 9-7 所示是数据样例。

```
import pandas_datareader.data as web
df_b = web.DataReader('AAPL', 'stooq', start = "2022-01-01", end = "2023-01-01")
df_b.head()
```

Date	Open	High	Low	Close	Volume
2022-12-30	128.41	129.9500	127.43	129.93	77034209.0
2022-12-29	127.99	130.4814	127.73	129.61	75703710.0
2022-12-28	129.67	131.0275	125.87	126.04	85438391.0
2022-12-27	131.38	131.4100	128.72	130.03	69007830.0
2022-12-23	130.92	132.4150	129.64	131.86	63814893.0

图 9-7　AAPL 股票数据样例

1. Pandas 绘图基本操作

Pandas 中，Series 和 DataFrame 数据都提供了一个 plot() 方法用于基本图形的绘制。默认情况下，plot() 绘制的是折线图。语法格式如下：

```
DataFrame.plot(x = None, y = None, kind = 'line', ax = None, subplots = False,
sharex = None, sharey = False, layout = None, figsize = None, use_index = True, title
= None, grid = None, legend = True, style = None, logx = False, logy = False, loglog
= False, xticks = None, yticks = None, xlim = None, ylim = None, rot = None, fontsize
= None, colormap = None, table = False, yerr = None, xerr = None, secondary_y = False,
sort_columns = False, **kwds)
```

其中，可以通过修改 *kind* 参数值为"line""bar""barh""hist""box""kde""density""area""pie""scatter"或"hexbin"绘制折线图、垂直柱状图、水平柱状图、直方图、箱形图、核心密度估计图、密度图、面积图、饼状图、散点图、六边形图。其他参数的设置与Matplotlib 相似，例如，修改 *xticks*、*yticks* 等可以修改 *x* 轴和 *y* 轴的标签等。

2. Pandas 绘制投资组合收益图

这里通过投资组合收益分析的案例，介绍如何使用 Pandas 绘制相关图形。投资组合优化是金融领域中的一个热点话题，无论是在学术界还是在企业界都展开了热烈的讨论。投资组合优化是指合理配置投资人的财富，实现收益与风险之间的均衡，以实现高收益的目标。量化投资是计量优化投资方案的方法之一，它主要利用计算机科学模拟投资策略，从而寻找股票收益的主要影响因素。这里将介绍通过可视化的方法展示投资收益变化的情况，以及不同投资策略下的累计收益对比分析，从而寻找最优的投资组合方案。

本节中假设投资人选取了 3 只股票，即阿里巴巴（BABA）、苹果（APPL）和微软（MSFT），并选定了 3 种投资组合方案，现在想要通过数据可视化的方式比较不同投资组合方案的收益变化，以选择最优的投资组合方案。

【例 9-4】 投资组合的收益计算。

首先通过 pandas_datareader 获取阿里巴巴（BABA）、苹果（APPL）和微软（MSFT）3只股票 2022 年的数据，然后分别计算每只股票的市值（Market_value），即开盘价、最高价、最低价和收盘价的均值，并将股票的收盘价和平均市值存入 *StockPrices* 和 *market_value_t* 中。随后，我们通过 Pandas 中的 pct_change() 函数计算股票的每日收益率。数据中可能存在缺失值，我们可以通过 dropna() 方法寻找缺失值，并删掉其所在行/列。为了防止数据出现错误，本例中使用 copy() 方法复制数据，随后在复制后的数据上进行相应的操作。其中，df.pct_change() 表示当前元素与先前元素的相差百分比，指定 periods=n，表示当前元素与先前 *n* 个元素的相差百分比。函数的基本参数如下：

```
DataFrame.pct_change(periods = 1, fill_method = 'pad', limit = None, freq = None,
**kwargs)
```

收益计算代码如下，图 9-8 所示为相应的结果。

```
import matplotlib.pyplot as plt
import pandas as pd
import pandas_datareader.data as web
import numpy as np
```

```
tic_list = ['BABA','AAPL','MSFT']
Prices = pd.DataFrame()              # 创建空的 DataFrame 变量，存储股票数据
market_value_list = []               # 存储每只股票的平均市值
# 获取每只股票的数据
for tic in tic_list:
    stock_data = web.DataReader(tic, 'stooq', start="2022-01-01", end="2022-12-31")
    Prices[tic] = stock_data['Close']
    stock_data['Market_value'] = (stock_data['Open'] + stock_data['High'] + stock_
data['Low'] + stock_data['Close'])/4
    market_value_list.append(stock_data['Market_value'].mean())
# 日期为索引列
Prices.index.name = 'Date'
# 计算每日收益率，并丢弃缺失值
Returns = Prices.pct_change().dropna()
stock_return = Returns.copy()
# 设置权重
weights = np.array([0.3, 0.3, 0.4])
# 计算赋权重之后的收益
WeightedReturns = stock_return.mul(weights, axis=1)
Returns['Portfolio'] = WeightedReturns.sum(axis=1)
# 绘制组合收益随时间变化的图
Returns.Portfolio.plot()
plt.show()
```

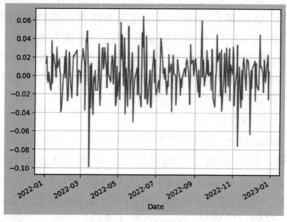

图 9-8　投资收益图

【例 9-5】　最优投资组合的选择。

可以选取不同的投资组合方案，分别计算其收益，因此，这里选取 3 种投资组合方案，包括等权重投资组合、给定投资比例和市值加权投资组合，对其收益情况进行比较，以确定最优的投资组合方案。

（1）等权重投资组合的累计收益曲线

投资组合中一种常见的方法是平均分配每只股票的权重，这是最简单的投资方法，可作为其他投资组合的参考基准。收益计算方法和【例 9-4】中的一致，只需更改存储权重的数组。具体代码如下，图 9-9 所示为相应的结果。

```
# 方案一：平均分配权重
stock_num = 3
```

```
# 平均分配每一项的权重
portfolio_weights = np.repeat(1/stock_num, stock_num)
# 计算等权重组合的收益
Returns['Portfolio_A'] = stock_return.mul(portfolio_weights, axis=1).sum(axis = 1)
# 计算累计收益
for name in ['Portfolio_A']:
    C_Returns = ((1 + Returns[name]).cumprod()-1)
    C_Returns.plot(label = name)
```

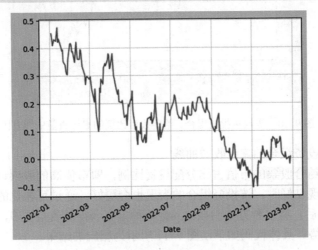

图 9-9　等权重投资组合的累计收益曲线图

（2）给定投资比例的累计收益曲线

投资组合的另一种常见的方法是投资人给定每只股票的投资比例，现在将这种方法与等权重投资组合方法绘制在同一图中进行比较。通过可视化的结果，我们可以发现，不同时间段两个方案的差异呈现出不同的变化，因此可能需要继续选择合适的方案。计算给定投资比例的收益曲线代码如下，图 9-10 所示为相应的结果。

```
# 方案一：平均分配权重
stock_num = 3
portfolio_weights = np.repeat(1/stock_num, stock_num)
Returns['Portfolio_A'] = stock_return.mul(portfolio_weights, axis=1).sum(axis = 1)

# 方案二：给定权重
weights = np.array([0.15, 0.55, 0.3])
WeightedReturns = stock_return.mul(weights, axis = 1)
Returns['Portfolio_B'] = WeightedReturns.sum(axis = 1)

# 累计收益曲线绘制函数
def c_returns_plot(name_list):
    for name in name_list:
        C_Returns = ((1 + Returns[name]).cumprod()-1)
        C_Returns.plot(label = name)
        plt.legend()

c_returns_plot(['Portfolio_A', 'Portfolio_B'])
```

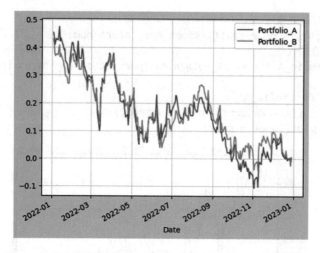

图 9-10 等权重投资组合、给定投资比例的累计收益曲线对比

（3）市值加权投资组合的累计收益曲线

第三种方法是结合股票的市值占比分配投资比例，即市值高的股票设置为高权重。当这些市值高的股票表现良好时，该投资组合的表现也会更好。通过可视化的结果，我们可以发现，2022 年 7 月以后，第二种方案明显比其他两种方案获得的收益更多，因此，短期来看，第二种方案更具优势。具体代码如下，图 9-11 所示为相应的结果。

```python
# 方案一：平均分配权重
stock_num = 3
portfolio_weights = np.repeat(1/stock_num, stock_num)
Returns['Portfolio_A'] = stock_return.mul(portfolio_weights, axis = 1).sum(axis = 1)


# 方案二：给定权重
weights = np.array([0.15, 0.55, 0.3])
WeightedReturns = stock_return.mul(weights, axis = 1)
Returns['Portfolio_B'] = WeightedReturns.sum(axis = 1)


# 方案三：市值权重
market_values = np.array(market_value_list)
market_weights = market_values / np.sum(market_values)
Returns['Portfolio_C'] = stock_return.mul(market_weights, axis = 1).sum(axis = 1)


# 累计收益曲线绘制函数
def c_returns_plot(name_list):
    for name in name_list:
        C_Returns = ((1 + Returns[name]).cumprod()-1)
        C_Returns.plot(label = name)
        plt.legend()


c_returns_plot(['Portfolio_A', 'Portfolio_B', 'Portfolio_C'])
```

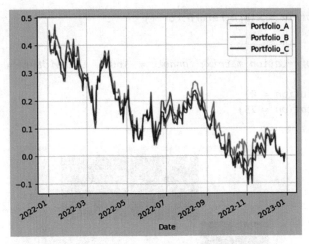

图 9-11　3 种投资方案的累计收益曲线对比

9.3.2　Seaborn 库

　　Seaborn 是基于 Matplotlib 库开发的可以实现对统计数据可视化展示的 Python 第三方库。Seaborn 和 Pandas 的 plot() 都是基于 Matplotlib 的绘图方法。相对于 Matplotlib，这两种方法封装了 Matplotlib 中的绘图方法，代码更加简洁，但这也导致这两种方法缺少一定的灵活性。因此，若需要简单实现绘图功能，则可以选择 Seaborn 或 Pandas；若需要较高灵活性的绘图，则可以选择 Matplotlib。使用 Seaborn 前同样需要通过 pip 进行安装：pip install seaborn。本节以 heatmap() 函数绘制热图为例演示 Seaborn 绘图的基本操作，其他的绘图方法与 Pandas 中的 plot() 相似，详细的方法与设置可以参考 Seaborn 的官方资料，网址为：http://seaborn.pydata.org/。

　　Seaborn 中 heatmap() 函数的参数设置如下：

```
seaborn.heatmap(data, vmin = None, vmax = None, cmap = None, center = None,
robust = False, annot = None, fmt = '.2g', annotkws = None, linewidths = 0, linecolor
= 'white', cbar = True, cbarkws = None, cbar_ax = None, square = False, ax = None,
xticklabels = True, yticklabels = True, mask = None, **kwargs)
```

　　其中：

- *data*：矩阵数据集，可以使用 NumPy 的数组（array），如果是 Pandas 的 dataframe，则 df 的 index/column 信息会分别对应到 heatmap 的 columns 和 rows。
- *linewidths*：热图矩阵之间的间隔大小。
- *vmax, vmin*：图例中最大值和最小值的显示值，没有该参数时默认不显示。

　　【例 9-6】投资组合的相关性分析。

　　本例中，通过 Seaborn 中的热图演示 Seaborn 的操作方法，首先通过 Pandas 库中的 coorr() 方法计算多只股票收益之间的线性关系，然后通过 Seaborn 中的 heatmap() 函数进行热图的绘制。图中矩阵的每个元素都对应着相应股票间的相关系数，取值为-1～1，正数代表正相关，负数代表负相关。具体代码如下，图 9-12 所示为相应的结果。

```
import seaborn as sns
# 计算相关矩阵
```

```
    correlation_matrix = stock_return.corr()

    #创建热图
    sns.heatmap(correlation_matrix, annot = True, linewidths = 1.0, annot_kws =
{'size':8})
    plt.xticks(rotation = 0)
    plt.yticks(rotation = 75)
    plt.show()
```

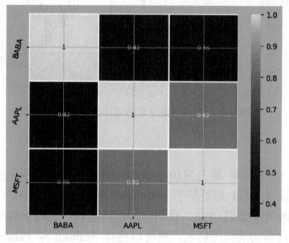

图 9-12   3 种投资方案的累计收益对比

9.4   编程实践

9.4.1   股票 K 线图绘制

K 线图也称为蜡烛图，由每个分析周期的开盘价、最高价、最低价和收盘价绘制而成，普遍用于分析期货、股票、外汇等。K 线是由许多的蜡烛线组合而成的，每根蜡烛线代表单位时间内的价格波动。一般情况，交易软件中默认为日K 线，即每根蜡烛线代表一日内价格从开盘到收盘的波动。

扫码看视频

对金融数据来说，Mplfinance 可以提供更好的可视化工具，它是一个基于 Matplotlib、专用于金融数据可视化的分析模块。通过 Mplfinance 进行金融数据可视化非常便捷，例如，其提供了可以用于自动剔除空白的停盘时间段、自动识别时间坐标、绘制均线的方法，只需要参数修改进行即可绘图。关于 Mplfinance 中函数的详细使用方法，可以在其官网获得，官方网址为https://github.com/matplotlib/mplfinance，使用前需要安装 Matplotlib 和 Pandas，此外，安装 Mplfinance 的命令为：pip install mplfinance。

【例 9-7】   使用 Mplfinance 绘制苹果股票的 K 线图。

结合本节的苹果公司数据，现通过 Mplfinance 绘制苹果公司股票的 K 线图，并将 K 线图的配色方案进行修改。关于格式修改，主要使用的是 make_marketcolors 和 make_mpf_style。其中，Matplotlib 支持两种绘图模式：基于 MATLAB 的绘图模式和基于面向对象的绘图模式。基于 MATLAB 的绘图模式主要通过 pyplot()方法实现，基于面向对象的绘图模式则通过对象调用的方法实现。面向对象的方法可以帮助我们更好地控制和自定义图像，该方法的核心思想是创建图形对象（Figure Object），通过调用图形对象的方法和属性进行绘图。本案例中，我们通过创建 figure 对象进行图片的布局。具体代码如下，图 9-13 所示为相应的绘图结果。

```
import mplfinance as mpf
import pandas_datareader.data as web
import numpy as np

# 获取苹果 2022-01-01—2022-03-31 这 3 个月的股票数据
df_b_th = web.DataReader('AAPL', 'stooq', start = "2022-01-01", end = "2022-03-31")

# 绘制 K 线图
# 设置 Mplfinance 的蜡烛颜色，up 为阳线颜色，down 为阴线颜色
my_color = mpf.make_marketcolors(up = 'r', down = 'g', edge = 'inherit', wick = 'inherit', volume = 'inherit')

# 设置图表的背景色
my_style = mpf.make_mpf_style(marketcolors = my_color, figcolor = '(0.82, 0.83, 0.85)', gridcolor = '(0.82, 0.83, 0.85)')

# 创建图形的 figure 对象，通过调用图标 axes 和文字 text 对象修改图片的布局
fig = mpf.figure(style = my_style, figsize = (12, 8), facecolor = (0.82, 0.83, 0.85))
ax1 = fig.add_axes([0.06, 0.25, 0.88, 0.60])
ax2 = fig.add_axes([0.06, 0.15, 0.88, 0.10], sharex = ax1)

ax1.set_ylabel('Price')
ax2.set_ylabel('Volume')

#图形绘制
mpf.plot(df_b_th, ax = ax1, volume = ax2, style = my_style, datetime_format = '%Y-%m-%d', xrotation = 0, mav = (5, 10, 20), type = 'candle')
fig.show()
```

图 9-13　K 线图绘制结果（1）

我们现在已经绘制了 K 线图和交易数量的柱状图，但一般的 K 线图还包括股票的基本信息，如股票名称、收盘、交易数量等数据。在以上代码的基础上，这里添加股票相关信息，并增加第三幅图片（MACD 指标数据）。

在 Mplfinance 中，在一个图片中添加多个子图的方法有两种：Panels 方法和 External Axes 方法。下面以 External Axes 方法为例介绍如何在同一图片中添加多个子图。在上一个例子中，实际上我们已经使用了此模式创建了两个子图，即创建 figure()对象，并生成 ax1 和 ax2 来分别用于放置蜡烛图和成交量的柱状图。本例继续添加第 3 个子图 ax3：MACD 图。但由于 MACD 图是由折线图和柱状图组成的，因此，我们需要将其绘制在同一图片中，于是创建了 addplot 列表以用于存储不同的图形，并通过 make_addplot()绘制子图。需要注意的是，当我们在 mfp.plot()中设置 ax 时，就必须同时在 make_addplot()中定义 ax。具体代码如下，图 9-14 所示为相应的结果。

```python
import mplfinance as mpf
import pandas_datareader.data as web
import numpy as np

# 获取苹果 2022-01-01—2022-03-32 这 3 个月的股票数据
df_b_th = web.DataReader('AAPL', 'stooq', start = "2022-01-01", end = "2022-03-31").iloc[::-1]

# 设置 Mplfinance 的蜡烛颜色，up 为阳线颜色，down 为阴线颜色
my_color = mpf.make_marketcolors(up = 'r', down = 'g', edge = 'inherit', wick = 'inherit', volume = 'inherit')

# 设置图表的背景色
my_style = mpf.make_mpf_style(marketcolors = my_color, figcolor = '(0.82, 0.83, 0.85)', gridcolor = '(0.82, 0.83, 0.85)')

# 创建图形的 figure 对象，通过调用图标 axes 和文字 text 对象修改图片的布局
fig = mpf.figure(style = my_style, figsize = (12, 8), facecolor = (0.82, 0.83, 0.85))
ax1 = fig.add_axes([0.06, 0.25, 0.88, 0.60])
ax2 = fig.add_axes([0.06, 0.15, 0.88, 0.10], sharex = ax1)
ax3 = fig.add_axes([0.06, 0.05, 0.88, 0.10], sharex = ax1)

ax1.set_ylabel('Price')
ax2.set_ylabel('Volume')
ax3.set_ylabel('MACD')

# 计算股票基本信息
last_data = df_b_th.iloc[-1]
last_2nd_data = df_b_th.iloc[-2]
change = last_data['Close'] - last_2nd_data['Close']
pct_change = change/last_data['Close']*100
average = sum(last_data[:4])/4
upper_lim = last_2nd_data['High']*1.1
lower_lim = last_2nd_data['Low']*0.9

# 设置股票的基本信息格式
```

```
    # 标题格式，字体为中文字体，颜色为黑色，粗体，水平中心对齐
    title_font = {'fontname':'SimSun', 'size':'16', 'color':'black', 'weight':'bold',
'va':'bottom', 'ha':'center'}
    # 红色数字格式（显示开盘收盘价），粗体红色 24 号字
    large_red_font = {'fontname':'Arial', 'size':'24', 'color':'red', 'weight':'bold',
'va':'bottom'}
    # 小数字格式（显示其他价格信息），粗体红色 12 号字
    small_red_font = {'fontname': 'Arial', 'size':'12', 'color':'r', 'weight':'bold',
'va':'bottom'}
    # 小数字格式（显示其他价格信息），粗体绿色 12 号字
    small_green_font = {'fontname': 'Arial', 'size':'12', 'color':'g', 'weight':'bold',
'va':'bottom'}
    # 标签格式，可以显示中文，普通黑色 12 号字
    normal_label_font = {'fontname': 'SimSun', 'size':'12', 'color':'black', 'va':'bottom',
'ha':'right'}

    # 设置格式
    fig.text(0.50, 0.94, '苹果-[AAPL]', **title_font)
    fig.text(0.12, 0.90, '开/收: ', **normal_label_font)
    fig.text(0.14, 0.89, f'{np.round(last_data["Open"], 3)}/{np.round(last_data["Close"],
3)}', **large_red_font)
    fig.text(0.14, 0.86, f'{np.round(change,3)}', **small_red_font)
    fig.text(0.22, 0.86, f'[{np.round(pct_change, 2)}%]', **small_red_font)
    fig.text(0.12, 0.86, f'{last_data.name.date()}', **normal_label_font)
    fig.text(0.40, 0.90, '高: ', **normal_label_font)
    fig.text(0.40, 0.90, f'{last_data["High"]}')
    fig.text(0.40, 0.86, '低: ', **normal_label_font)
    fig.text(0.40, 0.86, f'{last_data["Low"]}')
    fig.text(0.55, 0.90, '量(万手): ', **normal_label_font)
    fig.text(0.55, 0.90, f'{np.round(last_data["Volume"] / 10000, 3)}')
    fig.text(0.55, 0.86, '额(亿元): ', **normal_label_font)
    fig.text(0.55, 0.86, f'{np.round(average * last_data["Volume"]/1000000,3)}')
    fig.text(0.70, 0.90, '涨停: ', **normal_label_font)
    fig.text(0.70, 0.90, f'{np.round(upper_lim, 3)}', **small_red_font)
    fig.text(0.70, 0.86, '跌停: ', **normal_label_font)
    fig.text(0.70, 0.86, f'{Lower_Lim}', **small_green_font)
    fig.text(0.85, 0.90, '均价: ', **normal_label_font)
    fig.text(0.85, 0.90, f'{np.round(average, 3)}')
    fig.text(0.85, 0.86, '昨收: ', **normal_label_font)
    fig.text(0.85, 0.86, f'{last_2nd_data["Close"]}')

    # 计算 MACD 值
    exp12 = df_b_th['Close'].ewm(span = 12, adjust = False).mean()
    exp26 = df_b_th['Close'].ewm(span = 26, adjust = False).mean()
    macd = exp12 - exp26
    signal = macd.ewm(span = 9, adjust = False).mean()
    histogram = macd - signal

    # 添加 MACD 图形
    add_plot = [
        mpf.make_addplot(histogram, type = 'bar', width = 0.7, color = 'dimgray',
alpha = 1, secondary_y = False, ax = ax3),
```

```
        mpf.make_addplot(macd, color = 'fuchsia', secondary_y = True, ax = ax3),
        mpf.make_addplot(signal, color = 'b', secondary_y = True, ax = ax3)
    ]

    # 修改 x 轴
    mpf.plot(df_b_th, ax = ax1, volume = ax2, addplot = add_plot, style = my_style,
datetime_format = '%Y-%m-%d', mav = (5, 10, 20), type = 'candle')
    fig.show()
```

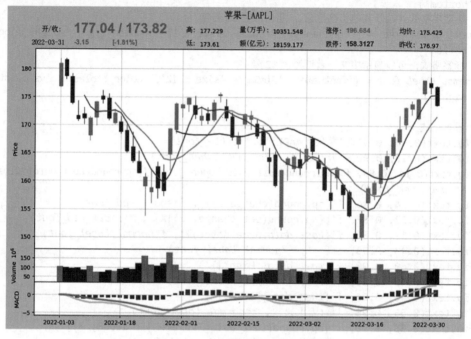

图 9-14　K 线图绘制结果（2）

9.4.2　金融文本数据分析

【例 9-8】　苹果公司新闻文本词云分析。

　　文本也是数据中常见的一种数据形式，常常可以表达更多的含义，通过可视化的方法可以展示文本中词的分布以及关联关系。本小节将通过苹果公司新闻文本数据介绍文本数据可视化（词云）的方法。词云显示的是文本中词出现的频率，也是常见的文本可视化的方式。本案例中使用了 wordcloud 第三方库，该方法主要通过创建 WordCloud 对象，并调用 generate_from_ frequencies()方法进行词云绘制。具体代码如下，图 9-15 所示为相应的结果。

```
import string
from wordcloud import WordCloud
import matplotlib.pyplot as plt

# 读取文件
def readtext(filename):
    txt = open(filename, 'r', encoding = 'utf-8').read().strip()
    for i in string.punctuation:
```

```
        txt = txt.replace(i, ' ')
    words = txt.lower().split()
    return words

# 去除停用词
def del_stop_words(txt):
    stop_words = open('data/stopwords-en.txt', 'r', encoding = 'utf-8').read()
    f_t = []
    for i in txt:
        if i not in stop_words:
            f_t.append(i)
    return f_t

# 计算词频
def word_frequency(txt):
    word_fre = {}
    for t in txt:
        word_fre[t] = word_fre.get(t, 0) + 1
    return word_fre

# 绘制词云
def vis_word_frequency(word_fre):
# 设置词云的宽、高、字体、背景颜色等
    wc = WordCloud(width = 1000, height = 500, background_color = 'white')
    wc.generate_from_frequencies(word_fre)  # 从字典生成词云
    plt.axis('off')  # 关闭坐标轴
    plt.imshow(wc) # 显示词云
    plt.show()

if __name__ == '__main__':
    filename = 'data/apple_news.txt'
    words = readtext(filename)
    words = del_stop_words(words)
    word_fre = word_frequency(words)
    vis_word_frequency(word_fre)
```

图 9-15　金融文本词云图

9.5　本章小结

　　本章以金融数据的可视化为案例，介绍了 Python 中可视化的多种工具：Matplotlib、Pandas 和 Seaborn 等。Matplotlib 作为最主要的绘图库，可以提供丰富的绘图支持。此第三方库可以灵活地提供更加复杂的绘图方法，本章在前几章的基础上进一步介绍如何修改图形的设置，从而可以绘制更加个性化的图形。而 Pandas 和 Seaborn 是基于 Matplotlib 开发的绘图工具，灵活性较低，但图形更加美观，操作更简易。本章针对不同的数据形式介绍了 Pandas 和 Seaborn 可视化的方法。此外，在编程实践中，本章通过 K 线图绘制案例介绍了专门进行金融数据可视化的第三库 Mplfinance，并通过文本数据介绍了词云绘制的方法。

　　本章主要涉及的数据集：

- 金融数据集 "dow30_origin.csv"。
- 通过 pandas_datareader.data 获得的数据。
- 金融文本数据 "apple_news.txt"。

　　本章创建的 Python 程序文件包括：Ch09.ipynb。

9.6　习题

1.　简答题

1）Matplotlib 的图形绘制有哪两种方式？

2）中文字体无法显示时，应设置什么参数？

3）设置图形的坐标轴可以使用什么方法？

4）如何绘制 dataframe 数据的面积图？

5）在图形上添加文字可以使用哪种方法？

2.　编程题

1）请使用本书所提供的数据集 "dow30_origin.csv" 完成以下练习：

- 请绘制沃尔玛（WMT）收盘价格的散点图，并设置散点的大小及颜色。
- 请绘制沃尔玛（WMT）交易量的柱状图，并设置柱形颜色，添加交易量的数字文本。
- 请通过绘图判断 IBM、BA、WMT 中的哪一对个股是最紧密、相互关联的？请从数据集中获取相关数据来证明你的答案。

2）请使用 pandas_datareader 获取相关数据并完成以下练习：

- 在日 K 线数据基础上分别绘制周 K 线和月 K 线图。

3）请搜集金融新闻文本数据，完成以下练习：

- 对多篇金融新闻文本数据进行词频统计，选取词频统计排名前 10 名的词，进行词云绘制。

第 10 章
数据分析建模

Python 的强大生态系统为数据分析的工作提供了丰富的第三方工具。这些工具不仅包含传统的数据挖掘、机器学习的技术，还包含了最新的深度学习、强化学习等前沿人工智能方法，使得 Python 语言的用户能够快速、方便地完成一项难度较大的数据分析工作。本章将介绍一个强大的机器学习工具库——Scikit-learn（简称 Sklearn），它的名称源于它是"SciKit"（SciPy 工具包），该工具包包含了各种经典的机器学习算法。并且，本章基于前期在 Pandas 和 NumPy 上的数据预处理方法，进一步以几个常见问题为例详细介绍使用 Scikit-learn 进行数据分析建模的方法。

10.1 案例：金融领域的数据分析

在本章案例中，将基于 Scikit-learn 快速完成两种数据分析方法（回归和分类）的建模和测试，展示数据分析中的部分技巧。本节将以两种模型为基础，解决以下两个在金融领域存在的问题：

- 对股票价格的回归分析，以实现对股票价格的预测。
- 对贷款过程中的分类计算，以实现对贷款人是否逾期还款的预测。

10.2 Scikit-learn 介绍

10.2.1 Scikit-learn 的历史

Scikit-learn 最初由 David Cournapeau 等人于 2007 年在 Google 的夏季代码项目中开发。后来 Matthieu Brucher 加入该项目，并开始将其用作论文工作的一部分。2010 年，法国计算机科学与自动化研究所 INRIA 参与其中，并于 2010 年 1 月下旬发布了第一个公开版本 0.1 beta。随后，其版本每年都进行迭代更新，截至 2022 年 12 月为止，公开版本已经达到了 1.2.0。在本书中，为了案例的可实现性，将统一使用 1.0 的版本。具体的发展历史如表 10-1 所示。

表 10-1 Scikit-learn 的发展历史

时间	版本
2022 年 12 月	Scikit-learn 1.2.0
2022 年 5 月	Scikit-learn 1.1.0

（续）

时间	版本
2021 年 9 月	Scikit-learn 1.0
2020 年 12 月	Scikit-learn 0.24.0
2020 年 5 月	Scikit-learn 0.23.0
2019 年 12 月	Scikit-learn 0.22.0
2019 年 5 月	Scikit-learn 0.21.0
2018 年 9 月	Scikit-learn 0.20.0
2017 年 7 月	Scikit-learn 0.19.0
2016 年 9 月	Scikit-learn 0.18.0
2015 年 11 月	Scikit-learn 0.17.0
2015 年 3 月	Scikit-learn 0.16.0
2014 年 7 月	Scikit-learn 0.15.0
2013 年 8 月	Scikit-learn 0.14.0

10.2.2　Scikit-learn 资源介绍

Scikit-learn 拥有自己的官网，其官网的网址是https://scikit-learn.org/stable/，在其官网上包括了 Scikit-learn 的详细安装、使用的方法，如果有问题也可以在官网的社区进行提问。在国内，也有一些公众号或网站专门对 Scikit-learn 进行翻译和介绍，例如，https://www.scikitlearn.com.cn/是一个很好的中文网站，专门用来对 Scikit-learn 的英文文献进行翻译和整理，形成了一套完整的中文文档，方便国内用户的使用。如果想更好地了解 Scikit-learn 的内部工作机制，希望能够对 Scikit-learn 中的算法进行改进，则可以访问 Github 中关于 Scikit-learn 的源代码库，通过链接https://github.com/scikit-learn/scikit-learn下载源代码进行查阅。

10.3　Scikit-learn 实现回归模型

Scikit-learn 是一个非常庞杂、功能强大的第三方库，包含了上百种算法的实现，并且涉及大量的数学、计算机和机器学习方面的知识。本章希望能够通过案例来介绍 Scikit-learn 的基本功能，实现数据分析的基本功能。本节将介绍一个基于 Scikit-learn 的线性回归模型。

10.3.1　线性回归模型的原理

线性回归（Linear Regression）是利用数理统计中的回归分析来确定两种或两种以上变量间相互依赖的定量关系的一种统计分析方法，从本质上说，这种变量间的依赖关系就是一种线性相关性。简单来说，就是选择一种线性函数来很好地拟合已知数据并预测未知数据，因此，它在管理学、经济学等定量分析研究中的运用十分广泛。其简单表达形式为 $y=wx+b$，其中 y 为因变量，x 为自变量，w 为表达二者之间关系的参数，b 为存在的误差，通常服从均值为 0 的正态分布。可以看到，y 和 x 的关系可以用一条直线近似表示，在二维空间里，w 可以看作是直线的斜率，而 b 可以看作是直线的截距。如果线性回归中包含一个自变量，则这种回归分析称为一元线性回归分析。如果线性回归中包括两个或两个以上的自变量，则称为多元线性回归分析。

　　在线性回归中，数据使用线性预测函数来建模，并且未知的模型参数也是通过数据来估计的。这些模型被叫作线性回归模型。线性回归是回归分析中第一种经过严格研究并在实际应用中广泛使用的类型。这是因为线性依赖于其未知参数的模型比非线性依赖于其未知参数的模型更容易拟合，而且产生的估计的统计特性也更容易确定。

　　现实中，线性回归模型一旦构建并拟合现有数据，便可以预测未来的具体状况，为决策提供支持。用两个例子来进行简单的说明：

- 假定大学学生的身高和体重存在一定的关系，那么就可以首先采集现实世界中不同学生的身高和体重，以身高为自变量 x，以体重为因变量 y，通过线性回归建立二者的量化关系，形成预测模型。当未来有一个新的学生入学后，当测得了他的身高后，就可以以回归模型来预测他的体重。
- 假定北京地区的房价和地段存在一定的关系，那么就可以首先采集北京地区各个小区住房的均价和所在的位置，以位置为自变量 x，以价格为因变量 y，通过线性回归建立二者的量化关系，形成预测模型。当未来建立了一个新的小区后，在已知它的位置的情况下，就可以以回归模型来预测其住房均价。

　　通常情况下，一个因变量常常对应多个自变量，因此，其模型可以表示为 $y=w_1x_1+w_2x_2+\cdots+w_nx_n+b$。其一般向量形式写为 $y=\boldsymbol{W}^{\mathrm{T}}x+b$，其中，$\boldsymbol{W}$ 为参数向量 $[w_1,w_2,\cdots,w_n]^{\mathrm{T}}$。

　　我们的目标是对于给定的数据集，求出最符合的参数 w 和 b，使得模型可以很好地提取数据集的特征。通常可以采用两种方法，一种是最小二乘法，另一种是梯度下降法。二者都是利用已知数据计算和优化一个假设的函数，并且都是为了使得预测值与实际值的差距更小。

　　其中，最小二乘法可以通过数学求导直接计算，能够得到全局最优解，但适用的范围较小，在某种情况下可能是无解的。而梯度下降法通过迭代优化来求解，尽管容易产生局部优化，但适用范围较广泛。这里简单描述梯度下降法的原理。

　　具体来说，对于给定的一组样本 X 和 Y，根据线性回归模型，由 X 计算预测值 $\hat{Y}$，然后利用 Y 与 $\hat{Y}$ 的平方差来评价二者之间的差距，计算该平方差的函数，我们称为损失函数（或目标函数），表示为 $L(\boldsymbol{W},b)$，计算公式为：

$$L(\boldsymbol{W},b)=\frac{(\hat{Y}-Y)^2}{2}=\frac{(\boldsymbol{W}^{\mathrm{T}}X+b-Y)^2}{2} \tag{10-1}$$

　　当损失函数较大时，可以采用基于学习率为 γ 的梯度下降法来降低损失值，当损失值降低到一定阈值以下时，就得到了线性回归模型。具体梯度下降的公式为：

$$w=w-\gamma\frac{\partial L(\boldsymbol{W},b)}{\partial w}=w-\gamma X^{\mathrm{T}}(\boldsymbol{W}^{\mathrm{T}}X+b-Y) \tag{10-2}$$

$$b=b-\gamma\frac{\partial L(\boldsymbol{W},b)}{\partial b}=b-\gamma(\boldsymbol{W}^{\mathrm{T}}X+b-Y) \tag{10-3}$$

10.3.2　线性回归模型的简单实现

　　基于梯度下降法的线性回归模型可以通过 NumPy 来实现。下面的程序实现了一个线性回归模型的演示版本。首先，生成了 50 个从-20 到 20 之间的 x 值、y 值，由 $y=2x+3$ 并随机增加噪声来生成，其分布可以从图 10-1 中看到，代码如下：

```
import warnings
warnings.filterwarnings("ignore")
import numpy as np
import matplotlib.pyplot as plt
from matplotlib import rcParams

rcParams['font.family'] = "SimSun"
%matplotlib inline

def gen_data():
    x = np.linspace(-20, 20, 50)     # 生成从-20 到 20 之间的数组，包含 50 个数值
    y = 2 * x + 3 + np.random.randn(len(x)) * 3
    x = x.reshape(-1, 1)
    y = y.reshape(-1, 1)
    return x, y

x, y = gen_data()
plt.scatter(x, y)
plt.title("随机生成数据的散点图")
plt.xlabel("自变量")
plt.ylabel("因变量")
plt.show()
```

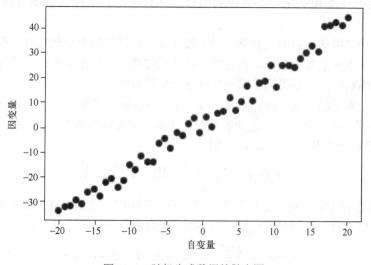

图 10-1　随机生成数据的散点图

　　然后，实现了 LinearRegression 类，定义了损失函数和梯度下降的值函数，并在学习率为 0.01 的情况下训练了 100 次，代码及结果如图 10-2 所示。

　　最后，我们对运算结果进行了可视化，图 10-3 所示是拟合后的散点图，其中直线表示拟合后的线性函数，可以看到，该线性函数能够较为理想地呈现数据的变化趋势。图 10-4 所示是对学习过程的描述。其训练的损失值呈现出一个快速下降的趋势，这是因为学习率设置得比较大而模型相对来说比较简单的原因。

```
class LinearRegression:
    def __init__(self, x, y):
        self.x = x
        self.y = y
        self.lr = 0.01          # 学习率为0.01
        self.epoch = 100        # 训练100次
        self.w = np.random.randn()
        self.b = np.random.randn()

    def loss(self, w, b, x, y):
        wx = np.dot(x, w) + b - y
        l_value = wx ** 2 / 2.0
        n= x.shape[0]           # x的数量
        return np.sum(l_value) / n

    def gradient_descent(self, w, b, x, y):
        n = x.shape[0]
        a = np.dot(x, w) + b - y
        ones = np.ones(n).reshape(1,-1)
        gd_b = np.dot(ones,a) / n
        gd_w = np.dot(x.T, a) / n
        return gd_w, gd_b

    def train(self):
        numbers, loss_values = np.zeros((self.epoch,1)), np.zeros((self.epoch, 1))  # 用来存储epoch和具体的损失值
        for i in range(self.epoch):
            loss_value = self.loss(self.w, self.b, self.x, self.y)
            if i % 20 == 0:
                print("epoch = ", i, "loss = ", loss_value)
            numbers[i] = i
            loss_values[i] = loss_value

            grad_w, grad_b = self.gradient_descent(self.w, self.b, self.x, self.y)
            self.w = self.w - self.lr * grad_w
            self.b = self.b - self.lr * grad_b

        return numbers, loss_values
```

```
lr = LinearRegression(x, y)
numbers, loss_values = lr.train()
```

```
epoch =  0 loss =  244.64659579421485
epoch =  20 loss =  7.050822800059904
epoch =  40 loss =  6.192987017251928
epoch =  60 loss =  5.619119105062884
epoch =  80 loss =  5.235217678659069
```

图 10-2　模型回归示例

可视化的代码如下：

```
def plt_result(x, y, w, b, numbers, loss_values):
    plt.figure()
    plt.subplot(1,2,1)
    plt.title("图 10-2 拟合后的散点图")
    plt.scatter(x, y)
    plt.plot(x, np.dot(x, w)+b, color='red')

    plt.subplot(1,2,2)
    plt.title("拟合过程的损失值变化")
    plt.plot(numbers, loss_values)
    plt.show()

plt_result(x, y, lr.w, lr.b, numbers, loss_values)
```

10.3.3　基于 Scikit-learn 的线性回归模型预测股票价格涨跌趋势

事实上，尽管我们可以通过 NumPy 来完成简单的模型构建，但其实在 Scikit-learn 中已经提供了相关的类和函数，使得我们能够采用更简洁的代码完成更加完善的模型构建。下面将基于 Scikit-learn 来实现预测股票的价格涨跌趋势。

Scikit-learn 封装了大部分的操作，所以其步骤非常具有通用性，具体来说包括 4 步：

1）从 Scikit-learn 库中导入需要使用的模型文件。以本部分内容为例，可以导入

"linear_model"，即线性模型。

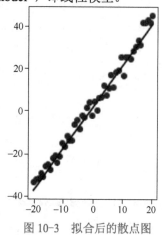

图 10-3　拟合后的散点图

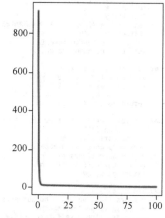

图 10-4　拟合过程的损失值变化

2）模型文件中通常包含了大量不同类型的模型，每个模型都采用一个类来实现，因此可以根据类来进行实例化，这里对应于线性回归模型的是 "SGDRegressor" 类。

3）利用模型实例来调用 fit() 函数，传递数据，完成模型训练。

4）利用模型实例调用 predict() 函数进行预测，测试模型的可行性。

SGDRegressor 类的定义如下。通常情况下，可以采用它的默认参数，其中损失函数 loss() 采用的是均方差。

```
class sklearn.linear_model.SGDRegressor(loss = 'squared_error', *, penalty = 'l2',
alpha = 0.0001, l1_ratio = 0.15, fit_intercept = True, max_iter = 1000, tol = 0.001,
shuffle = True, verbose = 0, epsilon = 0.1, random_state = None, learning_rate =
'invscaling', eta0 = 0.01, power_t = 0.25, early_stopping = False, validation_
fraction = 0.1, n_iter_no_change = 5, warm_start = False, average = False)
```

SGDRegressor 类中包含的常用属性为 *coef* 和 *intercept*，前者表示斜率，即 w，后者表示截距，即 b。当模型训练完成后，可以输出两个值，用来获得最终的模型。

SGDRegressor 类中包含的常用方法为 fit()、predict()、score()，分别用来进行模型训练、预测和评价。

1）fit() 函数的定义如下，其功能为给定自变量和因变量，进行模型的训练。其中 X 为自变量，y 为因变量，是必须输入的参数。

```
fit(X, y, coef_init=None, intercept_init=None, sample_weight=None)
```

2）predict() 函数的定义如下，其功能是给定自变量 X，进行因变量的预测，该函数返回因变量的预测值 $\hat{y}$。

```
predict(X)
```

3）score() 函数的定义如下，其功能是给定自变量 X，进行因变量的预测，该函数返回预测结果 $\hat{y}$ 与真实结果 y 的相关性，该值越接近 1 表示该模型越好。

```
score(X, y, sample_weight=None)
```

为了测试以上的类和方法，下面先利用 Scikit-learn 中的线性回归模型来完成前面随机数据的拟合过程，代码及结果如图 10-5 所示。

```python
from sklearn import linear_model
def train_and_eval(x, y):
    sgd = linear_model.SGDRegressor()
    sgd.fit(x, y)
    print("the coef = ",sgd.coef_, "\nthe intercept = ", sgd.intercept_)
    y_hat = sgd.predict(x)
    print("the score of th model is ", sgd.score(x,y))
    plt.scatter(x, y)
    plt.plot(x, y_hat, color="red")
    plt.show()
```

```python
y = y.reshape(-1)
train_and_eval(x, y)
```

```
the coef =  [1.9979864]
the intercept =  [2.24172606]
the score of th model is  0.9825434180498249
```

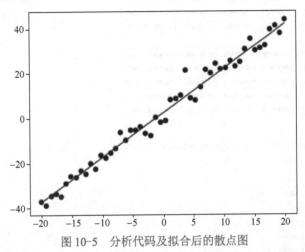

图 10-5　分析代码及拟合后的散点图

【例 10-1】　苹果公司股票（tic：AAPL）的未来走势回归分析。

数据集：在本案例中，采用的是道琼斯指数数据集。道琼斯指数是美国股票市场上工业构成的发展对世界金融最具影响力的指数之一，包括美国 30 个最大、最知名的上市公司。该数据集保存在 "dow30_origin.csv" 中，包含了从 2008 年 12 月 31 日—2021 年 10 月 29 日的 30 只股票的开盘价、收盘价、最高价、最低价、股票数量等信息，共有 94360 条数据。具体数据如图 10-6 所示。

```python
import pandas as pd
data = pd.read_csv("data/dow30_origin.csv", index_col=0)
data
```

	date	open	high	low	close	volume	tic
0	2008-12-31	3.070357	3.133571	3.047857	2.598351	607541200	AAPL
1	2008-12-31	57.110001	58.220001	57.060001	43.289661	6287200	AMGN
2	2008-12-31	17.969999	18.750000	17.910000	14.745289	9625600	AXP
3	2008-12-31	41.590000	43.049999	41.500000	32.005886	5443100	BA
4	2008-12-31	43.700001	45.099998	43.700001	30.214792	6277400	CAT
...	...	...	...	...	...	...	...
94355	2021-10-29	454.410004	461.390015	453.059998	453.169403	2497800	UNH
94356	2021-10-29	209.210007	213.669998	208.539993	209.810745	14329800	V
94357	2021-10-29	52.500000	53.049999	52.410000	49.462273	17763200	VZ
94358	2021-10-29	46.860001	47.279999	46.770000	44.510620	4999000	WBA
94359	2021-10-29	147.910004	150.100006	147.559998	146.517654	7340900	WMT

94360 rows × 7 columns

图 10-6　数据读取

数据分析过程如下。

1）数据预处理：从现有数据集中提取所有 tic 为 "AAPL" 的收盘价数据，按照日期进行排序，并转换为 NumPy 数组，如图 10-7 所示。

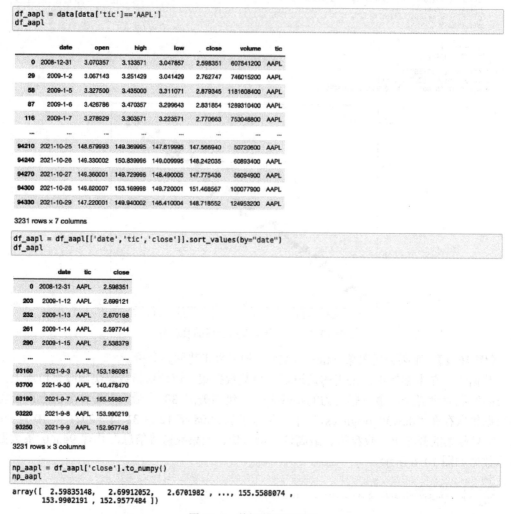

图 10-7　数据预处理示例

2）线性回归模型构建：利用 Scikit-learn 的 linear_model 来构建线性回归模型并进行训练，如图 10-8 所示。注意，与之前采用 SGDRegression 不同，这里采用 LinearRegression。事实上，二者都是线性回归模型，只是模型的训练方式存在差异。

```
from sklearn import linear_model
import numpy as np

x = np.arange(np_aapl.shape[0]).reshape(-1,1)
y = np_aapl
lr = linear_model.LinearRegression()
lr.fit(x, y)
print("the coef = ",lr.coef_, "\nthe intercept = ", lr.intercept_)
y_hat = lr.predict(x)
print("the score of th model is ", lr.score(x,y))

the coef =  [0.03148807]
the intercept =  -14.570952567055421
the score of th model is  0.6852031153644776
```

图 10-8　线性回归模型构建示例

3）线性回归模型的评价和可视化：利用 x 生成预测值，并通过可视化与源数据进行比对，代码如下：

```
y_hat = Lr.predict(x)
plt.scatter(x, y)
plt.title("拟合后的散点图")
plt.plot(x, y_hat, color = "red")
plt.show()
```

结论：从图 10-9 可以看到，实际拟合的效果并不十分理想，其得分也只有 0.685，这是由于股票的变化常常较为随机，所以仅以连续均匀变化的变量作为因变量，并不能完全拟合其变化趋势。

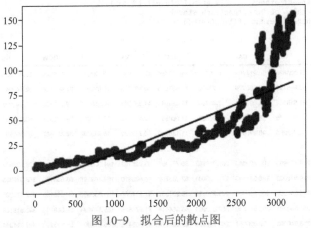

图 10-9 拟合后的散点图

【例 10-2】 根据其他股票的价格来预测苹果股票。

问题：在道琼斯股票中，如果苹果股票与其他股票具有相关性，那么可以根据其他股票的价格来预测苹果股票。

数据集：与【例 10-1】相同。

数据分析过程如下。

1）数据预处理：从现有数据集中提取所有股票的收盘价数据，按照股票、日期进行排序，并分别获得苹果股票的数据作为因变量，获得其他股票的数据作为自变量，如图 10-10 所示。

```
df = data[["tic", "date", "close"]]
df = df.sort_values(by=['tic','date'])
df
```

	tic	date	close
0	AAPL	2008-12-31	2.598351
203	AAPL	2009-1-12	2.699121
232	AAPL	2009-1-13	2.670198
261	AAPL	2009-1-14	2.597744
290	AAPL	2009-1-15	2.538379
...	...	...	...
93189	WMT	2021-9-3	146.350952
93729	WMT	2021-9-30	136.672653
93219	WMT	2021-9-7	144.409409
93249	WMT	2021-9-8	144.595734
93279	WMT	2021-9-9	143.575912

94360 rows × 3 columns

图 10-10 数据预处理示例

```
df_aapl = df[df['tic'] == "AAPL"]["close"]
df_aapl
```

```
0           2.598351
203         2.699121
232         2.670198
261         2.597744
290         2.538379
            ...
93160     153.186081
93700     140.478470
93190     155.558807
93220     153.990219
93250     152.957748
Name: close, Length: 3231, dtype: float64
```

```
df_others = df[df['tic'] != "AAPL"]
df_others_reshape = pd.DataFrame()
for each in df_others['tic'].unique():
    each_stock = df_others[df_others['tic']==each]['close'].to_numpy()
    df_others_reshape[each] = pd.DataFrame(each_stock)
df_others_reshape = df_others_reshape.fillna(method='ffill')
df_others_reshape
```

	AMGN	AXP	BA	CAT	CRM	CSCO	CVX	DIS	DOW	GS	...	MRK	MSFT	
0	43.289661	14.745289	32.005886	30.214792	8.002500	11.483366	42.594936	19.538343	38.848045	67.842323	...	17.599688	14.534698	10.71
1	42.772434	15.096829	32.808491	27.860926	7.712500	11.553813	40.781025	18.823631	37.960724	62.440041	...	16.499710	14.557129	10.52
2	43.259689	15.225103	31.848366	28.002974	7.407500	11.589041	41.356857	18.255312	39.828335	62.641006	...	16.464966	14.818813	10.39
3	42.037830	14.295086	30.903275	26.616343	6.965000	11.088845	40.130318	17.910868	39.566357	60.848282	...	16.106041	14.273013	9.79
4	42.847401	13.886193	30.723255	26.930845	6.922500	11.138159	40.752232	18.393080	39.887482	59.352997	...	16.279716	14.385160	9.86
...	...	...	...	...	...	...	...	...	...	...		...	...	
3226	217.611877	156.328491	218.169998	204.409836	267.079987	56.771465	93.025162	181.000000	56.668190	398.633697	...	73.491692	297.799622	161.26
3227	204.422684	164.404968	219.940002	186.531143	271.220001	52.003887	96.803810	169.169998	56.668190	366.379333	...	72.086838	278.792847	143.42
3228	212.776474	156.740646	214.240005	202.330460	265.209992	56.255535	92.614868	184.339996	56.668190	397.674225	...	72.274124	296.850281	160.62
3229	212.324661	155.965378	211.380005	200.911850	262.619995	56.064449	91.975555	185.149994	56.668190	392.518189	...	71.684364	296.879944	158.71
3230	207.239349	156.416809	213.940002	199.600067	260.739990	55.988014	91.603416	185.910004	56.668190	392.111084	...	70.219475	293.952789	161.31

3231 rows × 29 columns

图 10-10　数据预处理示例（续）

2）线性回归分析：构建线性回归模型，对数据进行线性回归分析，如图 10-11 所示。

```
y = df_aapl.to_numpy()
x = df_others_reshape.to_numpy()
lr = linear_model.LinearRegression()
lr.fit(x, y)
print("the coef = ",lr.coef_, "\nthe intercept = ", lr.intercept_)
y_hat = lr.predict(x)
print("the score of th model is ", lr.score(x,y))
```

```
the coef =  [ 0.04616361 -0.10917734  0.01381272  0.06655374  0.06573884 -0.64647812
 -0.10148349  0.25215324  0.00767065  0.01490246  0.03143572  0.03053801
  0.14569501 -0.21957605  0.01476055 -0.10209088 -0.015389   -0.09092283
  0.06979311  0.05967255  0.34785671  0.14316926 -0.05595678 -0.12113912
  0.0569605  -0.04227444 -0.48697099 -0.18685468  0.19882752]
the intercept =  2.2385098836940713
the score of th model is  0.9943865305907384
```

图 10-11　线性回归分析示例

3）线性回归模型的评价和可视化：利用 x 生成预测值，并通过可视化与源数据进行比对。具体代码如下，图 10-12 所示为相应的结果。

```
y_hat = lr.predict(x)
x_series = range(y.shape[0])
```

```
p1 = plt.plot(x_series, y, color = "red",label = "源数据趋势")
p2 = plt.plot(x_series, y_hat, color = "blue",label = "预测数据趋势")
plt.title("拟合后的散点图")
plt.legend()
plt.show()
```

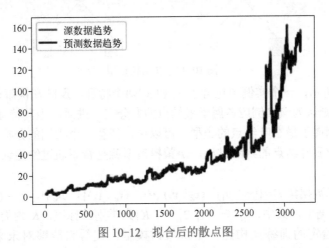

图 10-12　拟合后的散点图

结论：从图 10-12 可以看到，我们采用的线性回归模型能够建立其他股票与苹果公司股票的价格关联，利用线性回归模型预测后的曲线能够较好地拟合源数据的变化趋势。

事实上，因为篇幅和关注重点，我们并没有严格考虑预测建模的流程，也没有将数据分为训练集和测试集，所以该预测只是一个示意流程，真实情况下，很难预测得如此准确。

10.4　Scikit-learn 实现分类模型

上一节介绍了回归模型，其基本思想是拟合给定数据，以此来进行后续趋势的预测，因此，这种模型常常用于具有时序特征的数据。这一节介绍另外一类模型，称为分类模型。其基本思想是，给定一些事物的属性和类别标签，通过训练模型来确定属性和类别标签之间的关系，当有同一类型的新事物产生时，可以通过属性来预测其类别。事实上，分类模型和回归模型的本质都是建立映射关系。但区别在于，回归问题的输出空间是一个度量空间，即所谓的"定量"，而分类问题的输出空间不是度量空间，而是所谓的"定性"。本章将介绍一个基于 Scikit-learn 的决策树分类模型。

10.4.1　决策树分类模型的原理

决策树（Decision Tree）是一种基本的树模型，既可以用于分类，也可以用于回归。本小节主要探讨用于分类的决策树。决策树模型呈树状结构（见图 10-13），在分类问题上，表示基于特征（即事物属性）对实例进行分类的过程。它可以认为是 if-then 规则的集合，其主要优点是具有可读性、分类速度快。决策树模型与线性回归模型一样，也需要利用数据进行训练，然后根据损失函数最小化的原则进行构建。当预测时，将新的特征数据输入模型，获得实例的类别。

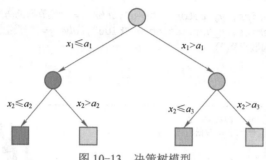

图 10-13　决策树模型

　　如图 10-13 所示，一个实例中包含了 x_1 和 x_2 两个特征，反映在决策树上，当特征 x_1 大于某个值 a_1 时，则认为该实例应该属于根结点的右分支，进而，当其特征 x_2 大于某个值 a_3 时，则认为该实例属于最右叶结点的类型。可以说，任意一个实例的分类过程，都是根据不同特征从根结点走到叶结点的判断过程。决策树模型就是希望通过给定训练数据来训练得到这些规则。

　　假定给定训练数据集 $D=\{(x_1, y_1), (x_2, y_2), \cdots, (x_n, y_n)\}$，其中，$x_i = (x_{i1}, x_{i2}, \cdots, x_{im})$，$m$ 为特征数，n 为数据量。其中，$y_i \in \{1, 2, \cdots, K\}$ 为类别的标签，K 为类别数量。决策树学习的目标是根据给定的训练集构建一个决策树模型，使得它能够对未来新的实例进行正确分类。

　　决策树模型的最基本算法是 ID3 算法，其核心是在决策树的各个结点上应用信息增益准则来选择特征，递归地构建决策树。具体方法是：

　　1）从根结点出发，对结点计算所有可能特征的信息增益，选择信息增益最大的特征作为结点的特征，由该特征的不同取值建立子结点。

　　2）再对子结点递归地调用以上方法，构建决策树。

　　3）直到所有特征的信息增益均很小或没有特征可以选择为止，得到最后的决策树。

　　为了进一步说明该算法，首先介绍信息熵和信息增益的概念。信息熵表示随机变量不确定性的度量，设 X 是一个取有限制值的离散随机变量，其概率分布为：

$$P(X = x_i) = p_i, \quad i = 1, 2, \cdots, n \tag{10-4}$$

则随机变量 X 的信息熵定义为：

$$H(X) = -\sum_{i=1}^{n} p_i \log p_i \tag{10-5}$$

　　设有随机变量 X 和 Y，其联合概率分布为：

$$P(X = x_i, Y = y_i) = p_{ij}, \quad i = 1, 2, \cdots, n, \quad j = 1, 2, \cdots, m \tag{10-6}$$

　　条件熵 $H(Y|X)$ 表示已知随机变量 X 的条件下随机变量 Y 的不确定性，定义为：

$$H(Y \mid X) = -\sum_{i=1}^{n} p_i H(Y \mid X = x_i) \tag{10-7}$$

　　给定特征 A 和训练数据集 D，其信息增益 $g(D, A)$ 定义为集合 D 的信息熵 $H(D)$ 与特征 A 给定条件下 D 的条件熵 $H(D|A)$ 之差，表示为：

$$g(D,A) = H(D) - H(D\,|\,A) \tag{10-8}$$

有了信息增益的概念，下面来具体描述 ID3 算法。

输入：训练数据集 D、特征集 A、阈值 ϵ。

输出：决策树 T。

1）若 D 中的所有实例属于同一类 C_k，则 T 为单结点树，并将类 C_k 作为该结点的类标记，返回 T。

2）若 A 为空，则 T 为单结点树，并将 D 中实例数最大的类 C_k 作为该结点的类标记，返回 T。

3）否则，计算 A 中各个特征对 D 的信息增益，选择信息增益最大的特征 A_g。

4）如果 A_g 的信息增益小于 ϵ，则 T 为单结点树，并将 D 中实例数最大的类 C_k 作为该结点的类标记，返回 T。

5）否则，对于 A_g 的每个可能值 a_i，按照 $A_g = a_i$ 将 D 分割为若干非空子集 D_i，将 D_i 中的实例数最大的类作为标记，构建子结点，由结点及其子结点构成树 T，返回 T。

6）对于第 i 个子结点，以 D_i 为训练集，以 $A\text{-}\{A_g\}$ 为训练集，递归地调用步骤 1）～5），得到子树 T_i 并返回。

10.4.2　决策树分类模型的简单实现

决策树分类模型也可以进行简单的实现。下面的程序实现了一个决策树分类模型的演示版本。

首先生成了 15 条数据，这些数据包含了一个成人的"年龄""有工作""有自己的房子""信贷情况"和"类别"，其中，前 4 个特征是个人情况的描述，最后一个特征"类别"是标签，用来标示是否可以对其进行贷款。我们希望通过模型，根据其个人情况来预测是否可以向其贷款，代码及实现过程如图 10-14 所示。

```
import numpy as np
import matplotlib.pyplot as plt
from matplotlib import rcParams
rcParams['font.family'] = "SimSun"
%matplotlib inline


def gen_data():
    datasets = np.array([['青年', '否', '否', '一般', '否'],
                ['青年', '否', '否', '好', '否'],
                ['青年', '是', '否', '好', '是'],
                ['青年', '是', '是', '一般', '是'],
                ['青年', '否', '否', '一般', '否'],
                ['中年', '否', '否', '一般', '否'],
                ['中年', '否', '否', '好', '否'],
                ['中年', '是', '是', '好', '是'],
                ['中年', '否', '是', '非常好', '是'],
                ['中年', '否', '是', '非常好', '是'],
                ['老年', '否', '是', '非常好', '是'],
                ['老年', '否', '是', '好', '是'],
                ['老年', '是', '否', '好', '是'],
                ['老年', '是', '否', '非常好', '是'],
                ['老年', '否', '否', '一般', '否'],
                ])
    columns = np.array(['年龄', '有工作', '有自己的房子', '信贷情况', '类别'])
    return pd.DataFrame(datasets, columns=columns)
```

图 10-14　决策树分类模型的简单实现

```
data = gen_data()
data
```

	年龄	有工作	有自己的房子	信贷情况	类别
0	青年	否	否	一般	否
1	青年	否	否	好	否
2	青年	是	否	好	是
3	青年	是	是	一般	是
4	青年	否	否	一般	否
5	中年	否	否	一般	否
6	中年	否	否	好	否
7	中年	是	是	好	是
8	中年	否	是	非常好	是
9	中年	否	是	非常好	是
10	老年	否	是	非常好	是
11	老年	否	是	好	是
12	老年	是	否	好	是
13	老年	是	否	非常好	是
14	老年	否	否	一般	否

```
train_data = data.iloc[:10,:]
test_data = data.iloc[10:,:]
```

```python
import math

class Node():
    def __init__(self,leaf=True,label=None,feature_name=None,feature=None):
        self.leaf = leaf                # 是否为叶结点
        self.label = label              # 标签
        self.feature = feature          #特征值
        self.tree = {}                  #子树
        self.result = {'label:': self.label, 'feature': self.feature, 'tree': self.tree,'leaf':self.leaf}

    def __repr__(self):
        return '{}'.format(self.result)

    def add_node(self, val, node):
        self.tree[val] = node

    def predict(self, test_data):
        if self.leaf is True:
            return self.label
        return self.tree[test_data.to_numpy().reshape(-1)[self.feature]].predict(test_data)

class DTree:
    def __init__(self,epsilon=0.1):
        self.epsilon = epsilon
        self._tree = None
    # 计算信息熵
    def _calc_ent(self, data):
        data_length = len(data)
        label_count = {}
        for i in range(data_length):
            label = data[i][-1]
            if label not in label_count:
                label_count[label] = 0
            label_count[label] += 1
        ent = -sum([(p / data_length) * math.log(p / data_length, 2) for p in label_count.values()])
        return ent

    # 计算条件信息熵
    def _cond_ent(self, data, axis=0):
        data_length = len(data)
        feature_sets = {}
        for i in range(data_length):
            feature = data[i][axis]
            if feature not in feature_sets:
                feature_sets[feature] = []
```

图 10-14 决策树分类模型的简单实现（续）

```
            feature_sets[feature].append(data[i])
        cond_ent = sum([(len(p) / data_length) * self._calc_ent(p) for p in feature_sets.values()])
        return cond_ent

    # 计算信息增益
    def _info_gain(self, ent, cond_ent):
        return ent - cond_ent

    # 信息增益需要通过数据进行训练
    def _info_gain_train(self, data):
        count = len(data[0]) - 1
        ent = self._calc_ent(data)
        best_feature = []
        for c in range(count):
            c_info_gain = self._info_gain(ent, self._cond_ent(data, axis=c))
            best_feature.append((c, c_info_gain))
            # 比较大小
            best_ = max(best_feature, key=lambda x: x[-1])
        return best_
    # 决策树模型的训练过程
    def _train(self,train_data):

        x, y, features = train_data.iloc[:, :-1], train_data.iloc[:, -1], train_data.columns[:-1]

        # 1. 若D中实例属于同一类Ck，则T为单结点树，并将类Ck作为结点的类标记，返回T
        if len(y.value_counts()) == 1:
            return Node(leaf=True,label=y.iloc[0])

        # 2. 若A为空，则T为单结点树，将D中实例树最大的类Ck作为该结点的类标记，返回T
        if len(features) == 0:
            return Node(leaf=True, label=y.value_counts().sort_values(ascending=False).index[0])

        # 3. 计算最大信息增益Ag，为信息增益最大的特征
        max_feature, max_info_gain = self._info_gain_train(np.array(train_data))
        max_feature_name = features[max_feature]

        # 4. Ag的信息增益小于阈值eta，则T为单结点树，并将D中实例数量最大的类Ck作为该结点的类标记，返回T
        if max_info_gain < self.epsilon:
            return Node(leaf=True, label=y.value_counts().sort_values(ascending=False).index[0])

        # 5. 构建Ag子集
        node_tree = Node(leaf=False, feature_name=max_feature_name, feature=max_feature)

        feature_list = train_data[max_feature_name].value_counts().index
        for f in feature_list:
            sub_train_df = train_data.loc[train_data[max_feature_name] == f].drop([max_feature_name], axis=1)
            # 6. 递归生成树
            sub_tree = self._train(sub_train_df)
            node_tree.add_node(f, sub_tree)

        return node_tree

    def fit(self, train_data):
        self._tree = self._train(train_data)
        return self._tree

    def predict(self,test_data):
        result = []
        for i in range(test_data.shape[0]):
            result.append(self._tree.predict(test_data.iloc[i,:]))
        return pd.DataFrame(result,columns=["类别"])
```

```
dt = DTree()
tree = dt.fit(train_data)
result = dt.predict(test_data.iloc[:,:-1])
result
```

	类别
0	是
1	是
2	是
3	是
4	否

图 10-14　决策树分类模型的简单实现（续）

10.4.3　基于 Scikit-learn 的决策树分类模型预测是否贷款

与线性回归模型类似，尽管可以自己实现一个简单的决策树分类模型，但在 Scikit-learn 中，其实已经提供了相关的类和函数，使得我们能够采用更简洁的代码完成更加完善的模型构建。下面将基于 Scikit-learn 来实现预测是否贷款。

Scikit-learn 用于决策树分类的模型放置在"tree"这一模型文件中，对应的模型类是 "DecisionTreeClassifier"，我们可以调用它的 fit()函数进行模型训练，调用 predict()函数进行预测。

DecisionTreeClassifier 的定义如下。通常情况下，可以采用 DecisionTreeClassifier 的默认参数，具体参数的含义可以参阅其官方文档。

```
class sklearn.tree.DecisionTreeClassifier(*, criterion = 'gini', splitter = 'best',
max_depth = None, min_samples_split = 2, min_samples_leaf = 1, min_weight_fraction_leaf
= 0.0, max_features = None, random_state = None, max_leaf_nodes = None, min_impurity_
decrease = 0.0, class_weight = None, ccp_alpha = 0.0)
```

DecisionTreeClassifier 类中包含的常用方法为 fit()、predict()、score()，分别用来进行模型训练、预测和评价。

1）fit()函数的定义如下，其功能为给定自变量和因变量，进行模型的训练。其中，X 为自变量，y 为因变量，是必须输入的参数。

```
fit(X, y, sample_weight = None, check_input = True)
```

2）predict()函数的定义如下，其功能是给定自变量 X，进行因变量的预测，该函数返回因变量的预测值（$\hat{y}$）。

```
predict(X, check_input = True)
```

3）score()函数的定义如下，其功能是给定测试集中的自变量 X 和因变量 y，计算其预测的平均精确度。

```
score(X, y, sample_weight = None)
```

除了这些常用的方法，类里还有 decision_path()、get_depth()等方法，用来计算树中实际的决策路径和树的深度等数值，更多的方法可以参阅其官方文档。

为了测试以上的类和方法，下面先利用 Scikit-learn 中的决策树分类模型来完成前面随机数据的拟合过程。需要注意的是，该模型的输入变量均应为数值，而不能是字符串，所以需要利用 Scikit-learn 中的预处理方法进行简单处理，该模块文件为"preprocessing"，具体用到的是"OrdinalEncoder"这个类。该类可以将一个属性列的内容转换为对应的数值类别。例如，在上述数据中，年龄特征中包含了 3 种字符串："青年""中年"和"老年"，该类可以将其转换为 2、0 和 1 这 3 个数值。具体来说，首先获取 OrdinalEncoder 的实例，然后调用 fit()方法对数据进行训练，最后通过 transform()方法将数据进行转换。从下面的代码中可以看到，将训练数据和测试数据转换为了数值表示的形式，如图 10-15 所示。

在数据处理完之后，可以调用 fit()方法来对训练数据进行训练。这里需要注意的是，训练数据中的前 n-1 个特征为自变量 x，最后一个特征为因变量 y，也就是对应的标签。在训练完毕后，调用 predict()方法对测试数据进行预测，也可以调用 score()方法对预测的精确度进行计算，并对模型进行评价，如图 10-16 所示。

```
from sklearn import preprocessing
enc = preprocessing.OrdinalEncoder()
encode = enc.fit(data)
train_data_np = enc.transform(train_data)
test_data_np = enc.transform(test_data)
print("train_data:\n",train_data_np)
print("test_data:\n",test_data_np)
```

```
train_data:
 [[2. 0. 0. 0. 0.]
 [2. 0. 0. 1. 0.]
 [2. 1. 0. 1. 1.]
 [2. 1. 1. 0. 1.]
 [2. 0. 0. 0. 0.]
 [0. 0. 0. 1. 0.]
 [0. 0. 1. 1. 0.]
 [0. 1. 1. 1. 1.]
 [0. 0. 1. 2. 1.]
 [0. 0. 1. 2. 1.]]
test_data:
 [[1. 0. 1. 2. 1.]
 [1. 0. 1. 1. 1.]
 [1. 1. 0. 1. 1.]
 [1. 1. 0. 2. 1.]
 [1. 0. 0. 0. 0.]]
```

图 10-15　训练数据和测试数据转换示例

```
from sklearn import tree
clf = tree.DecisionTreeClassifier()
clf.fit(train_data_np[:,:-1], train_data_np[:,-1])
y_hat = clf.predict(test_data_np[:,:-1])
print(y_hat)
decode = list(encode.categories_[-1])    # 对类别的反向编码
y_hat = [decode[int(i)] for i in y_hat]
y_hat
```

```
[1. 1. 1. 1. 0.]
```

```
['是', '是', '是', '是', '否']
```

```
score = clf.score(test_data_np[:,:-1],test_data_np[:,:1])
print("the average accuacy is : ", score)
```

```
the average accuacy is :  0.8
```

图 10-16　数据训练示例

可以看到，最终模型经过训练、测试，其平均精确度可以达到 80%。

【例 10-3】　逾期归还贷款预测。

问题：根据贷款人的属性，判断贷款人是否会逾期归还贷款。

数据集：在本案例中，采用的是在网络上爬取的小额贷款数据集"financial_loan.csv"，该文件中包含了 amount（贷款金额）、rate（贷款利率）、success_loan_no（贷款成功数量）、failed_loan_no（贷款失败数量）、age（贷款人年龄）、sex（贷款人性别）、credit（贷款人信用）、overdue（是否逾期），其中，前 7 个特征为自变量 x 的特征，最后一个特征为因变量 y，即标签。该数据集中共有 20000 条数据，如图 10-17 所示。

数据分析如下。

1）数据预处理：对数据集进行预处理，将数据标准化、数值化和离散化。其中，对于年龄特征，分为不同粒度，具体规则为：20 岁以下；20~25 岁；26~32 岁；33~39 岁；39 岁以上。按照该规则离散化为 5 个值。对于信用特征，将不同的字符串进行数值化，如图 10-18 所示。

```
import pandas as pd
data = pd.read_csv("data/financial_loan.csv")
data
```

	amount	rate	success_loan_no	failed_loan_no	age	sex	credit	overdue
0	3000.0	22.0	3	0	31	1	D	0
1	3000.0	13.0	5	2	29	0	AA	0
2	5000.0	20.0	7	6	28	1	D	0
3	3000.0	13.0	4	0	71	1	AA	0
4	3000.0	13.0	1	2	21	1	AA	0
...	...	...	...	...	...	...	...	...
19995	3000.0	13.0	1	0	42	1	AA	1
19996	3300.0	14.0	2	1	20	0	AA	1
19997	3000.0	13.0	1	0	27	1	AA	1
19998	3000.0	13.0	2	1	36	1	AA	1
19999	3900.0	22.0	3	1	26	1	F	1

20000 rows × 8 columns

图 10-17　贷款数据获取示例

```
# 对年龄的离散规则
def discrete_age(age):
    if age < 20:
        return 1
    elif age < 25:
        return 2
    elif age < 32:
        return 3
    elif age < 39:
        return 4
    else:
        return 5
```

```
from sklearn import preprocessing
df = data.iloc[:,:]

df['age'] = df['age'].apply(discrete_age)      # 对age特征离散化
enc = preprocessing.OrdinalEncoder()
encode = enc.fit(df[['credit']])
df[['credit']] = enc.transform(df[['credit']])  # 对credit特征数值化
df
```

	amount	rate	success_loan_no	failed_loan_no	age	sex	credit	overdue
0	3000.0	22.0	3	0	3	1	5.0	0
1	3000.0	13.0	5	2	3	0	1.0	0
2	5000.0	20.0	7	6	3	1	5.0	0
3	3000.0	13.0	4	0	5	1	1.0	0
4	3000.0	13.0	1	2	2	1	1.0	0
...	...	...	...	...	...	...	...	...
19995	3000.0	13.0	1	0	5	1	1.0	1
19996	3300.0	14.0	2	1	2	0	1.0	1
19997	3000.0	13.0	1	0	3	1	1.0	1
19998	3000.0	13.0	2	1	4	1	1.0	1
19999	3900.0	22.0	3	1	3	1	7.0	1

20000 rows × 8 columns

图 10-18　贷款数据预处理

2）决策树分类分析：将数据集分为训练集和测试集，构建决策树分类模型，对数据进行线性回归分析。

我们注意到，在上面的数据中，overdue 标签是排序过后的结果。如果还是按顺序分割训练数据和测试数据，就会使得二者的分布不同，从而影响模型的预测精度。因此，我们引入了 Scikit-learn 中预处理模块的随机分割方法 train_test_split()来随机生成训练集和测试集。其定义为：

```
sklearn.model_selection.train_test_split(*arrays, test_size = None, train_size =
None, random_state = None, shuffle = True, stratify = None)
```

可以看到，该方法的输入为多个二维数组，并指定训练数据与测试数据的比例 test_size，输出则为将数据打乱后再按比例分割后的结果，如图 10-19 所示。

```
from sklearn import model_selection
x = df.iloc[:,:-1].to_numpy()
y = df.iloc[:,-1].to_numpy()
x_train, x_test, y_train, y_test = model_selection.train_test_split(x, y,test_size=0.1)
print("x_train'shape is %s, x_test's shape is %s, y_train's shape is %s, y_test'shape is %s"
      %(x_train.shape, x_test.shape, y_train.shape, y_test.shape))
```
```
x_train'shape is (18000, 7), x_test's shape is (2000, 7), y_train's shape is (18000,), y_test'shape is (2000,)
```

```
from sklearn import tree
clf = tree.DecisionTreeClassifier()
clf.fit(x_train, y_train)
```
```
DecisionTreeClassifier()
```

图 10-19　贷款决策树分类分析

3）决策树分类模型的评价和可视化：利用测试数据 x_test 生成预测值，并通过可视化来了解决策树的具体过程，如图 10-20 所示。

```
y_hat = clf.predict(x_test)
print("y_hat = ",y_hat)
print("y = ", y)
score = clf.score(x_test, y_test)
print("the final accuracy is ", score)
```
```
y_hat = [1 0 0 ... 0 1 1]
y = [0 0 0 ... 1 1 1]
the final accuracy is  0.7365
```

图 10-20　贷款决策树分类模型评价

决策树模型构建以后，为了了解决策过程，可以通过 tree 模块中的 plot_tree()方法来对决策树进行可视化。plot_tree()方法的定义如下，其输入为构建的决策树模型，以及特征名称和类名称等，结果如图 10-21 所示。

```
sklearn.tree.plot_tree(decision_tree, *, max_depth = None, feature_names = None,
class_names = None, label = 'all', filled = False, impurity = True, node_ids = False,
proportion = False, rounded = False, precision = 3, ax = None, fontsize = None)
```

结论：从最终预测的得分来看，73%左右的精确度（此处由于没有设置随机种子，每次运行数据都会被打乱，所以其精确度可能会稍有不同）基本可以接受，因为这是一个基本的分类模型，通过采用其他更先进的模型或者对数据进行进一步的预处理，都可以进一步提高预测的精确度。

事实上，Scikit-learn 的数据预处理和训练的过程还能够进一步地集成，使得代码更加精简。这里用两个例子进行说明。

在自变量 x 使用的过程中，由于特征之间存在较大的差异，因此模型的训练容易产生更大误差，所以常常对每个特征进行规范化，即将特征值规范至 0~1，从而降低预测的误差。这里采用了 preprocessing 模块中的 StandardScaler 类来完成，首先将需要传入的数据进行训练，然后通过 transform()方法进行转换即可，如图 10-22 所示。

```
plt.figure(figsize=(25,10))
tree.plot_tree(clf, feature_names=df.columns[:-1], class_names=df.columns[-1],filled=True,max_depth =3)

[Text(0.5, 0.9, 'success_loan_no <= 1.5\ngini = 0.5\nsamples = 18000\nvalue = [8976, 9024]\nclass = v'),
 Text(0.25, 0.7, 'failed_loan_no <= 1.5\ngini = 0.389\nsamples = 8339\nvalue = [2201, 6138]\nclass = v'),
 Text(0.125, 0.5, 'failed_loan_no <= 0.5\ngini = 0.321\nsamples = 7184\nvalue = [1443, 5741]\nclass = v'),
 Text(0.0625, 0.3, 'amount <= 4923.5\ngini = 0.267\nsamples = 5557\nvalue = [882, 4675]\nclass = v'),
 Text(0.03125, 0.1, '\n  (...)  \n'),
 Text(0.09375, 0.1, '\n  (...)  \n'),
 Text(0.1875, 0.3, 'amount <= 3729.0\ngini = 0.452\nsamples = 1627\nvalue = [561, 1066]\nclass = v'),
 Text(0.15625, 0.1, '\n  (...)  \n'),
 Text(0.21875, 0.1, '\n  (...)  \n'),
 Text(0.375, 0.5, 'failed_loan_no <= 2.5\ngini = 0.451\nsamples = 1155\nvalue = [758, 397]\nclass = o'),
 Text(0.3125, 0.3, 'credit <= 5.5\ngini = 0.497\nsamples = 609\nvalue = [327, 282]\nclass = o'),
 Text(0.28125, 0.1, '\n  (...)  \n'),
 Text(0.34375, 0.1, '\n  (...)  \n'),
 Text(0.4375, 0.3, 'failed_loan_no <= 5.5\ngini = 0.333\nsamples = 546\nvalue = [431, 115]\nclass = o'),
 Text(0.40625, 0.1, '\n  (...)  \n'),
 Text(0.46875, 0.1, '\n  (...)  \n'),
 Text(0.75, 0.7, 'success_loan_no <= 3.5\ngini = 0.419\nsamples = 9661\nvalue = [6775, 2886]\nclass = o'),
 Text(0.625, 0.5, 'amount <= 3012.0\ngini = 0.49\nsamples = 4665\nvalue = [2661, 2004]\nclass = o'),
 Text(0.5625, 0.3, 'success_loan_no <= 2.5\ngini = 0.444\nsamples = 3273\nvalue = [2183, 1090]\nclass = o'),
 Text(0.53125, 0.1, '\n  (...)  \n'),
 Text(0.59375, 0.1, '\n  (...)  \n'),
 Text(0.6875, 0.3, 'amount <= 7514.0\ngini = 0.451\nsamples = 1392\nvalue = [478, 914]\nclass = v'),
 Text(0.65625, 0.1, '\n  (...)  \n'),
 Text(0.71875, 0.1, '\n  (...)  \n'),
 Text(0.875, 0.5, 'amount <= 3028.0\ngini = 0.291\nsamples = 4996\nvalue = [4114, 882]\nclass = o'),
 Text(0.8125, 0.3, 'success_loan_no <= 4.5\ngini = 0.114\nsamples = 2493\nvalue = [2342, 151]\nclass = o'),
 Text(0.78125, 0.1, '\n  (...)  \n'),
 Text(0.84375, 0.1, '\n  (...)  \n'),
 Text(0.9375, 0.3, 'success_loan_no <= 5.5\ngini = 0.414\nsamples = 2503\nvalue = [1772, 731]\nclass = o'),
 Text(0.90625, 0.1, '\n  (...)  \n'),
 Text(0.96875, 0.1, '\n  (...)  \n')]
```

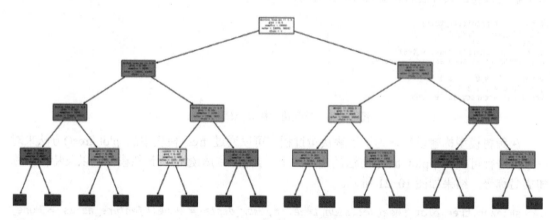

图 10-21　贷款决策树分类模型可视化

```
scalar = preprocessing.StandardScaler()
scalar.fit(x)
x_norm = scalar.transform(x)
x_norm

array([[-1.18754836e-01,  2.29238091e+00,  7.43026621e-03, ...,
        -3.48977199e-01,  3.45426481e-01,  1.57469821e+00],
       [-1.18754836e-01, -4.61191389e-01,  3.59575584e-01, ...,
        -3.48977199e-01, -2.89497203e-01, -4.79669084e-01],
       [-1.07052417e-03,  1.68047596e+00,  7.11720902e-01, ...,
        -3.48977199e-01,  3.45426481e-01,  1.57469821e+00],
       ...,
       [-1.18754836e-01, -4.61191389e-01, -3.44715052e-01, ...,
        -3.48977199e-01,  3.45426481e-01, -4.79669084e-01],
       [-1.18754836e-01, -4.61191389e-01, -1.68642393e-01, ...,
         7.60119255e-01,  3.45426481e-01, -4.79669084e-01],
       [-6.57968955e-02,  2.29238091e+00,  7.43026621e-03, ...,
        -3.48977199e-01,  3.45426481e-01,  2.60188186e+00]]])
```

图 10-22　数据规范化示例

之前在训练过程中，需要手动地进行训练集和测试集的分割，再分别进行训练。当指定不同的分割比例时，需要进行多次训练。这个过程可以进一步集成，通过 model_selection 的 cross_val_score()方法可以传入模型、自变量和因变量，再给定训练的次数，就可以进行自动的交叉验证，确保训练结果的稳定性。如图 10-23 的代码所示，在运行了 10 次训练和验证后，得到了 10 个得分。对 10 个得分取平均值，即可得到平均精度。

```
clf = tree.DecisionTreeClassifier()
scores = np.array(model_selection.cross_val_score(clf, x_norm, y, cv = 10))
print(scores)
print("the final accuracy is :",scores.mean())

[0.7405 0.747  0.7515 0.743  0.7415 0.746  0.744  0.758  0.7505 0.7465]
the final accuracy is : 0.74685
```

图 10-23　得到训练模型精度示例

10.5　编程实践

本次编程实践，将应用本章学习到的知识，对某医疗服务平台中获得的数据进行分析。其数据集的具体描述如下。

数据集：在本案例中，采用的是在某医疗服务平台中爬取的医生在线诊疗数据集"online_con_2022.csv"。该文件中包含了 doc_cli_title（临床职称）、doc_depart（科室）、rating（患者评分）、patient_number（患者总数）、visiting_num（访问次数）、visiting_num_day（昨日访问次数）、article_num（经验值）、patient_num_treat（诊后患者数量）、rating_treat（诊后评价数量）、gift_num_total（礼物总数）、experience（医生使用 OHC 天数）、gift_num（心意礼物数量）这 12 个特征。该数据集共有 3364 条数据，如图 10-24 所示。

```
import pandas as pd

data = pd.read_csv("data/online_con_2022.csv")
data
```

	doc_cli_title	doc_depart	rating	patient_number	visiting_num	visiting_num_day	article_num	patient_num_treat	rating_treat	gift_num_total	experience
0	主任医师	内分泌科	2.9	999	644188	14	23	192	8	16	2342.431250
1	主任医师	内分泌科	3.1	997	1170335	14	58	221	13	24	4326.162500
2	主任医师	内分泌科	3.6	995	776331	69	7	87	38	43	3881.561111
3	主任医师	中医外科	3.4	994	1537773	50	9	6	16	37	5054.564583
4	主任医师	内分泌科	3.5	99	250412	10	4	2	14	1	3555.309028
...	...	...	...	...	...	...	...	...	...	...	...
3360	副主任医师	内分泌科	3.1	1	34845	4	0	0	1	1	5410.380556
3361	副主任医师	内分泌科	2.9	1	19450	2	0	0	1	0	3374.334028
3362	主任医师	中医科	3.2	1	31747	7	0	0	1	1	4381.344444
3363	医师	内分泌科	2.8	1	19234	3	0	0	1	0	3383.438194
3364	副主任医师	中医血液科	3.1		20934	7	0	0	1	0	3409.422917

3365 rows × 12 columns

图 10-24　医疗数据读取（部分）

【问题 1】对于一个在该平台工作的医生来说，假设其经验值（文章数量）与其患者评分存在线性关系，尝试通过线性回归模型来拟合，检验该假设是否成立。

数据分析思路：提取其 article_num（经验值）和 rating（患者评分）两个特征，以经验值为自变量 x，以患者评分为因变量 y，构建线性回归模型。

数据预处理（见图 10-25）。

```
from sklearn import preprocessing
from sklearn import model_selection
df = data[["article_num","rating"]]
x = df.iloc[:,0:1].to_numpy()
y = df.iloc[:,1:2].to_numpy()
scaler = preprocessing.StandardScaler()
scaler.fit(x)
x = scaler.transform(x)
scaler.fit(y)
y = scaler.transform(y)
x_train, x_test, y_train, y_test = model_selection.train_test_split(x, y,test_size=0.1)
print("x_train'shape is %s, x_test's shape is %s, y_train's shape is %s, y_test'shape is %s"
      %(x_train.shape, x_test.shape, y_train.shape, y_test.shape))
```

x_train'shape is (3028, 1), x_test's shape is (337, 1), y_train's shape is (3028, 1), y_test'shape is (337, 1)

图 10-25　医疗数据预处理

线性回归模型预测（见图 10-26）。

```
lr = linear_model.LinearRegression()
lr.fit(x_train, y_train)
print("the coef = ",lr.coef_, "\nthe intercept = ", lr.intercept_)
print("the score of th model is ", lr.score(x_test,y_test))
```

the coef = [[0.18632227]]
the intercept = [-0.00635074]
the score of th model is 0.02096232452584068

图 10-26　医疗数据模型预测

结论：从预测结果来看，只能达到 3%左右的精确度，所以可以得出结论，两个特征之间基本不具有线性关系。

【问题 2】对于在该平台工作的医生，通常具有不同职称，假设其 rating（患者评分）、visiting_num（访问次数）、patient_number（患者总数）等特征能够反映其职称情况，尝试通过决策树分类模型进行拟合，检验该模型的可行性。

数据分析思路：提取职称数据作为标签 y，提取除所属科室以外的其他数据作为特征 x，构建决策树分类模型，完整代码及实现过程如图 10-27 所示。

```
from sklearn import preprocessing
from sklearn import model_selection

data = data.fillna(method ='ffill')

x = data[["rating","patient_number","visiting_num","visiting_num_day","article_num","patient_num_treat",
          "rating_treat","gift_num_total","experience","gift_num"]]
scaler = preprocessing.StandardScaler()
scaler.fit(x)
x_norm = scaler.transform(x)

y = data[["doc_cli_title"]]
enc = preprocessing.OrdinalEncoder()
encode = enc.fit(y)
y_trans = enc.transform(y)
x_norm,y_trans
```

```
(array([[-1.21882395,  0.08353504,  0.05219315, ..., -0.12321611,
         -0.46466696,  0.01142395],
        [-0.68576669,  0.0827928 ,  0.31866154, ..., -0.07755727,
          1.05897222,  0.09463087],
        [ 0.64687648,  0.08205057,  0.11911728, ...,  0.03088247,
          0.71748842,  0.38585507],
        ...,
        [-0.41923805, -0.28683957, -0.25797904, ..., -0.20882644,
          1.10135567, -0.19659334],
        [-1.48535259, -0.28683957, -0.26431628, ..., -0.21453379,
          0.33489647, -0.19659334],
        [-0.68576669, -0.28683957, -0.26345531, ..., -0.21453379,
          0.35485449, -0.19659334]]),
 array([[0.],
        [0.],
        [0.],
        ...,
        [0.],
        [7.],
        [4.]]))
```

图 10-27　医疗数据决策树分类预测实现过程

```
x_train, x_test, y_train, y_test = model_selection.train_test_split(x_norm, y_trans,test_size=0.1)
print("x_train'shape is %s, x_test's shape is %s, y_train's shape is %s, y_test'shape is %s"
    %(x_train.shape, x_test.shape, y_train.shape, y_test.shape))
```

x_train'shape is (3028, 10), x_test's shape is (337, 10), y_train's shape is (3028, 1), y_test'shape is (337, 1)

```
from sklearn import tree

clf = tree.DecisionTreeClassifier()
clf.fit(x_train, y_train)

score = clf.score(x_test, y_test)
print("the final accuracy is ", score)
```

the final accuracy is 0.47774480712166173

```
plt.figure(figsize=(25,10))
tree.plot_tree(clf, feature_names=list(x.columns), class_names=y.columns[0],filled=True,max_depth=3)
```

```
[Text(0.5, 0.9, 'rating <= -0.286\ngini = 0.643\nsamples = 3028\nvalue = [1445, 1, 518, 2, 954, 1, 1, 103, 1, 2]\nc
lass = d'),
 Text(0.25, 0.7, 'experience <= 0.013\ngini = 0.702\nsamples = 1201\nvalue = [270, 0, 395, 1, 439, 0, 1, 94, 0, 1]\
nclass = c'),
 Text(0.125, 0.5, 'rating <= -1.352\ngini = 0.69\nsamples = 779\nvalue = [114, 0, 314, 1, 264, 0, 1, 84, 0, 1]\ncla
ss = c'),
 Text(0.0625, 0.3, 'rating <= -1.619\ngini = 0.563\nsamples = 57\nvalue = [1, 0, 28, 0, 3, 0, 0, 25, 0, 0]\nclass =
c'),
 Text(0.03125, 0.1, '\n  (...)  \n'),
 Text(0.09375, 0.1, '\n  (...)  \n'),
 Text(0.1875, 0.3, 'rating <= -0.553\ngini = 0.681\nsamples = 722\nvalue = [113, 0, 286, 1, 261, 0, 1, 59, 0, 1]\nc
lass = c'),
 Text(0.15625, 0.1, '\n  (...)  \n'),
 Text(0.21875, 0.1, '\n  (...)  \n'),
 Text(0.375, 0.5, 'rating_treat <= -0.27\ngini = 0.654\nsamples = 422\nvalue = [156, 0, 81, 0, 175, 0, 0, 10, 0,
0]\nclass = c'),
 Text(0.3125, 0.3, 'experience <= 0.044\ngini = 0.661\nsamples = 224\nvalue = [61, 0, 51, 0, 103, 0, 0, 9, 0, 0]\nc
lass = c'),
 Text(0.28125, 0.1, '\n  (...)  \n'),
 Text(0.34375, 0.1, '\n  (...)  \n'),
 Text(0.4375, 0.3, 'experience <= 1.077\ngini = 0.615\nsamples = 198\nvalue = [95, 0, 30, 0, 72, 0, 0, 1, 0, 0]\ncl
ass = d'),
 Text(0.40625, 0.1, '\n  (...)  \n'),
 Text(0.46875, 0.1, '\n  (...)  \n'),
 Text(0.75, 0.7, 'experience <= 0.676\ngini = 0.502\nsamples = 1827\nvalue = [1175, 1, 123, 1, 515, 1, 0, 9, 1, 1]\
nclass = d'),
 Text(0.625, 0.5, 'rating <= -0.019\ngini = 0.57\nsamples = 1177\nvalue = [647, 0, 112, 1, 406, 1, 0, 8, 1, 1]\ncla
ss = d'),
 Text(0.5625, 0.3, 'patient_number <= -0.262\ngini = 0.597\nsamples = 373\nvalue = [154, 0, 41, 0, 175, 0, 0, 3, 0,
0]\nclass = c'),
 Text(0.53125, 0.1, '\n  (...)  \n'),
 Text(0.59375, 0.1, '\n  (...)  \n'),
 Text(0.6875, 0.3, 'article_num <= -0.152\ngini = 0.534\nsamples = 804\nvalue = [493, 0, 71, 1, 231, 1, 0, 5, 1,
1]\nclass = d'),
 Text(0.65625, 0.1, '\n  (...)  \n'),
 Text(0.71875, 0.1, '\n  (...)  \n'),
 Text(0.875, 0.5, 'rating <= -0.019\ngini = 0.312\nsamples = 650\nvalue = [528, 1, 11, 0, 109, 0, 0, 1, 0, 0]\nclas
s = d'),
 Text(0.8125, 0.3, 'experience <= 1.438\ngini = 0.438\nsamples = 138\nvalue = [95, 0, 2, 0, 41, 0, 0, 0, 0, 0]\ncla
ss = d'),
 Text(0.78125, 0.1, '\n  (...)  \n'),
 Text(0.84375, 0.1, '\n  (...)  \n'),
 Text(0.9375, 0.3, 'visiting_num_day <= -0.376\ngini = 0.267\nsamples = 512\nvalue = [433, 1, 9, 0, 68, 0, 0, 1, 0,
0]\nclass = d'),
 Text(0.90625, 0.1, '\n  (...)  \n'),
 Text(0.96875, 0.1, '\n  (...)  \n')]
```

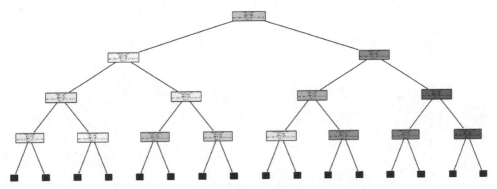

图 10-27　医疗数据决策树分类预测实现过程（续）

结论：从预测结果来看，能够达到 50%左右的精确度。事实上，通过特征选择等其他技术，其效果还能进一步提高，所以可以得出结论，本假设基本能够成立，能够利用模型来进行简单的预测。

10.6　本章小结

本章介绍了数据分析的基本内容，着重讲述了在数据分析中的两大类方法：回归方法和分类方法的基本原理。另外，还引入了 Python 语言的第三方库 Scikit-learn，以 linear-model 模块中的 LinearRegression 类来实现线性回归模型，以 tree 模块中的 DecisionTreeClassifier 来实现决策树分类模型，同时穿插介绍了在数据预处理、模型训练过程中的技巧。基于这两个模型，解决了两个金融领域的问题：一是对股票的价格进行了预测；二是对贷款是否逾期进行了预测。本章的重点是两种方法的原理和基于 Scikit-learn 的实现。

10.7　习题

1. 简答题

分类和回归有什么区别？它们各自有什么应用场景？请具体说明。

2. 编程题

1）【例 10-1】中采用了线性回归来解决问题，请尝试采用随机梯度下降回归 SGDRegressor 来解决该问题，并对比它与线性回归的区别，尝试用一个图来表示二者之间的区别。

2）【例 10-2】中采用了决策支持树模型来进行分类预测。事实上，Scikit-learn 中有很多分类模型，其中支持向量机 SVM 是一种较为精确且应用广泛的模型，请参考 Scikit-learn 的官方网站，尝试采用 SVM 模型来进行相同问题的分类预测，并与决策支持树模型进行对比。

附录
应用配置

在第 8～10 章中，采用了 Python 3.8 的版本。由于需要采用第三方的库函数，所以指定了第三方库的相应版本、数据集和运行的相关环境，供读者复现代码时参考。

1. 第 8～10 章主要的应用库：NumPy、Pandas、Matplotlib、Scikit-learn

（1）数据分析基础

第 8 章主要介绍了基于 NumPy 和 Pandas 的数据分析基础操作。NumPy 是开源的 Python 科学计算库，是 Python 生态圈中最重要的底层支持库，主要支持快速的数组和矩阵运算。许多其他常用科学计算库，如 Scipy、Pandas、Scikit-learn 等，都要用到 NumPy 库的一些功能。NumPy 的官网是 https://numpy.org/。使用 NumPy 前需要先进行安装，主要有以下两种方法：pip 安装和 conda 安装。采用 pip 安装时，可以选择从远端服务器下载安装包进行自动安装，也可以使用国内的镜像服务器（如清华大学服务器：https://pypi.tuna.tsinghua.edu.cn/simple/ (https://pypi.tuna.tsinghua.edu.cn/simple/)）进行加速，安装语句如下：

- pip 安装：pip install numpy (-i https://pypi.tuna.tsinghua.edu.cn/simple/)。
- conda 安装：conda install -c conda-forge numpy。

在使用 NumPy 时，需要先进行导入，通常使用以下代码语句：

```
import numpy as np
```

Pandas 是一个快速、强大、灵活和易于使用的开源数据分析与操作工具，是基于 NumPy 的数据分析工具库，在 NumPy 的基础上，增加了标签支持，可以实现对数据的读取、整合、清洗、分析、统计、绘图等一系列的方法。Pandas 的目标是成为在 Python 中进行实用的、真实世界的数据分析的基本高级构建模块。此外，它还有一个更广泛的目标，即成为任何语言中最强大和最灵活的开源数据分析/操作工具。Pandas 的官网是 https://pandas.pydata.org/，可以获得历史、安装、教程以及推荐书籍等信息。

在使用 Pandas 时，需要先进行导入，通常使用以下代码语句：

```
import pandas as pd
```

（2）数据可视化

数据可视化是数据分析中重要的一环，第 9 章主要介绍了通过 Matplotlib 库进行可视化的介绍。Matplotlib 库是 Python 中数据可视化的基础库，还有很多基于 Matplotlib 的工具包，如 Pandas、Seaborn 等。Matplotlib 的官方网站为 https://matplotlib.org，该网站提供了丰富的绘图案例供用户学习使用。Matplotlib 的安装与 NumPy 相似，仅替换库名为 Pandas 即可。

在使用 Matplotlib 时，需要先进行导入，通常使用以下代码语句：

```
import matplotlib.pyplot as plt
```

（3）数据建模

第 10 章主要结合 Scikit-learn 库介绍数据建模的相关分析，并结合金融数据对回归分析和分类的方法进行详细介绍。在使用 Scikit-learn 时，需要先进行导入，通常使用以下代码语句：

```
import sklearn
```

除了以上常用的应用库以外，还有 seaborn、pandas-datareaders、mplfinance、wordcloud 等辅助应用库，所有安装的应用库都有对应的版本号。本书提供了对应的 requirements.txt 文件以方便一次性安装：pip install -r requirements.txt。

2. 第 8 ~ 10 章使用的 IDE：Jupyter Notebook

Jupyter Notebook（曾被称为 IPython Notebook）是一种基于 Web、支持多种编程语言、交互式的代码笔记本，由 Fernando 和 IPython 团队于 2014 年发布（http://ipython.org），可以通过 HTML、Markdown 创建包含文本、代码、数据可视化以及其他输出的富文档。除了 Python 之外，Jupyter 也支持其他多种编程语言。使用前，先用 pip install jupyter 进行安装。

启动 Jupyter Notebook，可以在终端中运行 jupyter notebook 命令，如图 A-1 所示。

```
LilyLee@MacBook-Pro-8 ~ % jupyter notebook
[I 16:31:20.603 NotebookApp] Serving notebooks from local directory: /Users/Lily
Lee
[I 16:31:20.603 NotebookApp] Jupyter Notebook 6.5.2 is running at:
[I 16:31:20.603 NotebookApp] http://localhost:8888/?token=1fe45b8023f0dadbdddafd
38cfcd57f1ebd89bf22b1d5b5d
[I 16:31:20.603 NotebookApp]  or http://127.0.0.1:8888/?token=1fe45b8023f0dadbdd
dafd38cfcd57f1ebd89bf22b1d5b5d
[I 16:31:20.603 NotebookApp] Use Control-C to stop this server and shut down all
 kernels (twice to skip confirmation).
[C 16:31:20.615 NotebookApp]

    To access the notebook, open this file in a browser:
        file:///Users/LilyLee/Library/Jupyter/runtime/nbserver-9593-open.html
    Or copy and paste one of these URLs:
        http://localhost:8888/?token=1fe45b8023f0dadbdddafd38cfcd57f1ebd89bf22b1
d5b5d
     or http://127.0.0.1:8888/?token=1fe45b8023f0dadbdddafd38cfcd57f1ebd89bf22b1
d5b5d
```

图 A-1 Jupyter Notebook 启动界面

如图 A-2 所示，在很多平台上，Jupyter 会自动启动默认浏览器（启用--no-browser 除外），用户也可以通过 http: //localhost:8888/地址浏览 Notebook。然后单击“新建”按钮，选择“Python 3”即可新建一个笔记本，现在用户就可以在如下的界面里开启 Python 数据分析之旅啦。

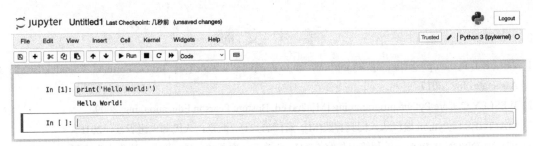

图 A-2　Jupyter Notebook 初始界面

当保存笔记本的时候，会出现.ipynb 文件。在随书资料中，可以找到各章的.ipynb 文件，包含各章节的文本内容以及所有的示例代码。

为了在 Jupyter Notebook 中显示得更加精美，采用命令忽略了一些警告信息。

```
import warnings
warnings.filterwarnings("ignore")
```

3.　第 8～10 章采用的数据集

第 8～10 章随书附上两个数据集，即金融产品数据集和电商数据集，以方便读者学习第 8～10 章的内容。

（1）金融产品数据集——道琼斯工业股票数据

本数据集包含 3 个 CSV 文件：

- dow30_origin.csv 包含 9 万余条 31 只股票 2008—2021 年的开盘、收盘、最高、最低价格和交易量数据，数据列包括序号、date、open、high、low、close、volume、tic，除了数据列"序号"外，其他的列分别对应表示日期、开盘价、最高价、最低价、收盘价、交易数量和股票名称。
- financial_loan.csv 为 2 万条金融借贷数据，包含交易量、借贷人的年龄、性别和信用评级等信息。
- baba_data.csv 为阿里巴巴 200 余条 2022 年股票开盘、收盘、最高、最低价格和交易量数据。

（2）电商数据集——在线健康社区的评论数据

本数据集包含 2 个 CSV 文件：

- offline_review.csv 包含 2000 余条在线医疗社区的在线评论数据。
- online_con_2022.csv 包含 3000 余条在线医疗社区的服务交易数据。

参 考 文 献

[1] ZELLE J. Python programming: an introduction to computer science [M]. 3rd ed. Portland: Franklin, Beedle & Associates Inc., 2017.

[2] WESLEY C. Core Python programming [M]. 2nd ed. Boston: Pearson Education, Inc, 2009.

[3] MATTHES E. Python 编程从入门到实践[M]. 袁国忠，译. 北京：人民邮电出版社，2016.

[4] STEPHENSON B. Python 编程练习与解答[M]. 孙鸿飞，史苇杭，译. 北京：清华大学出版社，2021.

[5] 嵩天，礼欣，黄天羽. Python 语言程序设计基础[M]. 2 版. 北京：高等教育出版社，2017.

[6] 魏伟一，李晓红. Python 数据分析与可视化[M]. 北京：清华大学出版社，2020.

[7] 李航. 统计学习方法[M]. 北京：清华大学出版社，2019.

[8] Asia-Lee. Python 3 对多股票的投资组合进行分析[OL]. (2022-04-16) [2023-12-25]. https://blog.csdn.net/asialee_bird/article/details/ 89417750.

[9] Shepherdppz.Python 量化交易——mplfinance 最佳实践：动态交互式高级 K 线图（蜡烛图）[OL]. (2023-10-25) [2023-12-29]. https://blog.csdn.net/Shepherdppz/article/details/117575286.